アフリカ昆虫学への招待

日髙敏隆【監修】
日本ICIPE協会【編】

京都大学学術出版会

Invitation to African Entomology
*
edited by
T. Hidaka, Japan-ICIPE Association
Kyoto University Press, 2007
ISBN978-4-87698-716-0

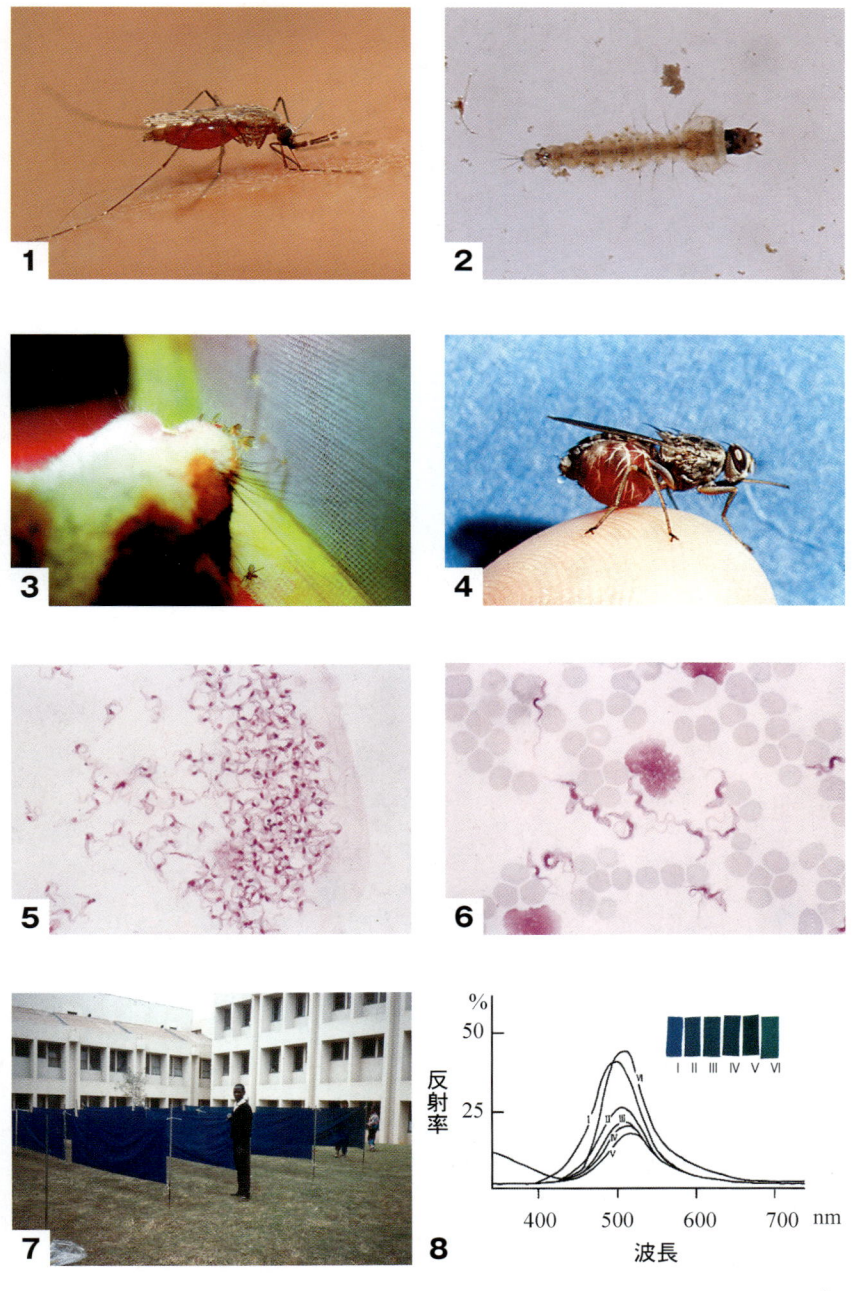

ii｜口絵

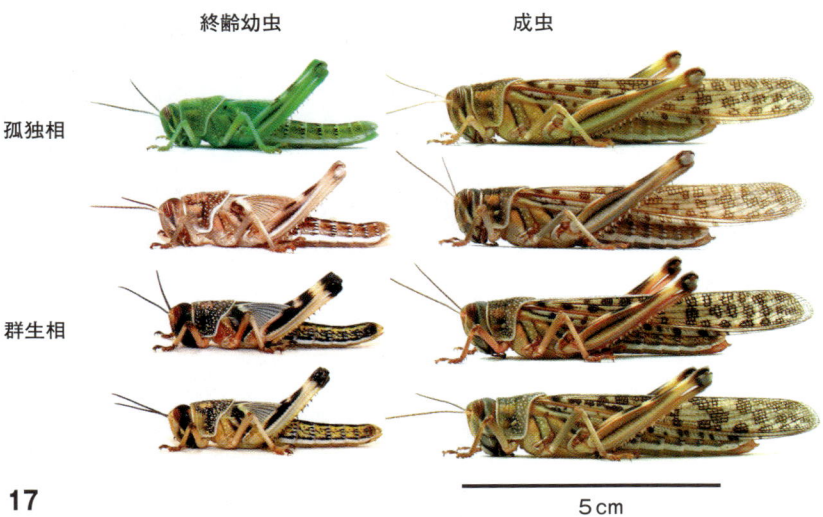

17

18

口絵 | iii

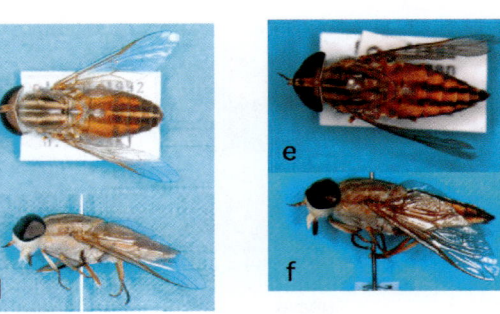
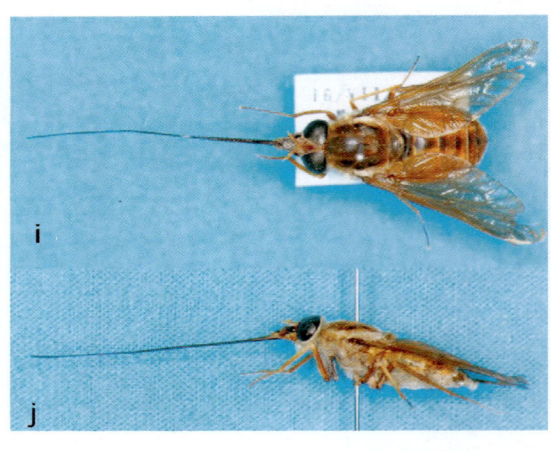
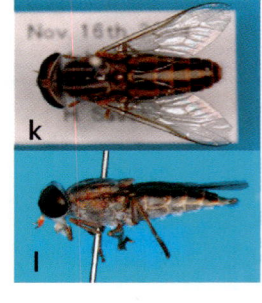

19

iv 口　絵

口絵説明

1. 吸血中のマラリア媒介蚊 *Anopheles arabiensis* Patton（10章）
2. マラリア媒介蚊の幼虫（10章）
3. 麻酔されたハムスターから吸血するサシチョウバエ *Phlebotomus duboscqi* Neveu-Lemaire のメス．ハムスターの鼻や口の周囲を集中的に刺咬し，吸血する（9章）．
4. 血液を充分に吸ったツェツェバエ *Glossina morsitans morsitans* Westwood のオス（8, 11, 12章）
5. ツェツェバエ *G. morsitans* の唾液中のトリパノソーマ原虫 *Trypanosoma brucei brucei* Plimmer and Bradford（8, 11, 12章）
6. ラットの血液中のトリパノソーマ原虫 *T. b. brucei*（8, 11, 12章）
7. ツェツェバエ捕獲用トラップ（11章図1）に用いた布．ICIPE の研究所の中庭で青い生地を広げ，スプレーで緑色を加え，反射スペクトルが異なる布を作った．
8. 布の反射スペクトル（11章）．青色の布（I）にスプレーを厚く塗布すると緑の発色が強くなるが，その反面，反射率が下がる（II から V）．VI は高い反射率の緑の布．
9. メスがしがみついている育児用糞玉を転がすアフリカヒラタオオタマオシコガネ *Kheper platynotus*（Bates）のオス（3章，コラム1）
10. 吸血したマダニ若虫に産卵中の寄生バチ（吉田尚生氏撮影）（コラム3）
11. 葉上で交尾するシュモクバエ *Diopsis* sp. の雌雄ペア（コラム2）．メス（左）の背に乗るオス（右）．ケニア・ナイロビにて
12. アカシアの膨れたトゲ（コラム4）．ケニア・ナイヴァシャにて（2005年11月26日撮影）
13. マメノメイガ *Maruca vitrata*（Fabricius）の成虫（6章）
14. マメノメイガの終齢（5齢）幼虫（6章）
15. ビクトリア湖畔で大発生したレーク・フライと呼ばれるユスリカの一種（1章）
16. トノサマバッタ *Locusta migratoria* Linnaeus のアルビノ（左），野生型孤独相（中）と野生型群生相4齢幼虫（右）（7章）
17. サバクトビバッタ *Schistocera gregaria*（Forskål）の体色多型（前野浩太郎氏撮影）（7章）
18. コラゾニンによる黒化の誘導（7章）．(1)集団飼育のサバクトビバッタの幼虫，(2)3齢から集団飼育，(3)個別飼育の幼虫，(4)個別飼育のまま3齢でコラゾニンを投与
19. 吸血性アブ類（8章）．a, b：*Chrysops longicornis* Macquart（タンザニア，マハレ山塊国立公園）(a：背面；b：側面)；c, d：*Tabanus taeniola* Palisot de Beauvois（ケニア，ングルマン）(c：背面；d：腹面)；e, f：*Tabanus taeniola* form *variatus* Walker（ケニア，ングルマン）(e：背面；f：腹面)；g, h：*Atylotus agrestis* Wiedemann（ケニア，ングルマン）(g：背面；h：腹面)；i, j：*Philoliche* の一種（ケニア，ングルマン）(i：背面；j：腹面)；k, l：*Tabanus gratus* Loew（タンザニア，マハレ山塊国立公園）(i：背面；j：腹面)；m, n：*Tabanus biguttatus* Wiedemann（ケニア，ングルマン）(m：背面；n：腹面)；o, p：*Tabanus thoracinus* Palisot de Beauvois（タンザニア，マハレ山塊国立公園）(o：背面；p：腹面)

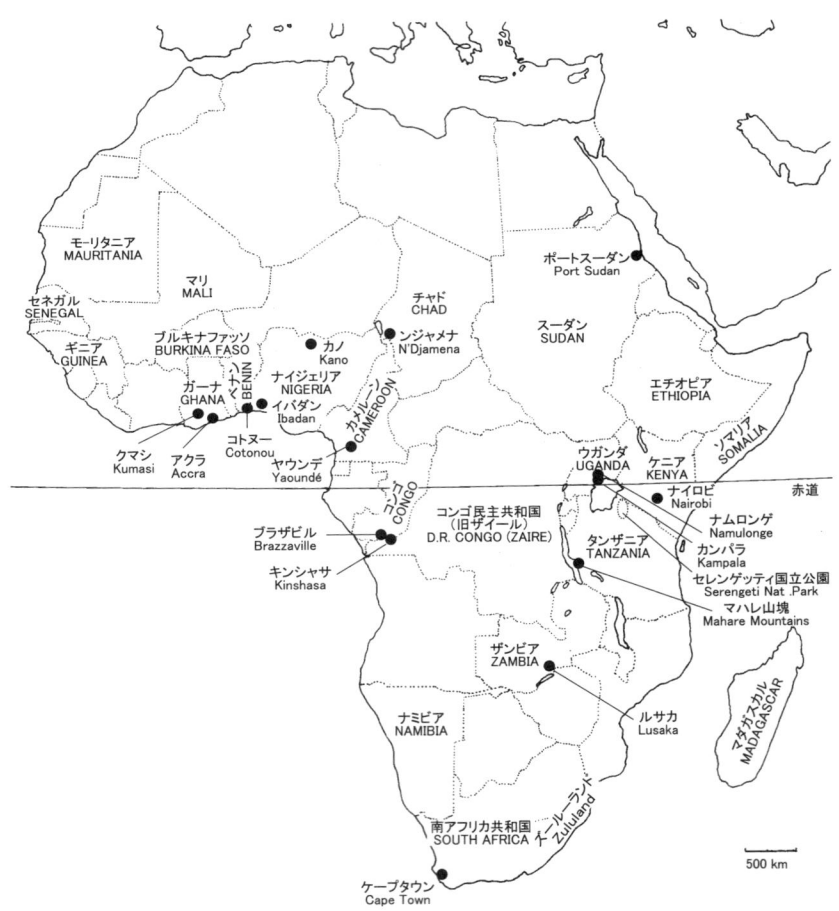

本書に登場する国と都市

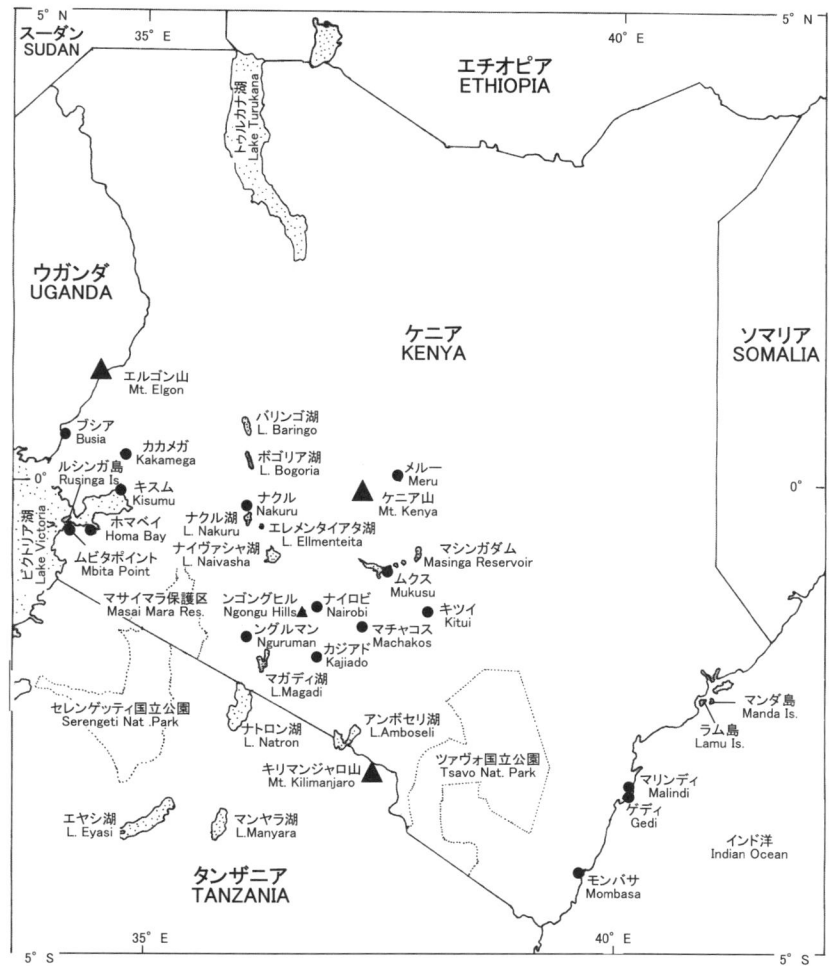

本書に登場するケニアの地名

はしがき

　国際昆虫生理生態学センター（ICIPE：International Centre of Insect Physiology and Ecology）は，アフリカにおける食料の安定供給，ヒトおよび家畜の健康改善，自然環境保全および生物資源の効率的利用をミッションとして，これらに関連する昆虫学の研究を行うために 1970 年にケニア共和国の首都であるナイロビに設立された国際研究機関です．ICIPE には，これまでに 23 名の日本の昆虫学者が日本学術振興会の派遣研究者として派遣され，ICIPE での研究活動に従事してきました．また，1979 年 11 月には，ICIPE の事業活動に協力するために，日本 ICIPE 協会が設立され，主に派遣研究者への支援と ICIPE での研究内容の啓蒙に努めてきました．

　本書は日本 ICIPE 協会に所属する会員が主に ICIPE で行った研究内容について紹介したものです．昆虫は地球上で最も繁栄した動物群で，その 4 億年を超える進化のなかで，様々な特性を獲得してきました．本書ではアフリカに生息する昆虫について，様々な角度から眺められています．具体的には，アフリカの環境に適応した昆虫の奇妙な生態，農民を困らせる昆虫の生態，ヒトの病気を伝搬する昆虫の生態，ヒトと昆虫のさまざまな関係について，多数の図や写真を駆使しながら平易に紹介しています．アフリカ昆虫学の魅力に取り付かれた研究者が紹介している 13 のテーマは，いずれも興味深く，思わず引き込まれてしまうことでしょう．本書の内容は，アフリカに生息する昆虫の一端を紹介したにすぎませんが，アフリカの昆虫については，まだまだ解らないことが多くあり，さらなる調査・研究が待たれるところです．

　本書を通して，一人でも多くの方がアフリカに生息する昆虫について関心をもっていただければ幸いです．

日本 ICIPE 協会会長　国見裕久

アフリカ昆虫学への招待
◎目　次

口　絵　i

はしがき　国見裕久　ix

第 I 部　アフリカ昆虫学への招待

第 1 章　イシペとトンボ―序にかえて　日髙敏隆　3

第 II 部　おもしろい昆虫

第 2 章　カカメガの森にチョウのベイツ型擬態の謎を求めて
　　　　　　　　　　　　　　　　　　　　　大崎直太　13

第 3 章　サバンナにフンコロガシを追って　佐藤宏明　33

第 4 章　乾いても死なないネムリユスリカ　奥田　隆　49

第 5 章　トウモロコシの茎に潜むズイムシの寄生蜂　高須啓志　63

第 III 部　農民を困らす昆虫

第 6 章　ササゲとマメノメイガ　足達太郎　81

第 7 章　大発生するバッタと相変異　田中誠二　99

第 8 章　家畜飼養と吸血性アブ類　佐々木　均　115

第 IV 部　ヒトの健康を害する昆虫

第 9 章　リーシュマニア症とサシチョウバエ　菅　栄子　131

第 10 章　マラリアと蚊　皆川　昇・二見恭子　147

第 11 章　眠り病とツェツェバエ　針山孝彦　165

第 V 部　ヒトと昆虫のさまざまな関わり

第 12 章　原虫に冒された昆虫の疾患　　　　　千種雄一　185
　　　　　――トリパノソーマ原虫感染ツェツェバエの症状

第 13 章　アフリカの昆虫食　　　　　　　　　八木繁実　199
　　　　　――ケニアにおけるシロアリの利用を中心に

第 14 章　作物を昆虫から守る　小路晋作　217

　　　　　第 VI 部　アフリカの国際昆虫研究機関
第 15 章　ケニア国立博物館（NMK）　菅　栄子　235
第 16 章　国際昆虫生理生態学センター（ICIPE）　小路晋作　241
第 17 章　国際熱帯農業研究所（IITA）　足達太郎　245

　　　　　第 VII 部　むすび
第 18 章　アフリカ昆虫学の今後　湯川淳一　253

蜘形綱・昆虫綱分類表　267

索　　引　274

コラム 1　フンコロガシと古代エジプト　佐藤宏明　31
コラム 2　眼が飛び出たハエ　菅　栄子　47
コラム 3　寄生虫の寄生虫　高須啓志　77
コラム 4　アカシアの膨れたトゲとアリの複雑な関係　湯川淳一　98
コラム 5　ネックレスになった昆虫　菅　栄子　162
コラム 6　シロアリ塚に関する迷信　菅　栄子　214
コラム 7　アフリカ音楽のリズムに使われた昆虫
　　　　「キリキリ」はコオロギの鳴き声のリズム　八木繁美　249
コラム 8　昆虫の保護と国際取引　佐藤宏明　264

第I部
アフリカ昆虫学への招待

第1章

イシペとトンボ

序にかえて　　　　　　　　　　　　　　　　　　　　　　日髙敏隆

　この本ができることになったそもそもの由来は，アフリカのケニアにイシペがつくられたことにあります．この本の最初の章として，まずそのイシペのいきさつを書いておきたいと思います（16章を参照）．

　かつてパグウォッシュ会議という場で，第三世界に科学研究のコミュニティーを作ろうという話がもちあがりました．

　パグウォッシュ会議とは，1955年7月に出された「ラッセル＝アインシュタイン宣言」の呼びかけに応じて，カナダのパグウォッシュで第1回が開かれた科学者たちの会議で，正式の名は「科学と世界問題に関する会議」といいます．バートランド・ラッセル，アインシュタインをはじめとする世界有数の科学者が集い，湯川秀樹，朝永振一郎もそのメンバーでありました．

　米ソの冷戦の中で水素爆弾が出現したその時代，第三世界は科学や技術からはるかに離れた状態にありました．研究はもっぱら先進国の大学や研究所でおこなわれており，第三世界はそのごく恵まれた人々がそこに留学して，それを学ぶのに留まっていました．

　それらの人々の中には，先進国で立派な研究をなしとげ，学位を得るすぐれた人も少なくはありませんでした．そのまま先進国に留まる幸運な人もいないわけではなかったのですが，たいていの人は留学の期間が終わると自国に帰り，行政の高い地位について，研究からは離れてしまうことがほとんどでありました．自分の国には一流の大学も研究所もほとんどなかったからです．たとえあったにしてもその重要なポストはごく少数の先進国研究者に占められていました．そしてそのような大学の優秀な学生の中から，幸運な者が先進国に留学する機会を得て，また同じような運命をたどることがつづいていたのです．

「このような状態はよくない．何とかして第三世界に科学研究の場をつくり，そこが国際レベルの研究のコミュニティーとなって，研究者が育っていくようにしなくてはならない．」バグウォッシュ会議はそう考えたのでした．

では第三世界のどこにどのような研究所をつくったらよいか？

残念ながら，第三世界の国々は，えてして政情が不安定でした．そのような中で，アフリカのケニアは比較的安定していました．そこで候補地としてはまずケニアが選ばれたのです．

幸いにしてケニアには，ケンブリッジ大学のウィグルズワース教授のもとで，昆虫ホルモン学の立派な研究成果をあげ，学位を得て帰国したトーマス・R・オディアンボというアフリカ人がいました．彼は当時40才代の初め．すでにナイロビ大学農学部の教授としてすぐれた能力も示していました．

この人物を所長にして，昆虫の生理・生態学の研究所をケニアにつくってはどうだろうか．このような構想が実現に向けて動きだすことになりました．

この研究所の維持と運営には，先進国の研究者たちで構成される委員会（のちの ICIPE 国際委員会）が当たり，必要な費用も募ろう．そして各国から若いすぐれた研究者を集めて，この研究所を第三世界に置かれた国際的な研究コミュニティーにしようという構想でした．

そして 1970 年，International Centre of Insect Physiology and Ecology（国際昆虫生理生態学センター），すなわち ICIPE（イシペ）が発足することになりました．

このことはすぐ世界の国々に伝えられました．日本にも日本学術会議を通して参加・協力が呼びかけられ，学術会議会員であった石井象二郎氏を中心とする関係学会の有志たちが，日本の参加に向けて，オディアンボ所長を日本に招くなどして，活発に動きはじめました．

文部省も日本が ICIPE の活動に協力できるような方策をいろいろと考えてくれましたが，一旦は否定的な結論に達したそうです．けれどぼくの中学の同級生であった七田基弘氏が省内でいろいろ努力してくれたりした結果，日本学術振興会から ICIPE に毎年日本人研究者を一人派遣し，かつ ICIPE 国際委員会に日本からの委員 1 名も出席できる予算をつけてくれることになりました．これが日本と ICIPE との連携の始まりです．

ICIPE に派遣された最初の日本人研究者は，当時京大の高橋正三氏でした

が，発足間もない ICIPE でいろいろ苦労されたと聞いています．最初の国際委員は石井象二郎氏でした．

　問題は日本が研究者 1 名とその参加費（いわゆるデスク・チャージ）60 万円を負担するだけで，ICIPE 運営に要する莫大な資金を出せないことにありました．

　イギリス，ドイツ，オランダ，スウェーデン，ノルウェー，アメリカなどの国々からは，いろいろなファンドから寄附された何万，何十万ドルという資金が ICIPE に提供されていましたので，日本は本当に肩身が狭い思いでした．この状況はその後もずっとつづき，日本は ICIPE の運営に対してほとんど発言権をもてる状況ではありませんでした．外務省や JICA にも行って，何とか援助の方法はありませんかと頼んでみたのですが，いつもそれは不可能だという答えでした．

　その理由は，ICIPE がケニア国あるいは国連の機関ではなく，単なるカンパニーつまり私有の会社であるという形になっていることでした．このような形こそ，パグウォッシュ会議の考えた科学研究の国際コミュニティーというものに適したものだったのです．けれど，国と国という関係をベースにしてしかものを考えられない日本国では，政府からの出資はほとんど不可能なのでした．だから ICIPE の毎年の財政報告では，100 米ドルを単位にしている寄進ファンドのリストで，いつも日本からは 0.6 と記されていました．

　「日本は国連にたくさんお金を出している．そのお金が国連経由で ICIPE にきているよ．」などと言われても，ちっとも気は休まりませんでした．その後，ICIPE 国際委員会の委員になったぼくも，そのことを残念に思うばかりでした．

　そんな中で日本から ICIPE に派遣された研究者たちは大変でした．ときにはなかなか机も与えられず，研究に必要なものも買ってもらえないのです．けれど日本からの研究者たちはがんばっていました．次々と研究成果を上げて，日本の研究能力のすごさを示し，地元の人々にも敬愛されてきました．毎年 4 月から 6 月にかけての期間に約 1 週間にわたっておこなわれる ICIPE Annual Research Conference のとき，日本委員として ICIPE を訪れていたぼくには，それが本当にうれしいことでした．この本に書いているのもその人々です．

ICIPE自体もオディアンボ所長の精力的な活躍によって，発足後急速に発展を遂げていきました．

　最初は，ナイロビ大学農学部の一隅にあった小さな数棟のバラックにすぎなかったのですが，ICIPEの人々はアフリカにこういう研究所ができたことがたまらなくうれしかったにちがいありません．先進国からきた研究者はまだ少数でしたが，アフリカ，とくにケニアの若い研究者たちが，研究に熱中していました．

　けれどぼくが残念だったのは，彼らが外国留学で習ってきた電子顕微鏡とか生化学の手法での研究ばかりやっていることでした．アフリカでもこういう世界第一線の研究ができることを示したかったのでしょうが，アフリカにたくさんいるおもしろい昆虫たちのナチュラル・ヒストリーはイギリス人たちに任せて，アフリカ人はどこにいても手に入る実験用昆虫を，何かといえばおこる停電の中で，苦労して電顕で見る研究ばかりするというのは，ぼくにはやはり理解しがたいことでした．

　そのような状況ではありましたが，何年かのちには，オディアンボ所長の絶大な努力によりICIPEはナイロビ郊外に広大な土地を得て，新しい壮大な建物群を建て，研究者用の立派な宿舎も作りました．昆虫飼育棟も餌動物の飼育スペースも含めて完備したものとなり，欧米の施設に負けぬ，アフリカの誇る大研究所になりました．

　その一方，ケニア西部のビクトリア湖畔ムビタ・ポイントに，最終的には完璧な施設をもつムビタ・ポイント試験地（Mbita Point Field Station）を設け，野外研究のベースもできました．

　研究者の数も増え，一流の研究機器も急速に整備されてきました．研究のテーマもどんどん広がって，農業上の問題からマラリア，ツェツェバエ，リーシュマニア症関係など医学的問題にも亘ってきました．それに伴って，ナチュラル・ヒストリー的研究も少しずつおこなわれるようになりました．

　さらに，ICIPEにドクター・コースの大学院を設置し，アフリカにおける大学教育のおくれに対処しようとして，アフリカ全土からたくさんの学生を集めました．こうしてICIPEはアフリカの誇る研究教育機関となり，パグウォッシュ会議の意図は見事に具体化されたのです．

　しかしそれとともに技術職員や事務職員の数も増え，運営経費も莫大なも

のとなって，その確保が大きな問題になっていきました．

そのためにオディアンボ所長は猛烈に忙しくなり，たえず欧米へ出かけて資金調達に走りまわる状況となりました．ICIPEの運営にもいろいろな問題が生じてきました．

そこである時期から，国際委員会はICIPE理事会（Governing Board）に変わりました．

それに対応して，日本のICIPE委員会も日本ICIPE協会（Japan ICIPE Association）と名前を変え，昆虫に関係する四つの学会（日本昆虫学会，日本応用動物昆虫学会，日本動物学会，日本衛生動物学会）からの委員がこの協会の役員となりました．会員はICIPEへの派遣研究経験者とその他のICIPE関係者．基盤学会や会員からの出資によって，派遣研究者にわずかながら研究費を渡したり，トヨタ財団などからの助成金を受けてICIPEに送ったりするようにもなりました．けれど残念ながら，到底十分なことはできませんでした．

ICIPE理事会は理事会として理事を選ぶようになりましたが，その後日本からは大滝哲也，日高，高橋正三が理事に選ばれました．

理事にはよくぞこんな偉い人を呼んできたと驚くような世界第一級の学者が集められていましたが，それに加えて世界銀行や国連関係からのメンバーが含まれるようになり，そのような人々の発言がどんどん力をもつようになっていきました．そして，昆虫ホルモン学のウィグルズワース，昆虫の飛翔の研究で有名なジョン・プリングル，アドルフ・ブーテナント，ペーター・カールゾーンとともに「フェロモン」ということばを作ったマルティン・リュッシャー，そしてオランダのヤン・デヴィルデなどといった高名な昆虫学者たちと親しく語りあっていた国際委員会時代とは雰囲気がまったく異なるものになったのです．ICIPE事務局のビューロクラシーもますますひどくなってきました．

オディアンボ所長が自分の属するルオ族の人たちばかりをICIPE職員に採用してきたのも，かなりの問題でした．それは部族差別であるという非難も，ケニアの新聞などで少なからずなされていたようです．

こういう諸々の事情もあって，ICIPE発足後25年，オディアンボ所長は理事会によって解任されることになりました．そのときぼくの理事の任期は

終わっていたので，その後のことはよくわかりません．

いずれにせよ，ICIPE がいわばルオ族のものになってしまっているような状況では，次の所長をアフリカ人にすることはむずかしいことでした．結局のところ，第2代所長はスイス人のハンス・ヘレンという人になりました．第三世界に科学研究のコミュニティーを，というパグウォッシュ会議の当初の意図は，一代しかもたなかったともいえます．ぼくは複雑な思いでありました．

しかし，その後ヘレン新所長を中心とした刷新によって，ICIPE は当初の活気をとり戻し，第16章に述べられているような体制で，その活動をつづけています．2005年には日本の湯川淳一氏も理事になりました．

しかし残念なことに，最近日本は，理由はよくわかりませんが，日本学術振興会と ICIPE との連携関係を打ち切ってしまいました．

けれど日本 ICIPE 協会はアフリカとの共同研究の持続を切に願っています．この本もその願いの一つの表れです．

思えばぼくは，ICIPE の発足後25年間 ICIPE に関わり，ほとんど毎年のようにアフリカを訪れていました．ずっと昔から，ぼくはアフリカへ行ってみたかったのです．本や話や写真ではたくさん見聞きしているアフリカとは，いったいどんなところなのだろう？実際にどんな昆虫がいるのだろうか？一度でもいいから行ってみたい．そう思っていたぼくに，ICIPE の設立によって突然その機会が降ってきたわけです．それも毎年行けるとは何という幸運であったことでしょうか．

けれど期待はほとんど満たされませんでした．アフリカに行けば，いつも朝から夜までほとんどが会議．虫を見て歩くこともできません．アフリカで虫を見，獣を見たのはほんの何度かにすぎませんでした．

ムビタ・ポイントの ICIPE 試験地で見たレーク・フライとトンボとが，そのわずかな例のうちで，忘れられない思い出の一つです．

レーク・フライ（lake flies）というのはビクトリア湖畔で発生するユスリカの一種ですが，驚くのはそのすさまじい数でした（口絵15）．

日本でもユスリカは季節によって大量に発生します．幼虫が川や湖の底の泥に住み，成虫になって空中に飛びだすのですが，その繁殖戦略のためか成虫の羽化は短い期間に集中します．西野麻知子さんによると，11月の大津

では，琵琶湖で大量に発生したアカムシユスリカ（いつの頃からか，ビワコムシと呼ばれているそうです）が光に群がり，家の中に入ってきたりしてどうにもならない不快感だとのこと．

けれどビクトリア湖のレーク・フライは桁はずれでした．春の夕方，湖畔を飛ぶ群れの中に入ってしまったら，目もあけていられないし，大げさにいえば息もできません．遠く湖の彼方を見れば，レークフライの大群が湖から煙のように立ち昇っています．その数は何百万，何千万を超えるでしょう．

人々に聞くと昔からのことだといいます．土地の人はこの虫をかためて煮て食べるそうですが，どうしてこんなに大量にいるのでしょうか？これだけの幼虫を育てるには，湖底の泥にどれくらいの有機物が含まれているのでしょうか？いずれにせよ，これもこの虫の繁殖戦略のおかげでしょうけれど，とにかくアフリカの昆虫はすごいなあと感じ入ったものでした．

トンボの話はまったくべつのことです．そのときぼくは，ムビタ・ポイント試験地の中の畑を見まわっていました．草の生えた畑の小道を歩いているうちに，ぼくは何十匹ものトンボがぼくのうしろを飛びながらついてきていることに気がつきました．何だろう？何でぼくについてくるのだろう？

ふと見ると，少しむこうを歩いている人のうしろにも，トンボの群れがついて飛んでいるのです．

ぼくは自分のうしろを見ながら歩いてみました．ほんとにトンボたちはぼくについてきているのです．そしてぼくが止まると進むのをやめ，その場所でホバリングしています．そしてまた歩きだすと，またついてくる．

ぼくははたと気がつきました．トンボはきっと，草地の中を歩いていく動物について飛んでいくのだろう．動物が歩くと，草にとまっていた小さな虫たちが飛びだす．トンボはそれをつかまえようとしているのだ．きっとそうにちがいない．だから，みんなぼくのうしろについてくるのだと．

この発見にぼくは大喜びでした．その証拠の写真をとろうとして，ぼくはついてくるトンボたちにカメラを向けました．

けれど何と，ぼくのカメラは便利な自動焦点カメラでした．何十枚も撮った写真はすべて草に焦点が合っていて，写っているのは草ばかり．その上 5 センチほどのところを飛んでいる小さなトンボは，まったく写っていなかったのです．

日本に帰ってぼくは，もしかしたらと思ったので，急いでコーベット（Philip S. Corbet）というイギリスのトンボ研究者の名著 *Biology of Dragonflies*（1962）を開いてみました．そこには，ぼくが考えたのとまったく同じことが，すでにちゃんと書いてありました！

　今にして思えば，アフリカでもっと昆虫たちの研究がしたかったのにと残念至極です．アフリカには，ほんとにおもしろい昆虫がたくさんいます．昔ぼくが若かった時代には，そのような研究をしにアフリカへいくことはたいへんでした．今ならいろいろな方法があるでしょう．ICIPE はそのもっともよい手だてだと思います．ICIPE との連携が復活して，アフリカの昆虫たちの研究がどんどんできるようになることを願ってやみません．それは日本の学問の純粋・応用両面での幅と深さを増すのに役立つとともに，日本の存在と価値を世界に知らせるにも限りなく役に立つからです．

第 II 部
おもしろい昆虫

第 2 章
カカメガの森にチョウのベイツ型擬態の謎を求めて

大崎直太

■ケニアで明らかにしたかったこと

　チョウのベイツ型擬態は警告色をもつ擬態です．ベイツ，ウォーレス，ベルト，ミューラー，といった進化論の創成期の博物学者達が南米の熱帯降雨林で発見し，あるいは直接目にし，その意味を考え，ダーウィンの進化論に大きな影響を与えました．謎がありました．当初，発見された擬態個体はメスだけで，それも同種の中の一部のメスだけだったのです．その謎を説明する仮説として，性選択説と頻度依存選択説が彼等によって提案され，ダーウィンにも支持され，検証されないまま 140 年以上もの間，定説として語り継がれて来ました．

　私はマレーシア領ボルネオ島の熱帯降雨林での調査より，この定説に疑問を抱き，1995 年にそれに代わる新たな仮説をイギリスの科学誌 *Nature* に発表しました．擬態は鳥などの捕食者を避ける手段と考えられており，従来の定説は，チョウに対する鳥の捕食圧はメスとオスに等しくかかることを前提として提案されていました．しかし，私はこの前提を覆し，鳥の捕食圧はメスに高くオスに低いことを示しました．したがって，擬態することにコストがかかるとするならば，オスは擬態する必然性がない，と考えたのです．

　1991 年にオクスフォード大学出版会からラーセンによって出版された図鑑『ケニアのチョウとその自然史』には，ケニアにはベイツ型擬態種は 21 種いて，メスだけが擬態するのはわずかに 5 種で，残りの 16 種はオスもメスも擬態するとありました．なぜある種はメスだけが擬態し，別の種はオスもメスも擬態するのでしょうか．普遍的論理はこの二つの異なる現象を同時

に説明できなければなりません．ベイツ型擬態のメカニズムを説明する従来の定説はメスだけが擬態することを前提として考えられており，この二つの異なる現象を同時に説明するのは不可能でした．それに代わる私の仮説は二つの異なる現象を同時に説明することが可能なように思われました．この間，私は擬態すると生理的寿命が短くなる，という擬態の生理的コストの存在を明らかにしていました．ケニアの熱帯降雨林には，この二つの異なる現象を同時に説明できる鍵があるように思われました．2002年に私は日本ICIPE協会の推薦を受けて日本学術振興会よりケニアに派遣されました．目指すは熱帯草原サバンナの国ケニアに残された最後の熱帯降雨林カカメガの森でした．

■ベイツ型擬態

ベイツ型擬態とは隠蔽色をもつべき種が警告色をもつ種に擬態することです．動物のからだの色は大きく二つに分けられます．生息する環境にまぎれ込むような隠蔽色と，逆に環境から遊離して目立つ警告色とです．隠蔽色をもつ種は味が良く餌として天敵に好まれます．したがって，天敵の目から逃れられるような隠蔽効果のある色が有利に作用し進化したと考えられています．警告色をもつ種は植物から摂取した毒素を体内に蓄積して味が悪くなっており，天敵に忌避されます．しかし，間違って狙われることもあります．その間違いを避けるために，まずさの警告となる赤や黄などの目立つ色が有利に作用し進化したと考えられています．目立つ色はまずい味を経験したりその経験者を目撃した天敵の記憶を刺激し，まずさの学習を促進させるのです．ところが，ベイツ型擬態種は味が良いにもかかわらず警告色をもつ種です．味の悪い警告色を持つ種に擬態していると考えられており，イギリスのベイツによって1862年にロンドンのリンネ学会で発表されました．ベイツは友人のウォーレスとともにアマゾンに出かけ，ベイツ型擬態を発見したのです．

ベイツの発見はベイツ型擬態だけでなく，警告色そのものの意味をも含んでいました．なぜ目立つ派手な色をもつ種がいるのか．1859年，前年にウォーレスから進化論の論文を受け取ったことが契機となり，ダーウィンは構想久

しい『種の起源』を出版しました．この時，ダーウィンは警告色の色の意味をわかっていませんでした．『種の起源』は12年間に5回書き改められ6版まで出ていますが，版を重ねるごとにダーウィンの進化理論は深化し，理論に対する確信も深まって行きました．それに大きな影響を与えたのが警告色の認識であり，ベイツ型擬態の発見であったことが，ベイツとダーウィンの往復書簡からうかがえます．

■ベイツ型擬態の二つの謎と定説

　ベイツ型擬態は最初はチョウで発見され，その後，他の昆虫や，爬虫類，両生類，魚類など，様々な分類群にも存在することがわかりました．これら多くの種ではメスだけでなくオスも擬態しますが，チョウだけはメスだけが擬態する種がいます．しかも，すべてのメスではなく一部のメスだけが擬態します．謎は二つありました．

　一つ目の謎：なぜメスだけが擬態するのでしょうか．1874年にイギリスのベルトは，ニカラグアでの調査からダーウィンが唱えた性選択のうち異性間性選択で説明できると考えました．メスのチョウは1回の交尾で一生使える精子を受け取り貯精嚢に貯えます．そして産卵のつど貯えた精子を卵に注ぎ込みます．したがって他種のオスと交尾するとまちがった精子を一生分貯えてしまい受精卵を残せません．だから1回の交尾が大事で慎重にオスを選ぶと考えました．その結果，原型と異なるオスとは交尾をしないので，オスには擬態型が進化しなかったと考えました．一方，オスは何度でも交尾が可能ですから厳密には原型のメスを選ばないと考えました．したがって，メスの変異を受け入れ，その結果メスに擬態型が進化したと考えました．この説はダーウィンに気に入られ，強い支持を受けました．この説に最初に異を唱えたのは，110年後の1984年，アメリカのシルバーグリードです．彼はパナマで異性間性選択説の検証を試みました．しかし結果は否定的で，メスは人為的に細工した様々な模様のオスを受け入れました．そこで，彼は異性間性選択に代わる仮説として同性内性選択説を提案しました．オスに擬態という変異型が出現しないのは，原型がオス間闘争を避ける信号手段であり，変異型より適応度が高いのではないか，と予測したのです．この予測論文は飛行

機事故に遭遇した彼の死後に発表されました．この同性内性選択説を検証したとする論文が1996年にアメリカのレーダーハウスとスクライバーによって発表されました．縄張りを形成する種では原型は闘争を回避して縄張りを長く保持し，より多くのメスと交尾できた，というものでした．

　二つ目の謎：なぜ一部のメスだけが擬態するのでしょうか．この謎はアマゾンに移住したドイツのミューラーが1874年に唱えた頻度選択説で説明されています．擬態する種に対して，擬態される種をモデルと言いますが，頻度とは，擬態型個体とモデル個体とを合わせた中での擬態型個体の頻度です．多数のモデル個体の中に少数の擬態型個体が混ざっている時は，擬態型は天敵を避けるベネフィットとして作用します．しかし，擬態型個体が増加すると次第に味がまずいというモデルの警告色の効果は失われます．そして，逆に目立つことが味の良い個体の存在を容易に天敵に教える信号となります．擬態型は天敵を避けるベネフィットでなく天敵を引き寄せるコストに転じるのです．このベネフィットとコストの釣り合う頻度で擬態型個体の個体数は平衡点に達すると考えられます．なお，ミューラーは別種のドクチョウ同士が相互に酷似し警告効果を高めるミューラー型擬態を発見した人でもあります．

■定説への疑問

　私がベイツ型擬態の定説に対して最初に疑問を持ったのは1995年のことでした．きっかけとなったのは，頻度選択説が正しいならば，天敵に襲われる確率は擬態型も原型も同じはずだ，と考えたことに始まります．その考えを確かめるために1982年にボルネオ島で採集し保存しておいたチョウの標本を調べてみました．中に擬態種のシロオビアゲハ *Papilio polytes* Corbet とそのモデル種のベニモンアゲハ *Pachliopta aristolochiae* (Fabricius) の標本も多数混ざっていました．そこで，これらのビーク・マーク率を調べてみたのです．ビーク・マークとはチョウが鳥に襲われた際にチョウの翅に残る鳥のくちばし（ビーク）に挟まれて破損した傷跡です．ビーク・マーク自体は捕獲に失敗した痕跡ですが，ビーク・マーク率の高い種，高い性，高い型ほど実際に鳥により頻繁に襲撃されていることが数理的に確認されています．

表1 ベイツ型擬態種とモデル種の翅のビーク・マーク率

種	タイプ	ビーク・マーク個体数	ノーマーク個体数	ビーク・マーク率(%)
シロオビアゲハ	オス	29	97	23
(擬態種)	原型メス	8	7	53
	擬態メス	7	18	28
ベニモンアゲハ	オス	1	5	
(モデル)	メス	1	0	
	合計	2	5	29

　結果は予測と違いました．モデル，メスの擬態型，オスの原型の三者のビーク・マーク率はよく似た数値で低かったのですが，メスの原型のビーク・マーク率は非常に高かったのです（表1）．このことは，ベイツ型擬態の二つの謎を説明する定説に対して大きな疑問を投げかけていました．

　まず二つ目の謎に対する疑問：メスの擬態率が天敵を避ける擬態型のベネフィットと天敵を引き寄せる擬態型のコストの平衡点にあるなら，メスの原型と擬態型のビーク・マーク率は同じはずです．しかし，原型のビーク・マーク率は高く，擬態型のビーク・マーク率は低かったのですから，擬態型になることは鳥の捕食を避ける効果がある反面，何らかのコストが擬態型にかかっていることを示しています．つまり，コストを払って擬態型になることと，コストを払わずに原型であることが釣り合う点で擬態率が平衡点に達していると考えられるからです．この場合のコストとは，頻度選択説で考えられた天敵を引き寄せるコストとは別の，頻度とは無関係のコストです．これを，擬態のコストと表現しておきます．

　一つ目の謎に対する疑問：なぜメスだけが擬態するのでしょうか．オスのビーク・マーク率は擬態しなくてもすでにモデルやメスの擬態型と同じかそれよりも低かったのです．このことは，鳥の捕食圧はメスに高くオスに低いということを示しています．そうならば，もし擬態することに何らかの擬態のコストがかかるなら，オスは擬態することのコストがベネフィットを上回り，擬態する必然性がない可能性が考えられました．

■擬態のコスト

　擬態のコストとは何でしょうか．寿命は二つに分けられます．一つは状況によって変化しない生理的寿命です．そして，擬態型は原型に比べて生理的寿命は短くなるのではないかと考えました．そのメカニズムはわかりませんが，この短くなるぶんが擬態のコストと仮定してみました．生理的寿命は伊丹市昆虫館の熱帯温室をお借りしてシロオビアゲハで計測しました（表2）．予想通りメスの原型に比べて，メスの擬態型の生理的寿命は短かくなり，特に，警告色をよりどぎつく発色した個体の生理的寿命はより短かくなりました．さらに原型しかいないオスの生理的寿命はメスの原型よりも短く，メスの擬態型に等しいことがわかりました．

　もう一つの寿命は天敵が活躍する野外での生態的寿命です．生態的寿命は状況により変化します．擬態型が少ないならば，擬態型は天敵を欺いて原型の生態的寿命よりも長く生きるでしょう．その長く生きる分が擬態のベネフィットと考えられます．しかし，擬態型が増えれば天敵は擬態型を見破り擬態型の生態的寿命は減少します．つまり擬態のベネフィットは減少します．

　このコストとベネフィットの関係で，擬態型のベネフィットがコストを上回るなら擬態型が出現し，コストが上回るなら原型が出現すると考えました．生理的寿命とボルネオで得たビーク・マーク率を合わせて考えてみると，メスの原型は生理的寿命は長いがビーク・マーク率は高くなり，メスの擬態型は生理的寿命は短いがビーク・マーク率は低くなります．つまり，両者の生態的寿命は釣り合いが取れている可能性があります．さらにオスの生理的寿命とビーク・マーク率はメスの擬態型とよく似ていました．この場合，オス

表2　ベイツ型擬態種シロオビアゲハの生理的寿命

	個体数	平均寿命（日）
オス	72	11.36
原型メス	31	14.23
擬態メス	62	11.29
少赤斑紋型	36	12.64
多赤斑紋型	26	9.42

に擬態のコストがかかると生態的寿命はより短くなる可能性があります．だから，オスには擬態型が出現しないと考えられます．

残るは，なぜある種はメスだけが擬態し，別の種はメスもオスも擬態するのか，その異なる二つの現象を説明する普遍的論理の説明でした．

■カカメガの森

調査地のカカメガの森は熱帯草原サバンナ（サバナ）の国ケニアに残された数少ない熱帯降雨林で，ケニアの西の果てにあります．赤道を挟んで約50キロ離れて南にはアフリカ最大の湖，ビクトリア湖があります．この森はウガンダを経て中央アフリカ，西アフリカに続く「ギニア・コンゴ降雨林」と呼ばれる熱帯降雨林の東の果てにあたります．

ナイロビから西北西に300 km，ビクトリア湖湖畔にあるケニア第三の都市，人口20万人のキスムに至る風景は低木が点在し雨季にだけ丈の高い草が茂るサバンナそのものでしたが，キスムから北に進路を取ると風景は一変して見渡す限りの緑豊かな農地が続き，高い木立も見えて来ます．森の入り口の町カカメガ・タウンを過ぎてカカメガの森に達すると，高さ40〜50mを越す熱帯降雨林が現れます．鬱蒼と繁る森は，150種の樹木，90種の双子葉草本，80種の単子葉草本で構成されていますが，単子葉草本のうちの60種はランでした．動物は，400種のチョウ，350種の鳥，27種のヘビ，そのうちの25種は毒蛇でコブラも含まれています．そして7種のサル，5種のアンテロープ，2種のイノシシ，などが生息しています．手の平よりも大きなコガネムシ，ゴライアスオオツノハナムグリも生息していました．

ケニア全土が熱帯降雨林，という時代もあったそうです．しかし，1万年前に気候の変化が起こり，ケニアは乾燥化し，熱帯降雨林は徐々にサバンナに置き換えられていき，200〜300年前に現在のケニアの姿に落ちついたといいます．そして，約100年前にウガンダ地域に住んでいたルイヤ族の人々がカカメガ地域に移住するに伴い森の開墾が始まり，森は次第に縮小し，今は琵琶湖の3分の1の約240 km²が残っているだけです．1923年に森で金鉱が見つかるとイギリス植民地政府は森を保護林に改め，人々を森から追い出しました．しかし，白人には特権的に林業を許可し，高級家具の材料となる

マホガニーのような硬材は伐採され続けました．やがて伐採地に植林を始め，最初は硬材を植えましたが，硬材は生育に時間がかかるために成長の速いオーストラリア原産のユーカリのような外国産の軟材が植林されるようになりました．1963年にケニアは独立し，現在，カカメガの森は政府の完全な保護下にあります．しかし240 km²の森も実際の自然林は160 km²にまで縮小しています．私の調査はこのカカメガの森の種の多様性と保全に対するICIPEのプロジェクト研究の一環でもありました．

■ 森での調査

カカメガの森はケニア野生生物公社によって管理されています．私が所属したICIPEの環境保全部の部長はアフリカのチョウに魅せられてアフリカ滞在30年というアメリカ人のゴードン博士で，彼に推薦状を書いていただき，ナイロビにある公社本部で森での調査許可証を発行してもらいました．その調査許可証を持ってカカメガの森が属するウエスタン州カカメガ県（Kakamega District）の県都カカメガ・タウンにあるケニア野生生物公社カカメガ支所で森の入林許可証を受け取りました．森に入るためには，森の入り口にある検問所で常に入林許可証を提示しなければなりません．森を管理しているのはレンジャーと呼ばれる迷彩服を着てライフル銃を背負った管理官達でした．彼等は入り口で検問するとともに，5～6人の部隊を整え，森を巡回していました．私のカカメガの森の調査中に，同じウエスタン州のエルゴン山国立公園ではレンジャー部隊とサイの密猟者達が銃撃戦を行ない，2人のレンジャーが銃殺されるという事件が起こりました．

森は57の村に囲まれていました．森には環境教育センターがあり，日曜日には村の子供達を集め，種多様性の大切さや環境保全の大切さを説いていました．アメリカからの基金で参加者にはお菓子とジュースが配られていました．このセンターを運営していたのが森のガイド協会で，森の観光ツアーを組織するとともに，森の学術調査隊のアシスタントも供給していました．ガイド達は高校卒業後にナイロビ国立博物館（15章）で2年間の動植物の同定訓練を受けると共に，生態学，環境学の訓練も受けて試験に合格して森のガイドの資格をとった人達で，時々やって来る欧米の大学の野外環境学実習

の学生達の講師をも引き受けていました．

　私は調査のアシスタントとして2人のガイドを雇いました．ソロモンとパトリックです．ガイド協会発行の小冊子には森には400種のチョウがいるとなっていました．400種もいると近縁種間の違いは微妙です．ちょっと目には同種にしか見えないチョウが実は5種に分けられるということも希ではありませんでした．私はラーセンの図鑑『ケニアのチョウとその自然史』を基にしてチョウの同定を試みるつもりでした．2人のガイドはすでに大方のチョウの名を知っており，チョウを採集するとその場で各自が持つ『ケニアのチョウとその自然史』を開き，たちどころに種名と性を確認しました．これは驚くべき貴重な能力で，私の今回の調査はひとえに彼等のこの同定能力に負っていました．

　森の中に幅4～5m，1周2kmの周回道路がありました．この道は典型的な熱帯降雨林と伐採跡地のグアバの二次林，それに草原を横切っており，多様な種に接する機会に恵まれていたのでこの周回道路を調査地としました．調査地は50mごとに40箇所に分け，おおまかな環境査定を行なっておきました．この道を，毎日起点を変えて一日掛かりでゆっくりと一周し，チョウを採集したのです．

　私は森に接したブヤング村にバンダというチガヤ葺きで泥壁に牛糞を塗った小屋を借りて調査基地としました．森の泉で水を汲み，定期的にキスムやカカメガ・タウンで大型バッテリーに充電して電源を得る調査の日々でした．

■調査項目

　考えの拠り所として，まず，ベイツ型擬態種でもモデル種でもない種が，どのような生活空間でどのような捕食圧のもとに生活しているのかを明らかにしました．調査は多岐に及びましたが，多くのデータはまだ未解析です．ここでは，表題に掲げたベイツ型擬態を対象にした調査のみを書いて行きます．

　種名と性別：海外で得た情報で最も重要で最も苦労するのが採集したチョウの種名の同定です．しかし，今回は有能なアシスタントがいて，種名の同定は容易でした．

チョウの胸部の太さ：採集したチョウの胸幅を常にノギスで測りました．私が深く影響を受けた生態学の教科書は2冊あります．マッカーサーの『地理生態学』とクレブスとデイビスの『行動生態学』です．『地理生態学』には「パターンや規則性は科学の中心概念である．パターンとはある種の反復を意味し，反復は自然界では通常不完全な形で表れる．この反復があるから予測が可能なのである．」とありました．私はこの文章に接してから，すべての現象に対して常に規則性を探し出すことに努めています．『行動生態学』には「比較という発想は，適応についてのほとんどの仮説の核心をなす．異なる種間の比較研究は，動物が自然界で採用している戦略について，何らかの直感を与えてくれる．」「食物と社会構造に最も強く相関しているのは体の大きさである．」とありました．この文章に接して以降，私は常に調査対象の昆虫の体の大きさを測り，横軸に体の大きさをプロットし，縦軸上に様々なパラメーターを置いてみて，直感的に規則性を探し出すことを試みてきました．チョウの場合の体の大きさの指標に適しているのは胸部の太さだと思っています．

　翅のビーク・マーク：翅に残る鳥の襲撃痕です．多くのビーク・マークは左右の翅に対称的についています．翅を閉じて止まっている時によく襲われるものと思われます．

　捕獲高度：捕虫網の柄にマジックインクで目盛りを打って置くと，捕獲時に大体の捕獲高度を押さえる事ができます．データが蓄積し，他種との比較を行なうと，対象とする種がどのような高度を生活空間にしているかがよくわかります．チョウの生活を考える上で重要な情報であると思います．

　飛翔速度：スピード・ガンを試みてみましたが失敗しました．結局は，チョウ発見時にストップ・ウオッチを押し，捕獲した時点までの時間を計測し，その間の飛翔距離を50mの巻き尺を用いて測定しました．

　捕らえたチョウは翅に個体識別番号を書いてすべて離しました．番号はホワイト・ボード用のペンを用いて書きました．番号を記した個体が再度捕らえられる確率（再捕率）は5〜10%で，2〜3箇月後に取れた個体もいました．この調査での個体識別番号の意味は，同一個体のデータの重複を避けるためでした．

■捕獲性比とビーク・マーク率比

　擬態種でもモデル種でもないチョウに対する捕食圧を，捕らえたチョウの性比（捕獲性比）と彼等のビーク・マーク率を比べてオスとメスとでどのように異なるのかを解析しました．解析にはアゲハチョウ科，シロチョウ科，タテハチョウ科のいずれかに属する14種を用いました．データ解析を行なった時点で統計解析に耐え得る個体数を確保していたのがこの14種だったからです．

　捕らえた個体の性比，捕獲性比は14種中11種でオスに片寄っていました．しかし，10：1から1：1近くまで様々なレベルに散らばっています．他の1種の性比はほぼ1：1で，残りの2種でメスの性比が上回りました．一方，オスとメスのビーク・マーク率を比べたビーク・マーク率比は，捕獲性比の

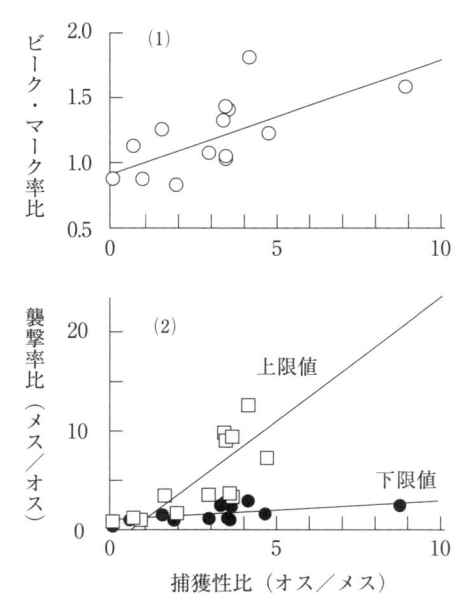

図1　(1) 捕獲性比（オス／メス）とビーク・マーク率比（メス／オス）の関係，及び (2) 捕獲性比と襲撃率比（メス／オス）の関係．襲撃率比は上限値と下限値を推定しており，異なるプロットは異なる種を示す．

高い性で低く，捕獲性比が低くなればなるほどその性で高くなりました．つまり，捕獲性比が低い性，主にメスは，より頻繁に鳥の襲撃を受けていることがわかりました（図1-1）．

ビーク・マーク率比をもとに鳥の襲撃率比を推定する式があります．微分方程式により導き出されたもので，その式に当てはめて推定値を求めると，襲撃頻度の違いはより一層明瞭となります．推定値には下限と上限があり，例えば，ビーク・マーク率比ではメスはオスの1.2倍程度しか襲撃されていないように見えても，実際の襲撃率比は3～10倍も高いと推定されます（図1-2）．

襲撃率比（メスの攻撃率／オスの攻撃率）は，メスの捕獲数 $= N_f$，オスの捕獲数 $= N_m$，メスのビーク・マーク率 $= R_{bf}$，オスのビーク・マーク率 $= R_{bm}$，とすると，下限値 $= (1-R_{bm})R_{bf}/(1-R_{bf})R_{bm}$，上限値 $= N_m(1-R_{bm})R_{bf}/N_f(1-R_{bf})R_{bm}$，で求められます．

■オスに片寄った捕獲性比を説明する三つの仮説

チョウを採集すると，一般にオスがよく採れます．生まれた時の性比は1：1にもかかわらず捕獲性比がオスに片寄る理由に対して三つの仮説があり，どの仮説が正しいのか，決着がついていませんでした．

(1) 最もポピュラーで採集者の多くが確信をもって主張するのは，メスは産卵植物の陰で産卵活動を行なっているのでなかなか人目に触れないが，オスはメスを捜し求めて活発に飛び回るので人の目に触れ捕獲されやすい，という仮説です．
(2) メスは点在し，オスは遍在するので，個体数の多い場所で採集すれば，捕獲性比はオスに片寄る，という仮説です．例えば，モンシロチョウのメスは羽化したキャベツ畑で交尾を終えると2～3kmは移動分散します．そして，新たに形成されたキャベツ畑などに飛び込み産卵活動を始めます．一方，オスは生まれたキャベツ畑に留まり一生を過ごします．したがって，古いキャベツ畑でモンシロチョウを採集すると捕獲性比はオスに片寄ります．

(3)オスの方が捕食を免れて生存率が高い可能性があり，その結果，オスは相対的に個体数が累積的に増加するので，捕獲性比はオスに片寄る，という仮説です．オスはメスを捜して俊敏に飛び回ります．一方，産卵中のメスは産卵植物に止まったり，産卵植物の回りをゆっくりと飛びます．したがって，鳥にとってオスは捕獲がむずかしく，メスは容易です．しかし，実際にチョウが鳥に捕食される現場を見る機会は少なく，この仮説は(1)や(2)に比べて懐疑的でした．

カカメガの森における捕獲性比とビーク・マーク率比の関係は，捕獲個体数の少ない性がより鳥に襲われ捕食されていることを示していました．そして，捕獲性比は一般にオスに高く，オスの捕獲性比が高いほど，メスで捕食圧が高いことが示されました．この結果は(1)と(2)の仮説を否定する訳ではありませんが，(3)の可能性を積極的に支持しています．捕獲性比がオスに片寄っているのは鳥の捕食活動が大きく関与している可能性がうかがえました．

■ **体の大きい種ほどメスが捕食される**

チョウの体の指標とした胸幅の太さとビーク・マーク率の関係を見ると（図2），オスの場合，体の大きさには関係がなく，全体的にメスより低いビーク・マーク率でした．しかし，メスは胸幅が太い種ほどビーク・マーク率が高いことがわかりました．胸幅が太い種のメスはより大きくふっくらとした腹部を持っています．腹部の内部には卵が詰まっています．捕食者にとって大きな種のメスは栄養価も高く質的に優れた収穫量の多い餌であることがうかがわれます．

最適捕食理論の示すところは，より好適な餌が手に入るなら，質的に劣るが手に入り易い餌が周囲にどのように多くいても，捕食者はより好適な餌だけを食べるようになります．

■ **体の大きい種ほど飛翔速度が速い**

飛翔速度は胸幅が太い大型の種ほど速くなっていました（図3-1）．チョ

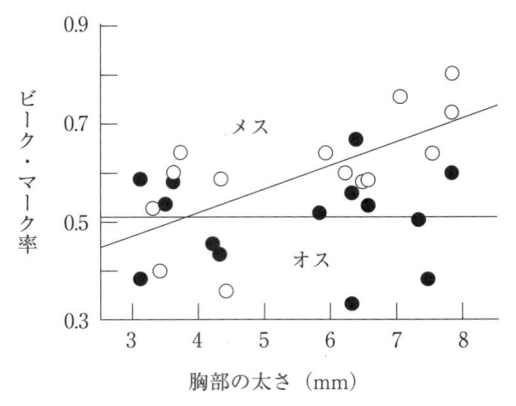

図2 チョウの胸部の太さと翅のビーク・マーク率の関係．白丸はメスを黒丸はオスを示す．異なるプロットは異なる種を示す．

ウの胸部には飛翔筋が詰まっているからでしょう．メスとオスとでほとんど変わりがありませんでした．計測したのは直線距離です．しかし，実際の飛翔は複雑な上下左右の動きを交えるので，飛翔中の大型のチョウを捕らえるのは容易ではありませんでした．速い飛翔や複雑な動きは捕食者を避ける方策として発達しているはずです．しかし，大型の種のメスほど捕食されていた，というのはとても逆説的に思えました．

■体の大きい種ほど飛翔空間が高い

　幼虫期に展開中の新葉を食べる小型のシジミチョウのグループは高い木の梢にいますが，カカメガの森で調査対象としたチョウは，大型の種ほど高い空間を飛んでいました（図3-2）．しかし，胸幅が7mmを越すと捕獲高度は下がっています．これは捕獲技術の反映で，より高い所を俊敏に飛び回るチョウを捕獲するのは容易ではなく，低く降りて来た時にようやく取れたからです．捕獲高度もメスとオスで違いはありませんでした．当然のことながら，メスとオスは同じ生活空間を利用しているからでしょう．

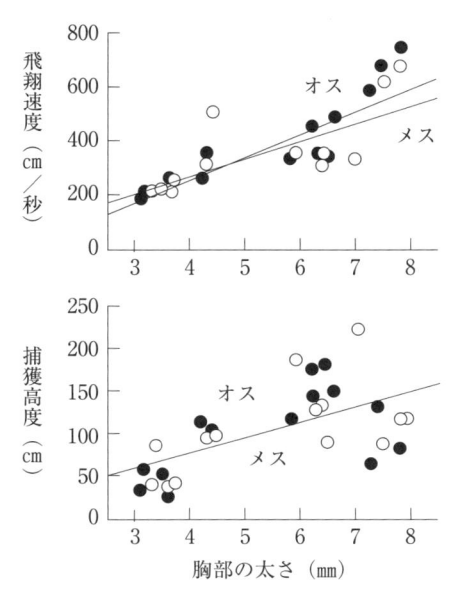

図3　(1) チョウの胸部の太さと飛翔速度の関係，及び (2) チョウの胸部の太さと捕獲高度の関係．白丸はメスを黒丸はオスを示す．捕獲高度の回帰直線は雌雄で重複している．異なるプロットは異なる種を示す．

■体温調節機構からみた捕食率

　大型のメスほど捕食者に食べられるのは，栄養価を考えると最適採餌戦略理論からもうなずけます．しかし，大型の種ほど俊敏に飛び回るわけですから，不思議でもあります．しかし，この現象は，チョウの体温調節機構から納得ゆく説明が可能です．

　チョウは変温動物です．太陽光線を胸部背面に受けて体温を引き上げ，上昇した体温を引き下げるためには静止し，翅で胸部を覆って太陽光線を遮り，あるいは日陰に入って太陽光線を避けます．この上げ下げを通して体温を種特有の適温に保ちます．胸幅の細い種で28〜32℃，太い種では36〜40℃と，大型の種ほど高い体温を保っています．

　カカメガの森は赤道直下の熱帯降雨林ですが，太陽が沈めば気温は20℃以下になりました．夜明けは7時頃で，胸部の細い種が朝の弱い陽光を受け

て体温を適温の28℃まで引き上げられたのは8時半ごろでした．胸部の太い種が強い陽光を受けて36℃の適温まで体温を引き上げることができたのは10時半を過ぎてからでした．体温が適温に引き上げられるまでチョウは種特有の寝場所に留まります．その高度は飛翔高度と同じ生活空間の中にあります．

　森の鳥たちは夜明けから一斉に採餌活動に入ります．ベイツ型擬態がその効果を発揮するために鳥の学習と記憶に頼っているように，鳥たちの学習能力と記憶能力は優れており，好適な餌がどこにいるかを熟知していると思われます．特に好適な大型のチョウは朝遅くまで寝場所に留まります．そのような餌は鳥の絶好の餌食となります．ビーク・マークは，チョウの左右の翅に対称的についていることがあります．これは，止まっているチョウが襲われていることを物語っています．

■なぜある種はメスだけが擬態し，別の種は両性が擬態するのか

　カカメガの森の調査結果より，なぜある種はメスだけが擬態し，別の種はメスもオスも擬態するのかが説明できるように思われました．改めて，擬態のコストとベネフィットを考えてみます．擬態のコストとは擬態することで生理的寿命が短くなることです．擬態のベネフィットは擬態することで鳥の捕食を避け，生態的寿命を引き延ばすことです．コストは擬態型の個体数の多寡とは無縁で一定です．ベネフィットは擬態型のチョウが増加すると減少します．ベネフィットが上回れば擬態型が有利になりチョウは擬態します．コストが上回れば原型が有利になりチョウは擬態しません．コストとベネフィットが等価の時に個体群の擬態率が平衡になります．

　カカメガの森の結果より予測できることは，チョウは大きく三つの論理的グループに分かれます．(1)メスとオスの両性とも捕食圧が高くて擬態のコストを払ってでも擬態が適応的な種．(2)メスだけが捕食圧が高く擬態が適応的な種．(3)メスとオスの両性とも捕食圧は低く，擬態は適応的でない種．つまり，両性が擬態する種，メスだけが擬態する種，両性とも擬態しない種の三つのグループに分かれます．

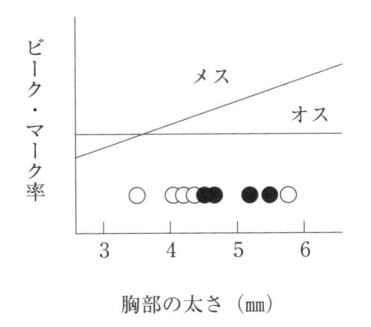

図4 メスだけが擬態する種と両性が擬態する種のメスの胸部の太さ．白丸はメスだけが擬態する種で黒丸は両性が擬態する種を示す．異なるプロットは異なる種を示す．

■メスだけが擬態する種と両性が擬態する種の違い

　カカメガの森で実際に捕らえたベイツ型擬態種は，メスだけが擬態する種は大型の種から小型の種までいました．しかし，メスとオスの両性が擬態する種は大型の種に片寄っていました（図4）．わずか9種のデータしかないのですが，妥当な結論のように思えます．メスは一貫して大型の種で捕食圧が高く小型の種で捕食圧は低くなります．一方，オスの捕食圧は平均的に低く，大きさとは無相関でした．ということは，両性ともに捕食圧が高く，そのため擬態が適応的な種は大型の種の中にいる可能性が高くなります．

■調査を終えて

　熱帯の種の多様性は発想の宝庫です．ダーウィン，ウォーレス，ベイツ，ベルト，ミューラー，誰もが熱帯の種の多様性に接し，生物の進化に思い至りました．しかし，ベイツ型擬態の謎は，彼等が考えた仮説以降，140年ものあいだ進化せずに現代に至りました．その最大の理由は，仮説を検証する実験が難しいからです．ベイツ型擬態種の多くは熱帯に生息しています．彼等が利用する寄主植物も熱帯にしかありません．設備や実験装置の整った研究機関は近年まで温帯にしかありませんでした．熱帯の生物を温帯に持ち込んで実験をするのは膨大な経費を伴う装置が必要であり，その管理も必要に

なります．このことがネックになり，せっかくの宝庫の宝物も多くは手付かずのままにありました．

しかし，現代は違います．ICIPE のような優れた研究機関が熱帯にもできて，世界中から研究者が集まって来ています．特に中国からの研究者の増加には目を見張るものがあります．私が ICIPE 滞在中に日本人は私を含め 2 人いました．しかし，中国人は 6 人もいました．そして，日本は ICIPE への研究者派遣事業を廃止しました．時代に逆行していると思います．

ここに述べたカカメガの森の研究がケニアの旧宗主国イギリスの動物生態学会誌に掲載された直後に，ケニア野生生物公社カカメガ支所やカカメガの森ガイド協会などから日本の自宅に電話がかかって来ました．カカメガの電話事情を知る者には驚くべきことです．ICIPE からは電子メイルがやって来ました．いずれもが，カカメガの森が学術の発展に寄与したことを喜び，今後もカカメガの森を拠点として学術調査を続けていこう，という誘いでした．

さらに詳しく知りたい人のために

ベイツ, H. W., （長澤純夫・大曽根静香訳）（1996；原著 1863）『アマゾン河の博物学者』平凡社．（進化論の最も美しい証明になったベイツ型擬態の発見に至る 11 年間にわたるベイツのアマゾン河流域の博物学探検記）

ウッドコック, G., （長澤純夫・大曽根静香訳）（2001；原著 1969）『ベイツ：アマゾン河の博物学者』新思索社．（ベイツの評伝で，時代をともに生きた，ベイツ，ウォーレス，ダーウィンの交流の中から進化理論が深化し，確立されていく過程が興味深く描かれている）

上杉兼司（2000）成虫はどうやって身を守っているのか．大崎直太編著『蝶の自然史』北海道大学図書刊行会, pp. 106-123．（沖縄の様々な島々でベイツ型擬態種シロオビアゲハとモデル種ベニモンアゲハの個体数の比率を調べ，メスの擬態率が決まるメカニズム，ミューラーの頻度選択説を世界で最初に検証した，スケール大きな野外生態学の報告書）

Mallet, J. and Joron, N. (1999) Evolution of diversity in warning color and mimicry: polymorphisms, shifting balance, and speciation. *Annual Review of Ecology and Systematics*, 30:201-233．（擬態研究の第一人者，ロンドン大学のマレット教授による擬態研究の最新の総説．ベイツ型擬態に対する従来の考

え方がよくわかる）

Ohsaki, N. (1995) Preferential predation of female butterflies and the evolution of Batesian mimicry. *Nature*, 373:173-175.（チョウに対する鳥の襲撃の証拠はチョウの翅に残った失敗の痕跡のビーク・マークだけである．ボルネオのチョウのビーク・マーク率の雌雄の比から，実際の襲撃率比を推定している）

Ohsaki, N. (2005) A common mechanism explaining the evolution of female-limited and both-sex Batesian mimicry in butterflies. *Journal of Animal Ecology*, 74:728-734.（カカメガの森の調査結果の第一報で，本文の基になった）

コラム1　フンコロガシと古代エジプト

　古代エジプト人にとってフンコロガシはただの虫ではありません．創造神であり太陽神でもあるケプリの化身とみなされる神聖な虫でした．神ケプリはフンコロガシそのもので表されたり，フンコロガシの顔をした男性の神として表されたりしました（図A）．フンコロガシが神聖視された理由は二つあります．一つは，フンコロガシが糞玉を地中に埋めてから数週間あるいは数箇月後，新成虫が地表に現れ出る様子に，人々は無から有が生ずる姿をみとめ，創世の過程に関係があると信じたからです．そこで，人々はフンコロガシに「自ら生まれる者」という意味のケプリという名を与え，ついで創造神ケプリを創出しました．もう一つは，フンコロガシが糞玉を押して転がす姿に太陽を運ぶ神をみとめたことです．古代エジプト人は，太陽は夕方に天の女神ヌトに呑み込まれ，夜の間，彼女の胎内を通り，明け方に産み落とされて復活・再生する，と信じていました．ヌトによって復活・再生された太陽を神ケプリが運んでいる，と考えたのです．こうしてフンコロガシは神ケプリとなり，生命・創造・復活・再生の象徴として崇拝されるようになりました．
　古代エジプトの象形文字をヒエログリフといい，その中にはフンコロガシ

を象った文字もあります．碑文をみると，長円形の枠（カルトゥーシュ）で囲まれた中にしばしばこのフンコロガシのヒエログリフがあることに気づきます．カルトゥーシュには王の称号の一部である即位名と誕生名が書かれています（図B）．フンコロガシの文字があるのは即位名の方で，ツタンカーメン王のものが有名です．ちょうどフンコロガシが太陽を押しているように見え，ネブ・ケペルウ・ラーと読みます．あえて訳せば「威厳なるラーの顕現」となります（ラーは太陽神の一柱で，国家神としての性格も合わせもつ神）．ツタンカーメン王の陵墓に納められた多くの腕輪，胸当て，胸飾りにはフンコロガシと太陽が造形されています（図C）．これを即位名の単なる造形物とみる識者もいますが，私にはとてもそうは思えず，神ケプリすなわちフンコロガシに託した復活・再生への強い願望のあらわれだと思います．

　最後に，ファーブルへの苦言を一つ．ファーブルは『昆虫記』第1巻冒頭で，「（ティフォンタマオシコガネが）古代エジプトの人が地球（monde）の像とした糞の団子を転がしている」（岩波文庫版）と書いています（奥本訳では地球が「世界」となっています）．明らかにファーブルは誤解をしています．ここはmondeをsoleil（太陽）とすべきです．（佐藤宏明）

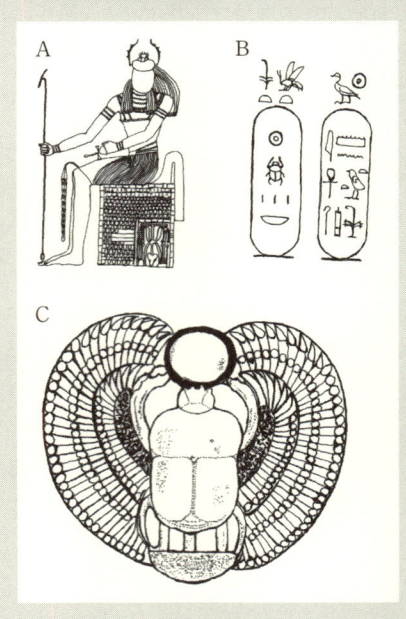

（A）ネフェリタリの陵墓の壁画に描かれた神ケプリ像．(B) ツタンカーメン王の称号を記したヒエログリフ．左右の枠（カルトゥーシュ）にそれぞれ即位名「ネブ・ケプルウ・ラー（威厳なるラーの顕現）」と誕生名「トゥト・アンク・アメン・ヘカ・イウヌ・シェマア（アメンの生ける姿，上エジプトの都（ワセト）の支配者）」が記されています．(C) ツタンカーメン王の即位名を模した胸飾り

第3章
サバンナにフンコロガシを追って

佐藤宏明

■世界のフンコロガシ，日本のフンコロガシ

　フンコロガシとは，獣糞から糞玉を作り，地面を転がして，地下に埋める糞虫の俗称で，標準和名をタマオシコガネといいます．フンコロガシを糞虫の別称と思っている人がいますが，それは違います．糞虫は獣糞を餌とするコガネムシの総称で，この中には糞の脇や直下に坑を掘り，糞を直接地下に埋め込む種も含まれます．また，フンコロガシをスカラベと表現する例を見聞きしますが，スカラベは糞虫と同義で，タマオシコガネだけを指すわけではありません．

　フンコロガシは熱帯から温帯にかけて世界に広く分布し，1150種ほどが知られています．日本からは南西諸島も含め3種知られているにすぎません．これら3種は体長が3〜4mmほどしかなく，しかも林内に生息しているので，目に触れることはまずありません．残念ながら日本では，フンコロガシが糞玉を転がしている姿を野外で見ることは，よほどの努力をしない限り不可能です．私も日本では糞玉を転がしているフンコロガシを見たことがありません．

　日本ではフンコロガシを目にしないにもかかわらず，その名は不自然なほどに有名です．これは『ファーブル昆虫記』の国民的受容によるとしか考えられません．『ファーブル昆虫記』全10巻は1907年に完結し，1922年には早くも邦訳が出版されています．以来，全訳・抄訳のほか，子供向けに意訳した絵本の出版や，ファーブルの足跡をたどるテレビ番組の放映など，現在も続いています．折しも2007年は『ファーブル昆虫記』完結100年に当たり，

日仏共同企画展「ファーブル 100 年展」の計画が進行中です．

■ **ファーブルの研究**

『ファーブル昆虫記』には 500 種あまりの昆虫が登場します．その巻頭を飾るのがフンコロガシの一種，ティフォンタマオシコガネ *Scarabaeus typhon*（Fischer）です．ティフォンタマオシコガネが頭楯と脚を巧みに使って糞玉を作った後，逆立ちし，後脚と中脚で糞玉を抱え，前脚と頭部で地面を蹴りながら糞玉を上手に後ろへ転がし，最後に糞玉を地中に埋める，その描写は読者に強烈な印象を与えます．ファーブルはこの姿に魅せられ，何のために糞玉を転がし，地中に埋めるのか，疑問をもちました．しかも，フンコロガシは古代エジプトでは太陽神の化身として神聖視されていました（コラム 1）．ファーブルは巧妙な飼育箱を考案し，ティフォンタマオシコガネが糞玉を地中に埋めてからの様子を克明に観察しました．メス親は地中で糞玉の上部に窪みをつくり，卵を 1 個産み付けます．そして，周囲の糞を薄くせり上げ，卵を糞で被せるように覆います．すると糞玉はちょうど西洋梨の形になります．メスはこの「西洋梨玉」を完成させると巣を去り，地上に出てきて新たな糞塊を探します．一方，西洋梨玉では，孵化した幼虫がその中で糞を食べながら成長し，蛹になります．ただし，糞玉は必ずしも西洋梨玉になるわけではなく，後述するように埋めた個体によって食べられることもあります．

ファーブルはティフォンタマオシコガネのほかにも，オオクビタマオシコガネ *Scarabaeus laticollis* Linnaeus とシェーフェルアシナガタマオシコガネ *Sisyphus schaefferi* Linnaeus の造巣行動も観察し，相違点を記しています．ティフォンタマオシコガネとオオクビタマオシコガネの最も大きな違いは，ティフォンタマオシコガネでは埋めた 1 個の糞玉から 1 個の西洋梨玉しか作らないのに対し，オオクビタマオシコガネでは 2 個の西洋梨玉を作ることです．ファーブルは，埋めた糞玉が大きければ，3 個の西洋梨玉を作ることもあるのではないか，とも述べています．また，シェーフェルアシナガタマオシコガネでは雌雄が協働して糞玉を作ったり転がしたりするのに対し，ティフォンタマオシコガネではほとんどない，としています．シェーフェルアシ

ナガタマオシコガネの雌雄は糞玉を転がす段になると，オスが逆立ちして後ろ向きに押し，メスは糞玉の前方にまっすぐに立って前脚を糞玉に掛け，後ずさりしながら曳きます（ただし，ハーフターとマシューズ（Halffter and Matthews 1966）は，押し手がメス，曳き手がオスであることが多い，としています）．糞玉を埋めた後，オスは半日ほどで外に出てきますが，メスは巣に残ってその糞玉から1個の西洋梨玉を作ります．

■ ファーブル以後の研究

ハーフターとマシューズは，フンコロガシが転がしている糞玉にはその用途に応じて三つに分類されるとしています．一つは食用糞玉で，作り手である成虫自身の餌として利用されます．二つ目は育児用糞玉で，幼虫の餌として利用されます．すなわち，上で述べたような西洋梨玉となる糞玉です．そして三つ目が婚姻用糞玉です．婚姻用糞玉はおもにオスによって作られ始め，後にメスがやって来てつがいを形成します．婚姻用糞玉の転がし方は種によって異なり，(1)オスが糞玉を転がし，メスは糞玉にしがみついたまま運ばれる，(2)糞玉を転がすオスの後を，メスがついて行く，(3)シェーフェルアシナガタマオシコガネのように，オスとメスが押し手と曳き手になって協働して糞玉を転がす，のおもに三つの様式があります．いずれの様式でも，糞玉を埋める役割はオスが担います．地下でオスはメスと交尾し翌日には外に出てきますが，メスは巣に残り糞玉を食べます．このように，婚姻用糞玉はオスにとっては交尾をするためのメスへの贈り物であり，メスにとっては餌であるといえます．

しかし不思議なことに，ファーブルは婚姻用糞玉について一切触れていません．ファーブルは，1頭のティフォンタマオシコガネが糞玉にしがみつき，別な1頭がその糞玉を転がしているところを観察し，この糞玉は食用である，と記しています．この糞玉はほぼ確実に婚姻用糞玉です．ところがファーブルは，この2頭はたいていオスとオス，あるいはメスとメスの組み合わせであるとしています．私にはファーブルが，同性の2頭が糞玉をめぐって格闘したり，それぞれ別の方向に糞玉を転がそうとしたりしている場面と混同しているように思えます．ファーブルは，外見で雌雄を区別するのは難しいの

で，実際に解剖して確認した，と書いていますが，それはもっぱら糞玉をめぐって争っている2頭についてであり，婚姻用と思われる糞玉を転がしている2頭についてはほとんど解剖していないのではないか，と私は推察しています．ファーブルはメスが単独で転がしている育児用糞玉や糞玉をめぐる激しい闘争に目を奪われ，婚姻用糞玉の観察がおろそかになったのではないでしょうか．またファーブルは，後の研究者がシェーフェルアシナガタマオシコガネで確認した婚姻用糞玉に関しても，それらしき記載をしていません．

　ここで注意してほしいのは，雌雄が協働で作っている糞玉は，ある種では婚姻用であったり，別な種では育児用であったりする，ということです．シェーフェルアシナガタマオシコガネのように，婚姻用のときもあれば，育児用のときもあります．ハーフターとマシューズは，ティフォンタマオシコガネを含む *Scarabaeus* 属では雌雄が協働で作っている糞玉は婚姻用であり，メス単独で作っている糞玉が育児用になる，としています．

　ハーフターとマシューズは，フンコロガシの繁殖行動についてもう一つ重要な指摘をしています．それは，たいていのフンコロガシのメス親は西洋梨玉を作った後，巣に留まらず，地上に出てくる，というものです．これに対し，糞塊の下や脇に坑を掘り，糞を引き入れて巣を作る糞虫では，ダイコクコガネ属 *Copris* に代表されるように（今森 1985），巣に引き入れた糞から卵形の育児用糞玉をいくつか作った後もメス親が巣に残り，子が羽化するまで育児用糞玉をカビや土壌動物から守る種が多数知られています．産卵後も卵あるいは幼虫のそばに留まり，その世話をする習性を亜社会性と呼びますが，フンコロガシには亜社会性の種はいない，というのです．ただし，中米に生息するダルマタマオシコガネの一種 *Canthon cyanellus* LeConte が亜社会性であることは知られていました．この種は，複数の糞玉を地表の窪地に転がし入れ，西洋梨玉にし，地下に巣は作らない，という点で一般のフンコロガシとは異なります．

■ツァヴォ国立公園

　私がアフリカでフンコロガシを観察した場所は，ケニアの首都ナイロビとインド洋に臨む港湾都市モンバサの中間に位置するツァヴォ国立公園です．

面積は2万800 km²，日本の四国に相当する広さですが，公園管理官やホテル従業員以外に住民はいません．小高い山と起伏に富む地形，真っ平らな平地が混在し，叢林と草原が果てしなく続くサバンナ（サバナ）です．数キロメートル先からでもすぐにそれとわかる巨大なバオバブが点在し，早朝の澄んだ青空に裾野を広げたキリマンジャロが映ります．日中の気温は30℃を超え，太陽が容赦なく照りつけますが，乾いた空気と，絶えず吹く軟風のおかげで，日陰に入れば，そこは別天地です．

ツァヴォ国立公園には1960年代までは4万頭を超えるアフリカゾウと8千頭ともいわれたクロサイが生息していました．しかし，激しい密猟と70年代初頭の大旱魃によって，現在ではアフリカゾウは6千頭に減少し，クロサイは姿を消しました．密猟は現在も止まず，組織化された密猟団がソマリアから侵入し，公園管理官と戦闘を繰り返しています．

■**研究のきっかけ**

発端は，指導教員の東正剛先生が国際昆虫生理生態学センター（ICIPE：16章）に客員研究員として派遣されるとき，まだ修士1回生だった私を研究補助員として連れて行ってくれたことでした．1983年のことです．ビクトリア湖畔のホマベイに7箇月間滞在し，マメノメイガ *Maruca vitrata*（Fabricius）の個体群生態学的研究に従事しました．調査が終わりナイロビに戻ってきたとき，偶然，昆虫写真家の今森光彦さんに会いました．今森さんはフンコロガシの生態を長期に渡り取材するための下見に来ていたのです．この出会いがきっかけとなって，今森さんと私は84年と85年のそれぞれ約2箇月間，ツァヴォ国立公園に滞在し，今森さんはフンコロガシの生態を写真として，私は文字として記録しました．

このときおもに観察したフンコロガシは，アフリカゾウの糞塊から糞玉を作るアフリカヒラタオオタマオシコガネ *Kheper platynotus*（Bates）でした（口絵9）．このフンコロガシは1979年11月号の *Scientific American*（日本語版『サイエンス』80年1月号）の表紙を飾り，その号に掲載されたハインリッチ（Heinrich）とバーソロミュー（Bartholomew）の論文で一躍有名になりました．この論文では，メスが乗った直径8 cmはあろうかと思われる糞玉を

オスが転がしている姿がカラー写真で紹介され，この糞玉は婚姻用糞玉であること，育児用糞玉はメス単独で作られること，メスは産卵後巣を去り，亜社会性は示さないこと，が記されていました．こうした行動はファーブルが観察したティフォンタマオシコガネと一致します．今森さんはアフリカゾウと巨大な糞玉の組み合わせに魅せられアフリカヒラタオオタマオシコガネの長期取材を決意したのでした．しかし私はといえば，子供の頃からのあこがれだったアフリカで野生生物を見ながら暮らせる，という浮ついた気持ちの反面，一流の研究者がすでに手がけたフンコロガシを後追いして，論文になるような成果を上げられるだろうか，という不安もありました．その後，私は1990年と93，94年にもツァヴォ国立公園に長期滞在し，アフリカヒラタオオタマオシコガネの他にクサリメタマオシコガネ Scarabaeus catenatus (Gerstaecker) を観察しました．本章では前者について記すことにします．

■観察方法

ツァヴォ国立公園は10月末から1月下旬が大雨季，3月中旬から5月中旬が小雨季です．雨季が始まると，それまで真茶色だった草原が日に日に緑を増し，3週間もすると一面鮮やかな緑に覆われます．この頃になると大小の糞虫が無数に糞に集まりだし，盛んに坑を掘ったり，糞玉を作ったりします．こうして私たちの観察が雨季とともに始まります．

糞虫はどの動物の糞でも好き嫌いなく利用すると思われがちですが，アフリカヒラタオオタマオシコガネ（以下ヒラタと略記します）はアフリカゾウの新鮮な糞を好みます．ヒラタは朝から夕方にかけて活動するので，野外での観察は早朝アフリカゾウの糞を探すことから始まります．公園内を車で走り，アフリカゾウの姿を認めたら道から外れ近くまで行き，周辺を探します．慣れてきたらアフリカゾウの足跡を追って歩いて草地や叢林に入り，鼻を効かせて糞の香りを手がかりに探しました．糞を見つけたら，私たちの安全を第一に考え，バケツに入れ，道まで運んで地面に置き，ヒラタの飛来を待つことにしました．いつ何時物陰からライオンが襲って来るかわからないからです．もっとも，路上だからといってどれほど安全なのか定かでないのですが．

ヒラタが飛来し，着地したら，個体を識別するために素早く耐水性修正液

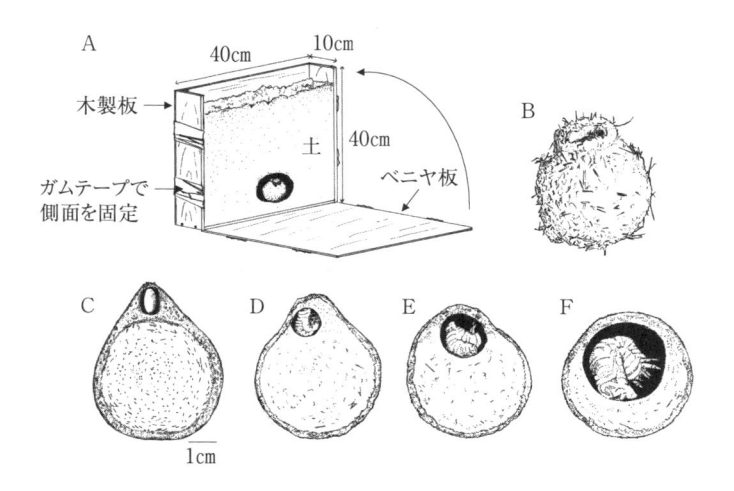

図1 (A)観察用飼育箱．(B)産卵直前の西洋梨玉．(C)完成した西洋梨玉の断面．(D-E)幼虫の発育にともなう西洋梨玉の変化（断面）．

で背中に適当な印を付けます．このとき個体を手に取ることはしません．その後の行動を萎縮させるからです．ヒラタは糞塊の中で糞玉を作ったり，交尾をするので，外からでは中の様子がわかりません．時折ピンセットで糞片を静かにつまみ上げたり，より分けたりして，個々のヒラタが何をしているのかを記録しました．ガチッ，ガチッという音が聞こえたら要注意です．これは個体同士が格闘している音なのです．注意深く糞片をどけ，個体を識別し，どちらが勝ったか記録します．

　糞玉を埋めた後の様子はファーブルに倣い，おもに飼育箱を使って観察しました（図1A）．野外でヒラタが糞玉を作り終え，転がし始めたら，糞玉と一緒に捕まえて直径30cmほどのタライに移し，車で宿泊しているロッジに運びます．この間の数十分，ヒラタはタライの中で飽きることなく何周も糞玉を転がし続けます．ロッジに着き，飼育箱に移すと，間もなくフンコロガシは糞玉を埋め始めます．その後，適当な日に側面の板をはずし，中に作られている巣の様子を観察しました．

■調査初年の成果

　観察が当初から順調に進んだわけではありません．その理由は，雌雄の区別が外観ではできなかったこと，そして何よりもハインリッチとバーソロミューの記述が誤りだったことにあります．彼らの記述に従えば，育児用糞玉はメスが単独で作って転がすことになっています．しかし，私たちには外見で雌雄の区別ができません．そこで，単独で糞玉を転がしている個体を糞玉とともに手当たり次第に飼育箱に移し，観察することにしました．ところが予想と期待に反し，糞玉はいずれも巣の中で食べられていました．個体を解剖し生殖器をみてみると，これらの個体にメスもいることがわかりました．すなわち，メスが単独で転がしている糞玉は育児用糞玉ではなく食用糞玉だったのです．そこで，飼育の対象をハインリッチとバーソロミューが婚姻用としている糞玉に変えることにしました．メスがしがみつき，オスが転がしている糞玉です（口絵9）．しかし，その頃はもう雨季の終わりで，糞塊に飛来するヒラタがめっきり少なくなり，1個の糞玉しか飼育箱に移せませんでした．雌雄の区別ができるようになったのもこの頃でした．偶然，後脚

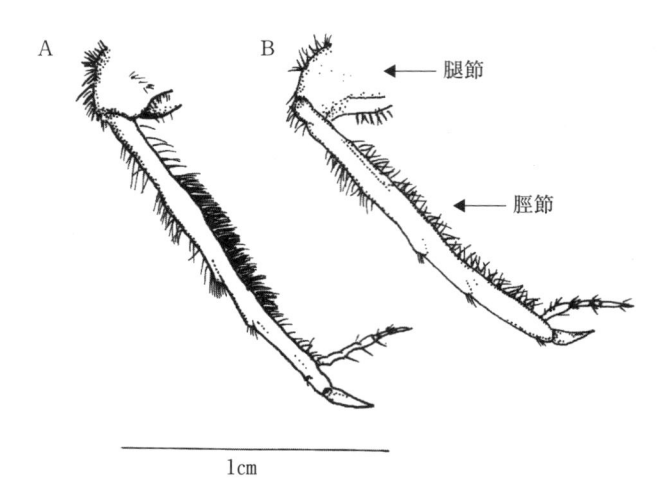

図2　ヒラタオオタマオシコガネのオス（A）とメス（B）の後脚．脛節のブラシ状剛毛の有無に注目．

脛節にブラシ状の剛毛をもつ個体ともたない個体がいることに気づいたのです（図2）．解剖したところ，前者はオス，後者はメスであることがわかりました．一方，件の飼育箱を3週間後に開けてみると，巣の中に2個の西洋梨玉が作られていました．ハインリッチとバーソロミューが婚姻用糞玉としたものこそが育児用糞玉だったのです．彼らはハーフターとマシューズの言説にとらわれ，実際に確認することなく，オスが転がし，メスがしがみついている糞玉は婚姻用だと思いこんだのです（このことはハインリッチ氏自身，私への手紙で認めています）．

　結局，調査初年（84年）の成果は，(1)雌雄の区別は後脚脛節のブラシ状剛毛の有無でできる，(2)メスがしがみつきオスが転がしている糞玉は婚姻用糞玉ではなく育児用糞玉である，(3)1個の育児用糞玉から少なくとも2個の西洋梨玉が作られる，(4)メスは産卵後も巣に留まる，という四点の確認に終わりました．雌雄はどのようにしてつがうのか，西洋梨玉は1個の育児用糞玉からいくつ作られるのか，メス親はいつまで巣に留まるのか，などはわからず仕舞いでした．初回の調査はかなり時間を無駄にしましたが，このフンコロガシはひょっとすると亜社会性かもしれない，という期待で胸が高鳴りました．そして教訓も得ました．先人の業績を鵜呑みにしてはいけない，絶えず疑え，ファーブルしかり，ハインリッチしかりである，と．

　以下，1985年と90年の調査を踏まえ，ヒラタの生態を詳しく記します．

■繁殖行動

　メスがしがみつき，オスが転がした糞玉70個を飼育箱で観察したところ，すべて育児用糞玉でした．また，メスが単独で作った育児用糞玉も11個確認されました．後者の育児用糞玉は食用糞玉より大型で密に作られていたので，外見でも両者は区別できます．これらのことから，ヒラタでは婚姻用糞玉は作られないこと，育児用糞玉はたいてい雌雄協働で作られるが，時にはメス単独でも作られること，がわかります．ファーブルが観察したティフォンタマオシコガネでは，育児用糞玉はメス単独で作られ，メスがしがみつき，オスが転がしている糞玉は婚姻用でした．このようにヒラタの繁殖行動はティフォンタマオシコガネと大いに異なります．

表1　育児用糞玉でのつがい形成とつがい個体の入れ替わり

	観察数
育児用糞玉で最初に形成されたつがいにおける雌雄の出合いの様子	
メスが単独で糞玉を作っているところにオスが来訪する．	19
オスが単独で糞玉を作っているところにメスが来訪する．	2
オスがメスの背に乗り，交尾に入る体勢のまま，メスが糞玉を作り始める．	2
計	23
育児用糞玉作製途中におけるつがい個体の入れ替わりの様子	
侵入オスによって先占オスが追い出される．	14
侵入メスによって先占メスが追い出される．	3
先占オスが自発的に去り，新たなオスが来訪する．	6
メスにより先占オスが追い出され，新たなオスが来訪する．	1
計	24

　では，雌雄はどのようにしてつがいを形成し，育児用糞玉を協働で作るに至るのでしょうか．表1に育児用糞玉でのつがいの形成過程とつがい個体の入れ替わりの様子をまとめました．つがいは，多くの場合，メスが単独で糞玉を作っているところにオスが来訪することで形成されます（19/23 = 83%）．このときメスがオスを拒否することはなく，まもなく協働で育児用糞玉を作り始めます．しかし，このつがいが糞玉完成まで維持されるとは限りません．糞玉の作製途中にしばしば他個体が侵入し，先占個体との間で激しい闘争を繰り広げます（次節）．闘争は必ず同性間で生じ，つがいの相方は闘争に加わりません．侵入者はオスが多く，結果として，メスよりもオスの先占個体が追い出される頻度が高くなります（14/17 = 83%）．こうして，最初のつがいのかなりの割合（19/50 = 38%）で糞玉完成までに相手が入れ替わります．

■闘争の勝敗にかかわる要因

　個体間の闘争は互いに前脚と頭部を使って相手を跳ね飛ばすことを意図して行なわれ，ガジッ，ガジッという激しい取っ組み合いの音がします．負けた相手は10cmも跳ね飛ばされることがあります．このような闘争は，ファーブルがティフォンタマオシコガネで，またハインリッチとバーソロミューがスジボソオオタマオシコガネ *Kheper laevistriatus*（Fairmaire）で観察してい

表2 育児用糞玉で観察された闘争における勝敗と個体サイズ（前翅対角長），地位（先占個体／侵入個体）の関係

勝者	個体サイズ			計
	先占個体＞侵入個体	先占個体＝侵入個体	先占個体＜侵入個体	
先占個体	15	5	2	22
侵入個体	0	0	7	7

ます．ハインリッチとバーソロミューによると，夜行性であるスジボソオオタマオシコガネでは，体温が高い方の個体がたいてい勝ち，体の大きさは勝敗にほとんど関係しない，としています．この理由は，体温が高いほど活動性が高く，動きが素早いためです．

しかし，ヒラタでは違います．表2に示すように，体の大きさだけでみると，大きい個体がたいてい勝ちます（22/24 = 92%）．相手より小さくても勝つことができた2個体はいずれも糞玉の先占者でした．また，体の大きさが闘争個体間で等しかった5組では，いずれも糞玉の先占者が勝ちました．つまり，ヒラタではスジボソオオタマオシコガネと異なり，体の大きさと先住者効果で勝敗を説明できます．この理由として，ヒラタは昼行性であり，糞塊の中は照りつける太陽と発酵のため温度が高く，先占者の体温が高温に維持されていることが推察されます．

■交尾

図3は繁殖にかかわる行動を示したオス113個体の行動連鎖の記録です．オスは，歩いているメスや食用糞玉を作っているメスに出合うとたいてい交尾を挑みます．交尾の試みは多くの場合，メスに拒否され失敗に終わりますが，成功することもあります（15/70 = 21%）．交尾はおよそ30分続きます．交尾後，雌雄は別れ，育児用糞玉を協働で作り始めることはありません．

育児用糞玉でメスとつがうことができたオスは，糞玉作製途中のメスに交尾を挑むこともあれば（24/60 = 40%），そうしないこともあります（60%）．交尾に成功した場合（18/24 = 75%），オスは糞玉から去る場合もあれば（4/18 = 22%），残って糞玉作製に再び取りかかる場合もあります（78%）．図には

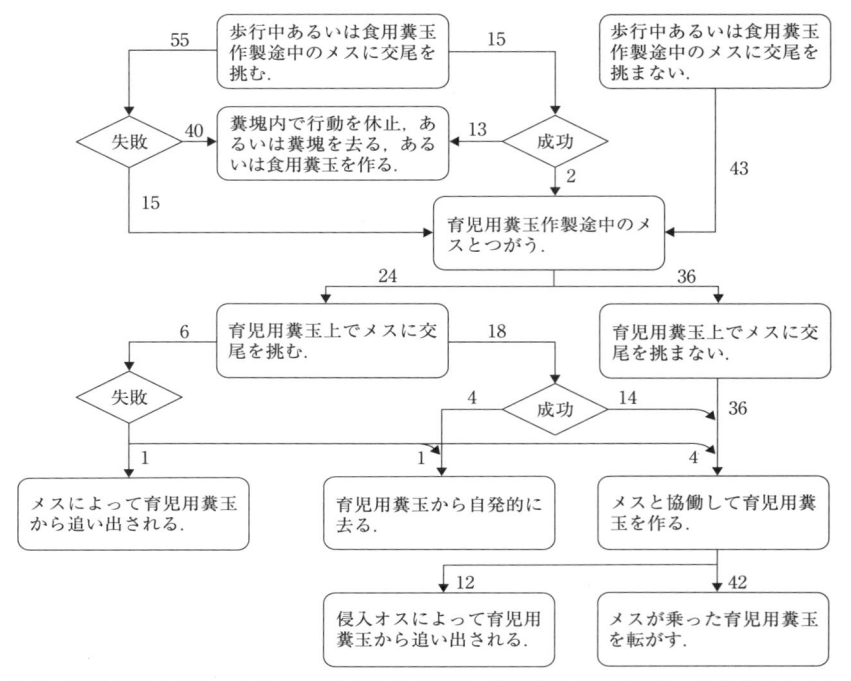

図3 配偶行動を示したオス113個体の行動の連鎖．数字は次の行動に移った個体数を示す．

示していませんが，育児用糞玉を転がしている途中や，埋めている途中でも交尾が時々観察されます．27組のつがいでは，つがい形成後，飼育箱に移すまで交尾をしませんでした．これらのつがいは糞玉を地下に埋めた後，交尾することは疑いありません．

■亜社会性

育児用糞玉を地下に埋めた後，オスは翌日には外に出てきますが，メスはそのまま巣に留まります．亜社会性であるダイコクコガネ属で知られているように，メスは糞玉を10日ほど寝かせます．そしてこの糞玉から，1から4個（平均2.3個，$n = 43$）の西洋梨玉を作ります（図1B, C）．メスは西洋梨玉完成後も巣に留まりますが，巣内での行動はダイコクコガネ属と大きく異なります．

卵から孵化した幼虫は西洋梨玉の内部の糞を食べて育ち，幼虫がいる部屋は球形をしています．幼虫は部屋の側面と床面の糞を食べ，自身の糞は天井に押し付けるように塗り込みます．幼虫が成長するにつれ，西洋梨玉の上部は膨らんできます（図1D，E）．メス親はこの膨らみ，すなわち幼虫の糞が押し込められている部分を食べます．すると，西洋梨玉は幼虫の発育にともない徐々に球形に変化します（図1F）．つまりメス親は幼虫の糞を自身の栄養としているのです．このような行動を示す亜社会性の糞虫はそれまで知られていませんでした．

幼虫は孵化後1箇月半ほどで蛹化します．そのころはすでに乾季が始まり，メス親は蛹とともに乾季を越します．そして雨季になると新成虫が羽化し，西洋梨玉を破って，巣から地上に出てきます．メス親も同じころに地上に出てきて，新たな繁殖を開始します．

ヒラタはハインリッチとバーソロミューが想像すらしなかった亜社会性のフンコロガシでした．先に述べたように，私たちの研究以前は，亜社会性のフンコロガシとして中米の1種のみが知られていたに過ぎませんした．典型的フンコロガシともいえる *Kheper* 属で亜社会性を示す種の発見は，糞虫の亜社会性の進化を考える上でたいへん貴重でした．その後，私たちや他の研究者によって *Kheper* 属の数種と *Scarabaeus* 属の数種で亜社会性が確認されました．いずれの種もアフリカのフンコロガシです．

＊

アフリカは種数，個体数ともに糞虫の宝庫です．これには，哺乳類，特に草食獣の種数，個体数の豊富さが関係していることは明らかです．また，亜社会性のフンコロガシが多数生息していることも見逃せません．しかし，ここで紹介したアフリカヒラタオオタマオシコガネのようにアフリカゾウの糞に依存している糞虫にとっては，近年のアフリカゾウの減少は文字通り死活問題です．現に西アフリカではゾウの激減とともに，大型のダイコクコガネの仲間 *Heliocopris* が絶滅したといいます．

次回ケニアに行くとしたらどの種の何に着目して研究するか，もう決めています．調査地，そして泊まる宿も決めています．それはツァヴォではあり

ません．亜社会性を示す複数種のフンコロガシを比較することにより，亜社会性のみならず繁殖行動全体を視野に入れた進化を考察したいと思っています．でも，なかなかその機会をつかめないまま現在に至っています．

謝辞
　1990年の調査では大学院生だった平松和也君（現大阪府淡水試験所研究員）に大いに手伝っていただきました．記して感謝します．

さらに詳しく知りたい人のために

Halffter, G. and Edmonds, W. D.（1982）*The Nesting Behavior of Dung Beetles (Scarabaeinae): an Ecological and Evolutive Approach*. Institute of Ecology, Mexico.（Halffter and Matthews（1966）以後の研究成果も踏まえた繁殖行動とその進化に関する詳細な総説書．糞虫研究者の座右の書のひとつ）

Halffter, G. and Matthews, E. G.（1966）The natural history of dung beetles of the subfamily Scarabaeinae (Coleoptera: Scarabaeidae). *Folia Entomologia Mexicana*, 12-14：1-312.（摂食行動と造巣行動に関するそれまでの知見をまとめた労作）

Hanski, I. and Canbefort, Y.（1991）*Dung Beetle Ecology*. Princeton Univ. Press, Princeton.（糞虫の繁殖行動から個体群・群集生態，分類，生物地理まで網羅した専門書）

今森光彦（1985）『フンを食べる虫』集英社．（亜社会性の糞虫であるゴホンダイコクコガネの造巣行動を克明にとらえた写真絵本．子供向けとはいえ，学術的価値は高い）

今森光彦（1991）『スカラベ』集英社．（アフリカヒラタオオタマオシコガネとエジプトオオタマオシコガネをあつかった写真集．両種の繁殖行動が異なるにもかかわらず，写真と記述が判然としないのが惜しまれる）

奥本大三郎（訳）（2005）『ファーブル昆虫記』第1巻上．集英社．（本文に記したようにフンコロガシの原点といえる書．ファーブル以降の研究成果を踏まえた注釈や解説が充実しているが，いたらぬ点も多い．ティフォンタマオシコガネの詳しい記述がある第5巻の刊行が待たれる）

本章のもとになった原著論文および引用文献については筆者まで問い合わせてく

ださい.

コラム2　眼が飛び出たハエ

　いわゆる「ハエ」と呼ばれている昆虫グループには,「不快」とか「不潔」といったネガティブなイメージが常に付きまとっています．しかし，このようなハエに対するネガティブなイメージをことごとく打ち砕いてしまう，すごいハエが世の中にいます．それは「シュモクバエ」と呼ばれるハエです．シュモクバエとは，双翅目シュモクバエ科に属する昆虫の総称です．シュモクザメと同様，このシュモクバエの「シュモク」とは，鐘などを打ち鳴らす棒である「撞木」に由来します．頭の両側から水平に長く突き出た眼柄と，その先端にある電球型の複眼の様子が，撞木に見立てられたのでしょう．生物創造の妙とも言うべき，この奇想天外でユーモラスな風貌ゆえ，シュモクバエはその発見以来，動物学者や昆虫マニアたちを魅了し続けてきました．このように大変魅力的な存在であるシュモクバエですが，彼らの野外での生態はいまだ多くの謎に包まれています．また，長い眼柄が特徴的なシュモクバエですが，その長い眼柄のもつ機能や生物学的意味については，まだあまりよくわかっていません．
　シュモクバエ科は現在世界で約180種記録され，南米を除く熱帯地域に広く分布しています．特にアフリカは分布の中心とされ，全世界で記録された種の総数のおよそ2/3が分布します．また，アフリカ産シュモクバエのある種（*Diopsis macrophthalma* Dalman など）は，イネやサトウキビ，トウモロコシなどの害虫として知られています．幼虫は穿孔性で，イネなど作物の茎に穴をあけ，害を及ぼします．幼虫は，これら植物体に含まれる液体成分を食物としているようです．
　アフリカのケニアにはシュモクバエ科に属する種が多数生息しています．彼らの大半は *Diopsis* 属です（口絵11）．この *Diopsis* 属とは，アフリカのシュモクバエ科7属中最大の属で，約54種からなります．ケニアのシュモクバ

エは形態的に多様で，体サイズをはじめ，眼柄の長さや太さ，体色，翅の斑紋の有無など，種によってかなり異なります．ケニアでは，シュモクバエは川岸の草むらなどで普通に見られる昆虫ですが，アフリカの他の地域に生息する仲間と同様，彼らの生態はまだよくわからず，生物学的な研究はあまり進展していません．（菅　栄子）

第4章
乾いても死なないネムリユスリカ

奥田　隆

　西アフリカ，ナイジェリアの半乾燥地帯の平原に点在する小高い岩山の頂上に登ると岩盤の上には，雨季になると水たまりになるような窪みがいくつか見られます．その浅くて小さな水たまりがネムリユスリカ *Polypedilum vanderplanki* Hinton 幼虫の生息場所です（図1）．1週間も雨が降らないと水たまりは完全に干上がってしまい，ネムリユスリカ幼虫もカラカラに干からびてしまいます．しかし死んでしまったわけではなく，8ヶ月に及ぶ長い乾季をこの乾燥した状態でしのぐのです．雨季が来て雨が降り，水たまりに再び水が張ると，乾燥幼虫は吸水して1時間ほどで何事もなかったかのように動き出します（図2）．

　人間は，体重のわずか10〜12％の脱水が起きるだけで危篤状態に陥りますので，ネムリユスリカ幼虫の乾燥に対する強さは驚異的です．細胞レベルでは，我々の細胞も意外と乾燥に強くて50％の脱水までは耐えられますが，

図1　ネムリユスリカ幼虫の生息場所．西アフリカ，ナイジェリアの半乾燥地帯の花崗岩の岩盤の上にできた小さな水たまり（矢印で示す）．

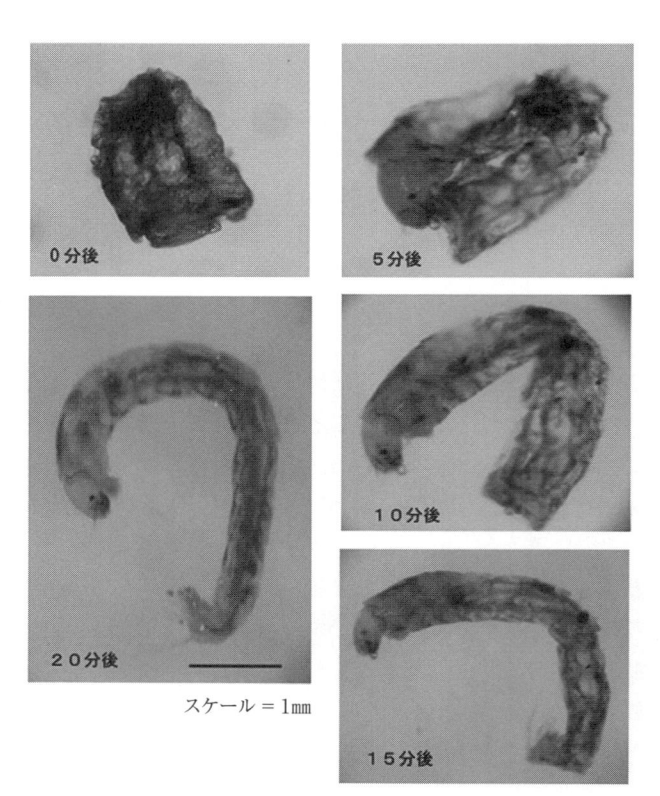

図2 乾燥ネムリユスリカ幼虫を水に戻した後の蘇生の様子．5分後：口からアワが一個出る．これは水が口の中に入ったことを意味する．10分後：のどの筋肉が蘇生し，水を飲み始める．15分後：盛んな吸水によって，身体全体に水が行き渡り始める．20分後には，身体の筋肉を動かし始める．

それ以上の脱水はタンパク質などの生体成分の不可逆的な凝集変性や細胞膜の構造破壊が起きて，細胞に致命傷を与えます．ネムリユスリカの細胞は，ほぼ完全に（厳密には含水量3％で，このわずかな水はタンパク質に強く結合していて常温では蒸発しません）脱水・乾燥してもタンパク質の凝集変性は起こりません．しかも一旦乾燥した組織，細胞，生体成分は，水を与えない限り，半永久的に安定的に保存されます．17年前のネムリユスリカ乾燥幼虫を水に戻したら生き返ったという記録が残っています．乾燥した幼虫は呼吸をしておらず代謝は完全に停止しています．その証拠として乾燥幼虫を酸素のない真空状態に3ヶ月間置いてから水に戻しても蘇生しました．

なぜネムリユスリカ幼虫は，カラカラに干からびても死なないのでしょうか？

■ **クリプトビオシス**

身体からほぼ完全に水分を失っても，水に戻すと蘇生できる生き物たちは，ネムリユスリカ以外にも存在します．120年前のコケの標本を水に戻したら，コケに付着していたワムシ（輪形動物門），線虫（線形動物門），クマムシ（緩歩動物門）などの微小な生物が動き出したという話は有名です（奇しくも名前にムシと付いていますが昆虫ではありません）．1959年，ケンブリッジ大学のカイリン博士は，このミクロの生物たちの無代謝状態での活動休止現象をクリプトビオシス（cryptobiosis）と呼び，低代謝状態の休眠（dormancy，広義の休眠）と区別して定義しています．クリプトビオシスの現象は，300年も前から知られているにもかかわらず，そのメカニズムについてはよくわかっていません．ネムリユスリカのクリプトビオシスについてもすでに50年前にイギリスの研究者，ヒントン卿によって報告されていますが，その生理的なメカニズムについて調べた人は彼の後には誰もいません．私たちは2001年にネムリユスリカの室内継代飼育に成功し，この究極的な乾燥に対する生存戦略，クリプトビオシスの分子メカニズムの解析を始めました．

■ **ネムリユスリカの極限的な乾燥耐性**

ネムリユスリカの高い乾燥耐性能力は彼らが偶然獲得したものではありません．私たちが調査した生息場所は雨季と乾季がはっきりしていて，8ヶ月におよぶ長い灼熱の乾季の間，雨は一滴も降りません．その間，水たまりは干上がったままです．乾季が始まると水たまりに棲む昆虫たちは次々に死んでいきます．まず乾燥耐性を持たない吸血性の蚊の幼虫（ボウフラ）が干涸びて死にます．ヌカカの幼虫は厚いクチクラ層を皮膚に持つことから乾燥にとても強いのですが，それでも8ヶ月にも及ぶ乾季が続くと途中で息絶えます．ネムリユスリカ幼虫のみが，過酷な環境の中，クリプトビオシスの状態で次の雨季を待つことができるのです．さらに驚くことに，ネムリユスリカ

幼虫は，乾燥と蘇生を何度も繰り返すことができます．雨季の間でもしばらく雨が降らないと小さな水たまりの水は干上がってしまいます．日常的に起きる突然の日照りにも彼らは適応ができるのです．

■クリプトビオシスとトレハロース

ほぼ完全に脱水してクリプトビオシスに入った生物個体は，100℃や270℃の極限温度下に置かれてもタンパク質などに不可逆的な凝集による変性は生じません．それは彼らが，水に代わって生体成分や細胞膜などを保護する物質，「適合溶質」を蓄積しているからです．甲殻類のブラインシュリンプ乾燥卵は，乾燥重量当たり14％のトレハロースと6％のグリセロールを，クリプトビオシス線虫も同様にトレハロースとグリセロールを合わせて約20％蓄積しますが，種によってその含量比は異なります．クマムシでは，2.5～3％のトレハロースのみを合成・蓄積します．クリプトビオシスの植物版で，復活植物と呼ばれるイワヒバ（シダ植物門：ヒカゲノカズラ類）もトレハロースを高濃度で蓄積しています．乾燥に強い高等植物は主にスクロースを蓄積しています．トレハロースが生体成分を保護する物理化学的な機構については，現在二つの仮説が存在します．ひとつは水置換説で，完全脱水状態においてトレハロースが細胞膜やタンパク質の表面に直接水素結合して，結果的に結合水の代理をするというものです．もうひとつは，ガラス化説で，トレハロースの水溶液が，脱水に伴い流動性を失いガラス化して，細胞膜やタンパク質は一種のミクロカプセルの中に閉じ込められる形となり，それらの高次構造がそのまま保護されるというものです．クリプトビオシスに入ったネムリユスリカの乾燥幼虫の粗抽出液の糖の分析を高速液体クロマトグラフィーを用いて行なったところ，トレハロースの大きなピークが検出されました．

■ネムリユスリカのクリプトビオシス誘導要因

ネムリユスリカ幼虫をガラスプレパラート上の1滴の水の中に入れ，急激に乾燥させると，幼虫は水に戻しても蘇生しません．一方，幼虫を48時間

以上かけてゆっくり乾燥させると，すべての幼虫が蘇生しました．後者のゆっくり乾燥させた幼虫の体内には，乾燥重量の 20% に相当する大量のトレハロースが蓄積されていました．一方，前者の急速に乾燥させた幼虫からはわずかなトレハロースしか検出されませんでした．幼虫はトレハロースを体内に常時蓄積しているのではなく，乾燥ストレスの刺激を受けてからトレハロースを大量に合成しはじめます．そして幼虫がクリプトビオシスを成功させるための生理的な準備作業，すなわち生体成分保護物質であるトレハロースの十分な蓄積を終えるのに少なくとも 48 時間を必要とすることがわかりました．

　クリプトビオシスするクマムシが乾燥し始めると，タン（tun, 樽）と呼ばれる形に収縮します．その格好はまるで丸まったアルマジロのようで，クチクラ層の薄い節間膜が内側に陥没し，明らかに体内水分の損失を抑えています．実際，麻酔して収縮できなくなったクマムシは，ふつうのクマムシの約 1000 倍の水分を急速に失います．その結果，完全に乾燥するまでにトレハロースの十分な蓄積が果たせず，麻酔したクマムシはすべて死んでしまいます．線虫も乾燥が進むと塊のように集まり，塊の中央部にあるものは周辺部のものよりゆっくりと乾燥し，乾燥に対して生き残る割合が高くなります．このように多くのクリプトビオシスをする生物は，乾燥の際，適合溶質の蓄積等の準備を完全脱水するまでに完了できるように，できるだけ乾燥速度を減速させる工夫をしています．ネムリユスリカはクマムシのようなタン状態にはなりませんし，線虫のように集団で乾燥することもありません．しかし自然界では，ネムリユスリカ幼虫は水たまりの底に溜まった土やデトリタス等を材料に管状の巣（巣管）を作ってその中に潜んでいます．幼虫は，巣の中で身体を盛んに揺すり（ユスリカの名前の由来），巣管内に水流を起こし餌である有機物を巣の入り口で濾過摂食しています．巣管の中で幼虫を乾燥させると，急速乾燥にもかかわらず約 6 割の個体がクリプトビオシス誘導に成功しました．巣管に保水作用があり，幼虫は巣管内にいることで脱水・乾燥速度が減速し，その間に十分量のトレハロースを合成・蓄積していることがわかりました．

■ネムリユスリカのトレハロース合成誘導要因

　通常，昆虫の休眠（diapause という狭義の休眠）の誘導には，脳 - 内分泌器官 - ホルモン，すなわち中枢神経を介した複雑な情報伝達系が関わっています．例えば越冬休眠を行なう昆虫の場合，すでに秋頃に日長の変化を複眼や単眼を介して（あるいは脳が直接感受して）脳で処理後，神経分泌ペプチドを介して内分泌器官にホルモン分泌の指令を伝達します．そのホルモンによってあるいはホルモンが分泌されなかったことによって冬の到来の情報が各組織に伝えられ，厳冬期を迎える前に休眠準備を開始するのです．カエルは雨が来ることを大気の湿度の変化で予想できるようです．

　では，水の中にいるネムリユスリカ幼虫は，どのようにして雨が降らないことを予知できるのでしょうか？水たまりの水が干上がるにつれてきっと水温，塩濃度，pH など生息環境に微妙な変化が生じるはずです．この変化からネムリユスリカ幼虫が水たまりが干上がることを事前に予測してクリプトビオシスの準備開始，すなわちトレハロース合成のスイッチを入れているという可能性が考えられました．しかし，実験室内でネムリユスリカ幼虫を，蒸発しても塩濃度，pH に変化をもたらさない蒸留水の中で乾燥させても，幼虫はトレハロースを合成・蓄積し，無事クリプトビオシスに入ることができました．また水温を上げても顕著なトレハロース合成の誘導は認められませんでした．

　そこで，別の要因を探すために乾燥過程での幼虫の生体重とトレハロースの蓄積量の変化を詳細に調査しました．そして，ふたつの興味深い事実が判明しました（図3）．(1)幼虫を 48 時間あるいは１週間かけてゆっくり乾燥させるとすべての幼虫がトレハロースを十分量合成・蓄積し，水にもどすと蘇生するが，１週間かけてゆっくり乾燥させた場合でも，48 時間の場合と同様トレハロースの爆発的な合成・蓄積は，幼虫が完全に乾燥する約１日半前から開始された．(2)幼虫の身体の含水量が 75％ 以下に下がった時点からトレハロースの急速な蓄積が始まった．このことから，脱水に伴う生体内のイオン濃度の上昇，あるいはその結果生ずる浸透圧の上昇によって，トレハロース合成のスイッチが入るものと推察されました．そこで，乾燥処理をしなく

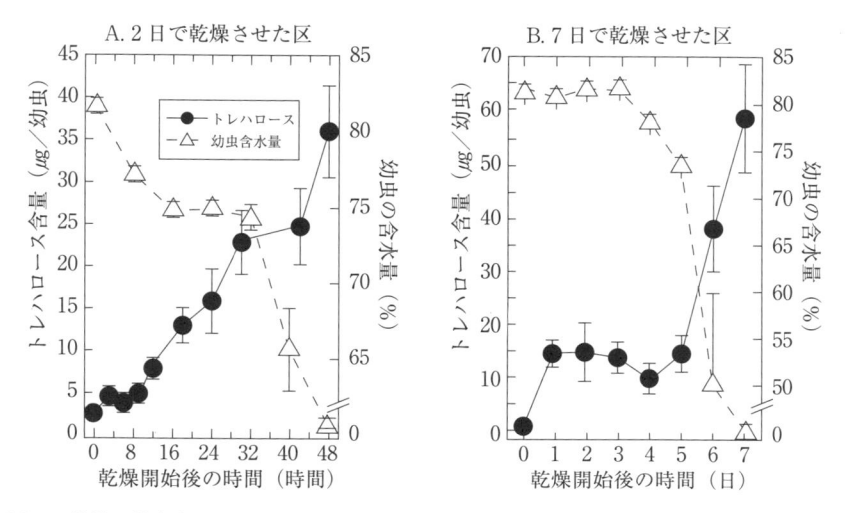

図3 乾燥に伴う幼虫のトレハロース含量と含水量の変化：幼虫をそれぞれ0.44 ml（A）と1.5 ml（B）の蒸留水が入ったガラスシャーレの中に置き、デシケーターに入れて乾燥した時の幼虫の水分含量（鎖線）とトレハロースの蓄積量（実線）の変化．実験開始後，(A)では2日後，(B)では7日後に幼虫がほぼ完全に乾燥した．どちらの区の乾燥幼虫も水に戻すとほとんどが蘇生した．

ても，例えばイオンを外から投入し，生体内イオン濃度あるいは浸透圧を上昇させることによって，トレハロース合成誘導が可能であろうと考えられました．実際，浸透圧の異なった溶液を，塩化ナトリウム，DMSO（細胞を冷凍保存する時に細胞に浸透させ，細胞破壊保護剤としてよく使う），グリセロールで作り，ネムリユスリカ幼虫をそれぞれの溶液中で24時間泳がせた後，トレハロースの含有量を調べました．すると，塩化ナトリウムでのみトレハロースの蓄積が起こり，特に1％塩化ナトリウム溶液では，乾燥処理と同様な規模での大量のトレハロース合成・蓄積を誘導しました．一方，高浸透圧のDMSOおよびグリセロール溶液はトレハロース合成を刺激しませんでした．従って浸透圧のような物理的な刺激ではなく，イオン濃度の変化による化学的な刺激によってトレハロース合成が誘導されるものと考えられました．ナトリウムイオンの方がカリウムイオンに比べてより強いトレハロース合成の誘導が認められました．ナトリウムはネムリユスリカの主な細胞外イオンであることから，乾燥による幼虫体液（血液）の濃縮に伴う細胞外イオン濃

度の上昇がトレハロース合成誘導要因であろうと思われます．以上のことから，ネムリユスリカのクリプトビオシス誘導には中枢が関与していないことが推測されました．

　これを証明するために，次のような実験を行ないました．脳を含む頭部と胸部の間を糸で縛り，頭部を除去します．昆虫は開放血管系を持ち，エラおよび皮膚呼吸をするので，頭部を失っても幼虫は，1ヶ月ほど生きています．そして断頭した幼虫を乾燥条件に入れ，乾燥させます．脳がなくてもトレハロースを十分量合成・蓄積します．乾燥した断頭幼虫を再び水に戻すと，9割以上の幼虫が蘇生しました．このことは，中枢神経を持たない植物や単細胞生物のように，ユスリカ幼虫の個々の細胞および組織が乾燥ストレスに応答し，トレハロースの合成・蓄積等の準備を行なっていることを示しています．

　厳密に言えば，昆虫の中枢神経は，脳，胸部神経節，腹部神経節からなり身体中に分散しています．上述の結紮実験によって，脳と胸部神経節がクリプトビオシス誘導に関与していないことは証明できましたが，腹部神経節の関与の可能性を否定することはできません．そこで，以下のような実験を行ないました．ネムリユスリカ幼虫から脳，胸部神経節，腹部神経節を含む中枢神経を組織から完全に除いた後，組織を培養下に取り出し48時間かけてゆっくり培地の中で乾燥させます．組織をデシケーターで18ヶ月間保存した後，培地を加え，組織が蘇生したかどうかを調べました．すべての幼虫組織がトレハロースの合成能を持つわけではありません．脂肪体という脊椎動物の肝臓に相当する組織が大量にグリコーゲンを蓄積していて，とりわけ大量のトレハロースを合成します．現在のところ，摘出した脂肪体でのみ常温乾燥保存が可能です．しかし幼虫体内では，トレハロースを自身では合成できない組織，例えば筋肉組織や中腸組織も乾燥後，水に戻すと無事蘇生するわけですから，脂肪体が作ったトレハロースをうまく細胞内に取り込む機構がはたらいているに違いありません．中枢神経から切り離した組織を培養下で完全に乾燥させた後，水に戻して生き返ったことから，ネムリユスリカのクリプトビオシスの誘導に中枢神経が関与していないことが実証されました．このことは乾燥ストレスが中枢を介さない情報伝達系，すなわちシグナル応答系を介してトレハロース合成酵素遺伝子の発現などクリプトビオシス誘導

に必要な遺伝子にスイッチを入れていることを示唆しています．このストレス応答系はバクテリアから人間に至るまで広く生物に保存されていますので，ネムリユスリカ以外の生物に乾燥耐性，すなわちクリプトビオシス能力を付加することが理論的には可能かもしれません．

■クリプトビオシスと LEA タンパク質

弥生時代の遺跡から発見されたモクレンの一種の種子が 1994 年に清楚な花を咲かせたというニュースが世界中に流れました．約 2000 年のタイムスリップを実現させたこの種子休眠はクリプトビオシスの代表例のひとつと言ってよいかもしれません．植物の種子は，一般に乾燥に強いことで知られています．LEA タンパク質は，種子が休眠に入り水分を失う時期，すなわち後期胚発生（late embryogenesis）の時期に大量に（abundant）合成蓄積されるタンパク質として 20 年前に報告され，乾燥耐性のある花粉の中にも大量に蓄積されることから，乾燥耐性に関連したタンパク質と考えられています．このタンパク質は，高い親水性が特徴で，熱処理しても凝集しません．また，通常は構造をもたず，乾燥ストレスを与えるとコイル状（α ヘリックス）に構造変化します．乾燥ストレスがかかると構造を失う一般的なタンパク質とは逆の挙動を示すところが興味深いところです．植物特異的なタンパク質と思われていた LEA タンパク質がクリプトビオシスをする線虫，すなわち動物にも存在することが 2002 年にタンナクリフ博士らによって報告されました．翌 2003 年，やはりクリプトビオシスするワムシでも LEA タンパク質を見つけました．彼らは，ある酵素タンパク質をトレハロースや LEA タンパク質に混ぜて乾燥処理あるいは低温処理した後，その酵素活性を測定したところ，トレハロースと LEA タンパク質を混合した区の方がトレハロースのみの区に比べて相乗的に高い酵素活性値を示すことを明らかにしました．最近，私たちはネムリユスリカ幼虫もクリプトビオシス誘導に伴って LEA タンパク質遺伝子を発現していることを見つけました．ネムリユスリカ幼虫が脱水していくと，細胞内外に存在するタンパク質の濃縮が起こります．当然それらタンパク質のもつ疎水性アミノ酸残基同士が接触すれば不可逆的なタンパク質の凝集，すなわちタンパク質の変性が起こります．高親水性のト

レハロースやLEAタンパク質は，脱水に伴って濃縮していくタンパク質の凝集，変性を阻止しているものと考えられます．

■日本産ユスリカはなぜクリプトビオシスができないのか？

　日本にも *Polypedilum* 属のユスリカ種が多くいます．彼らは，形態的にはネムリユスリカと似ていますが，クリプトビオシスを必要としない生息環境にいるのだから当然クリプトビオシスはできません．同属のヤモンユスリカ *Polypedilum nubifer* (Skuse) を用いて，どんな因子がクリプトビオシス誘導に重要なのかを探ることにしました．まずトレハロースの前駆体であるグリコーゲンの体内蓄積量で両者に違いが認められました．乾燥前のネムリユスリカ幼虫は日本産ユスリカに比べて約3倍から4倍多くのグリコーゲンを蓄積しています．ネムリユスリカ幼虫は，突然水たまりが干上がっても，すみやかにかつ大量にトレハロース合成ができるような体制を常備しているのです．質的な違いも見られます．ヤモンユスリカ幼虫を乾燥条件に置いても，1％食塩水中で泳がせてもトレハロースの合成誘導は起こりませんでした．ほとんどの昆虫種の血糖はトレハロースであり，ヤモンユスリカもトレハロース合成酵素は備えています．今後も両ユスリカ種を比較することにより，ネムリユスリカが乾燥耐性をいかに獲得していったのか，分子のレベルで明らかになっていくと思います．

■ネムリユスリカの産業利用について

　ネムリユスリカの産業利用について，すでに実現しつつある事業から将来的に期待される可能性について箇条書きで簡単に紹介してみます．

(1)理科教育の教材として
　乾燥幼虫は1時間以内に蘇生するので，理科の実験や授業の時間内に容易に実演ができます．生命の不思議さを伝える生きた教材として期待されています．アフリカ原産種なので，生態系の撹乱に配慮し，放射線で不妊化した乾燥幼虫を教材として提供する準備を進めています．

(2)乾燥保存が可能な観賞魚の生餌あるいは家畜・家禽の飼料として

　多くのユスリカ幼虫は体液中に含まれるヘモグロビンによって赤い色をしており，俗にアカムシと呼ばれて，すでに観賞魚用の餌として利用されています．これまでの製品にないネムリユスリカ乾燥幼虫の長所は，室温でしかも長期保存しても脂質の酸化等による質の劣化が起きないこと，つまり長期の有効期限が期待できること，しかも水に戻せば生き餌として利用ができることです．養殖魚のみならず家畜，家禽の餌としての可能性もあります．ネムリユスリカ幼虫は水の浄化の時に発生する活性汚泥を餌として食べてくれるので，環境問題の解決技術にも繋がるかもしれません．

(3)常温乾燥保存可能な培養細胞

　ネムリユスリカのクリプトビオシス誘導に中枢神経が関与しないことが判明しました．つまり，各組織細胞が独立して乾燥ストレスに応答して乾燥耐性を高める準備を行ないます．これまでに部分的ながら組織の長期常温乾燥保存に成功しています．現在，ネムリユスリカ胚子由来細胞株を用いた研究が進行中で，乾燥保存可能な細胞株の構築をめざしています．これによって細胞株をドライアイスなしで普通郵便で国内外の研究室に配送できるし，当然，この細胞株は乾燥耐性の分子メカニズムの解明研究に拍車をかけるものと期待されます．

(4)宇宙生物学の実験材料

　宇宙環境はまさに極限環境のひとつと言えます．ネムリユスリカ乾燥幼虫は極限温度や真空，高い放射線にも耐えうることから，国際宇宙ステーションなどでの宇宙生物学実験の生物材料としてすでに採択され，宇宙空間の暴露実験が現在進行中です．

(5)臓器の常温乾燥保存技術

　米国のクロー博士らの研究グループはヒト血小板の常温乾燥保存に成功し，2006年秋以降から臨床試験を開始するとのことです．ヒト血小板を短時間加温処理することによって，トレハロースの細胞内への取り込み過程を促進させることができたからです．赤血球や白血球，有核細胞のほとんどの細胞

膜は，血小板のようにはトレハロースを容易に透過しません．米国のレビン博士らのグループは大腸菌由来のトレハロース合成酵素遺伝子を人間の培養細胞に導入，発現させ，トレハロースを合成させた後，蘇生可能な状態で細胞を3日間乾燥保存することに成功しました．これは，トレハロースを利用することによって，3日間という短い間ではありますが人間の細胞が完全に脱水しながらも蘇生可能な状態で保存が可能であることを証明しました．さらに米国のトナー博士らのグループは，細胞に穴をあける機能をもったタンパク質遺伝子（ヘモリシン，hemolysin）を導入してトレハロースを細胞に取り込ませ乾燥耐性を高める技術を開発しました．これらのことから今後の常温乾燥保存技術開発の際の重要課題は，「トレハロースをいかに細胞内あるいは核内にうまく取り込ませるか」です．トレハロース代謝あるいは輸送に関わる乾燥耐性関連遺伝子がネムリユスリカから単離されつつあり，将来的には，これらの因子が人間を含む脊椎動物の細胞や臓器の常温乾燥保存法の開発に大いに貢献するものと期待しています．

(6)食肉などの常温乾燥保存技術

　トレハロースには乾燥時にタンパク質や細胞膜の構造を保護する作用があります．例えば，乾燥ワカメを水に戻したときに生々しい食感を保てるのは，彼らが自らトレハロースを合成蓄積していて，蘇生はしないまでも乾燥しても細胞をよりよい状態に保っているからです．海藻の海苔の場合，店頭で売られているものを塩水に戻すと実際増殖を始めるときいています（焼き海苔は不可のようです）．汐の満ち引きで，日常的に乾燥と吸水を繰り返すような環境で育つ海苔は，やはりトレハロースを適合溶質として利用し乾燥に適応しているのです．トレハロースを利用することによって新たな食品保存法の開発が今後期待できると考えています．細胞や臓器の常温乾燥保存法と同様，いかに細胞内にトレハロースを取り込ませて乾燥させるかが重要な鍵となります．

■永久休眠

　「クリプトビオシス」という用語に対する適当な日本語訳がありません．

そこで「永久休眠」という言葉を提案しています．これには，休眠を研究しておられる専門家の方々の異論を招く可能性があります．ネムリユスリカのクリプトビオシスは，雨季の突然の日照りにも対応していますので，明らかに季節適応現象である休眠（diapause）ではありません．むしろ活動停止（quiescence）という言葉が適当なのかもしれません．また，いくら水を与えない限り眠り続けるとはいえ永久ということはないでしょう．

にもかかわらずあえて「永久休眠」と提案した理由を以下に紹介します．まず，休眠という考え方ですが，私はとても単純に考えています．ほとんどの生物は，悪環境に遭遇すると，二つの行動に出ます．翼があって長距離を移動できる鳥たちは，よりよい環境に移動，すなわち空間的な逃避，「渡り」をします．移動能力の低いほとんどの動物は，よい環境が到来するのを自らの代謝を押さえて待つ，すなわち時間的な逃避の「休眠」をします．ネムリユスリカ幼虫は，厳しい乾季を乾燥状態で代謝を落として雨季を待ちます．これは明らかに「休眠」の概念に相当します．しかしネムリユスリカの休眠は低代謝ではなく，無代謝の休眠です．そこで，理論的には水を与えない限り半永久的に眠り続けるはずなので，その現象を象徴的に表現するために「永久休眠」としたわけです．活動停止は低温で代謝が抑制されたときに使われます．この場合，温度を上げると再び活動を開始します．ネムリユスリカも水を失った状態で活動停止し，再び水を与えると活動を始めますので，低温処理と同じと捉えられます．また中枢が関与しないという点でも両者は共通しています．しかし同じ活動停止でも，低温と乾燥では誘導の生理的なメカニズムがまったく異なっています．低温による活動停止は，すべての動物が持つ適応能力で酵素の至適温度以下に置けば単純に活動は鈍ります．一方，乾燥による活動停止は，トレハロースやLEAタンパク質といった乾燥耐性関連物質の合成が必要で，その能力を持った限られた生き物にしか起こりません．「永久休眠」という用語が受け入れられればと思います．

*

同じ熱帯でもブラジルのアマゾンのような昆虫の宝庫と言われる降雨林に比べると，乾いたアフリカの大地は，昆虫の種類が極端に少なく，物足りな

い場所のように映るかもしれません．水の豊富な降雨林では，昆虫たちは幾多の天敵から身を守るために擬態（2章）など見事な適応戦略を披露してくれます．生き物同士の攻防には見応えがあります．一方，乾いた場所での昆虫たちの敵はもはや天敵ではなく厳しい「乾燥」です．彼らは「少ない水でいかに生き延びるか？」という生理的な課題を解決する必要があります．ネムリユスリカは，カラカラに干からびても死なないという究極の生理的な生存戦略を獲得しました．アフリカのサバンナ（サバナ）は，少ないながらも苛酷な乾燥環境にうまく適応した精鋭の昆虫たちの宝庫です．昆虫生理学に興味のある私にとっては，乾いたアフリカはまさにパラダイスです．

さらに詳しく知りたい人のために

Watanabe, M., Kikawada, T., Minagawa, N., Yukuhiro, F. and Okuda, T. (2002) Mechanism allowing an insect to survive complete dehydration and extreme temperatures. *Journal of Experimental Biology*, 205: 2799-2802.（ネムリユスリカのクリプトビオシスにトレハロースが重要であることを明らかにした論文）

Watanabe, M., Kikawada, T. and Okuda, T. (2003) Increase of internal ion concentration triggers trehalose synthesis associated with cryptobiosis in larvae of *Polypedilum vanderplanki*. *Journal of Experimental Biology*, 206: 2281-2286.（ネムリユスリカのクリプトビオシスの誘導メカニズムについて詳しく書かれた論文）

Kikawada, T., Nakahara, Y., Kanamori, Y., Iwata, K., Watanabe, M., McGee, B., Tunnacliffe, A. and Okuda, T. (2006) Dehydration-induced expression of late-embryogenesis abundant proteins in an anhydrobiotic chironomid. *Biochemical and Biophysical Research Communications*, 348: 56-61.（ネムリユスリカのLEAタンパク質について詳しく書かれた論文）

第 5 章

トウモロコシの茎に潜むズイムシの寄生蜂

高須啓志

■寄生蜂とは

　ハチの仲間には，寄生蜂と呼ばれるものがいます．寄生蜂のメス成虫は昆虫やクモ，ダニなどの節足動物の卵，幼虫あるいは成虫に卵を産み付けます．孵化したハチの幼虫はその節足動物に寄生して発育し，成虫になります．ミツバチやスズメバチといった巣を作る社会性のハチとは異なり，成虫は巣を作らず，単独で行動します．ハチに寄生される側の動物を寄主と呼びますが，寄主は寄生蜂に寄生されると最後には死んでしまいます．センチュウ（線虫）などの寄生者は普通寄主を殺しませんので，それらと区別するため，寄生して寄主を最後に殺してしまう寄生蜂などを捕食寄生者と呼びます．寄生蜂の多くは作物を加害する害虫の重要な天敵です．天敵生物を利用した害虫防除を生物的防除と呼びますが，天敵昆虫を利用した生物的防除は環境や人，動物にやさしく，資源を浪費しない害虫防除法として最近非常に注目を集めています．また，寄生蜂の寄主探索や寄生様式はよく研究されており，野外でうまく寄主を見つけて卵を産み付けたり，幼虫がうまく寄主に寄生し発育できるようないろんな手段を発達させていることがわかっています．ここでは，アフリカのトウモロコシ *Zea mays* の害虫，ズイムシの寄生蜂 2 種が茎の中に潜むズイムシをどのように発見，寄生するのか，それらの生態について紹介しましょう．

■アフリカのトウモロコシを加害するズイムシ

トウモロコシは東アフリカに住む人々の主食ですが，トウモロコシの収量を減らす重要な原因のひとつは害虫です．害虫のなかでもトウモロコシの茎の中に潜って食害していくガ（蛾）の幼虫，いわゆるズイムシの被害が最も大きいと言われています．東アフリカのズイムシの代表としてツトガ科の *Chilo partellus* (Swinhoe) とヤガ科の *Busseola fusca* (Fuller) がいます．この *C. partellus* はもともとアジア原産ですが，1930年代にアフリカに侵入，分布を拡大しました．今では，東アフリカから南アフリカにかけて分布し，トウモロコシに大きな被害をもたらしています（14章）．

■侵入害虫と古典的生物的防除

Chilo partellus のように，もともといなかった虫が新しく入ってきて害虫化したものを侵入害虫と呼びます．新しい場所では，侵入害虫を捕食したり寄生したりする天敵や餌や場所をめぐって争う競争種がいなかったり，いても数が少ないので，新しい場所が生存や繁殖に都合がよければ害虫はどんどん増えていきます．新天地ではびこる侵入害虫も，その多くは本来の棲息地（原産地）ではたくさんの天敵がおり，普通その捕食や寄生により数が抑えられています．したがって，侵入害虫を防除するには，侵入害虫の原産地にいる天敵を侵入した場所に導入し，その導入天敵によって害虫を防除する方法が有効な場合があります．このような導入天敵による害虫防除は古典的生物的防除と呼ばれ，侵入害虫の防除にしばしば利用されています．アフリカにズイムシが侵入した後，いろんな天敵を用いた生物的防除が試みられました．国際昆虫生理生態学センター（ICIPE；16章）は1991年からパキスタン原産のコマユバチの1種 *Cotesia flavipes* (Cameron) をアフリカに放飼しズイムシの生物的防除を行なっています．今では，このハチは東アフリカに定着し，害虫防除に貢献しています．また，ケニアのトウモロコシのズイムシを調べた結果，ケニアに土着の寄生蜂数種がズイムシに寄生していることもわかっています（14章）．

■寄生蜂によるズイムシの探索

　さて，人間と比べてとても小さな寄生蜂が，たくさんトウモロコシが植わっている畑の中でどうやって茎の中に潜むズイムシを見つけるのでしょうか？私たちが大きなトウモロコシ畑を見渡してもズイムシが潜むトウモロコシを簡単に見つけることはできません．ハチはそんなに眼が良くありませんので，頭部にある触角で匂いを嗅ぎ分けながら寄主や餌を探します．最近の研究では，多くの植物が幼虫に食害されると特別な匂いを出し始めることや，幼虫に寄生するハチはその匂いを手がかりに寄主が加害している植物のところに飛んでくることがわかってきました．ズイムシの寄生蜂でも同じことがいえます．ズイムシが加害しているトウモロコシには加害されたときにだけ出す特別な匂いやズイムシの糞の匂いがあり，その匂いに誘われて寄生蜂は飛んでくるのです（14章）．

　ハチは匂いを手がかりにズイムシが中に潜んでいるトウモロコシの株に到着した後，茎の中にいる虫を探さなければなりません．どうやって探すのでしょうか？寄生蜂がズイムシを探し，寄生する方法は種により異なりますが，大きく分けて二つの方法があります．まず，茎の外側から触角や産卵管（腹部末端にある卵が出てくる管）で茎内部にズイムシがいるかどうかを探り，中にズイムシがいる場合には茎の外側から内側に産卵管を挿入して茎内部に潜む虫を見つけ，直接卵を産み付けるものがあります．一方，別のハチの種では，茎の内部に侵入します．ズイムシの卵は葉に産み付けられますが，孵化した幼虫が茎の内部に潜り，茎の中を食べ進みますので，茎の中にトンネルができます．ハチは，まず，茎表面にあるトンネルの入り口から侵入し，トンネルを歩いて進み，発見したズイムシに卵を産み付けます．また，ズイムシに寄生するハエの仲間では，自分がトンネルに入っていくのでなく，トンネルの入り口付近に卵でなく幼虫を生み付け，その幼虫が自分でトンネルの中を歩いていってズイムシに寄生するといった変わった寄生様式をもつものもいます．茎の中に入っていくハチの場合，直接観察できませんので，どうやってズイムシに到達し寄生するのか，またズイムシはハチに対してどう反応するのかについてまったくわかっていませんでした．そこで，私は，ガラ

ス管を用いた簡単な観察装置を作って，2種のハチが茎内でどのようにズイムシを発見，寄生するのか，また，ズイムシはハチに対してどのような反応を示すのかを調べました．

　ガラス管（直径0.7 cm）を長さ7 cmに切り，その中にトウモロコシの茎（直径0.5〜0.6 cm，長さ4〜5 cm）を詰めます．次にガラス管の空いている空間に1頭のズイムシ幼虫を入れ，ガラス管の両端を綿で栓をします．約1日間そのままにしておくと，ズイムシは中のトウモロコシを食べながら糞をしますので，野外のトウモロコシの茎の中に潜っているような状態ができあがり，また外からガラス管を通してズイムシもよく観察できます．その後，ハチのメス成虫を1頭ガラス管の端に近づけてハチがどのように管の中に入っていき寄生するのかを観察しました．まず，行動を紹介する前に簡単にこの2種のハチについて説明しましょう．

　ここで紹介するズイムシ，*C. partellus* の寄生蜂は，先述の *C. flavipes*（図1A）とアリガタバチ科の1種 *Goniozus indicus* Ashmead（図1C）です．*C. flavipes*（以後，コマユバチ）は，メス成虫がズイムシの3齢より大きな幼虫の体内に卵を産み付け，産み付けられた卵がズイムシ体内で発育して終齢幼虫となり，ズイムシから脱出，近くに繭を作って中で蛹になります．このように幼虫が寄主内部で発育する寄生蜂を内部寄生蜂と呼びます．1頭のズイムシから10〜40頭のハチが発育します．成虫は寿命が短く，水だけで飼育すると2日，蜂蜜を与えても4〜5日しか生存できません．羽化直後から産卵が可能で，約150個の成熟卵をもっています．一方，*G. indicus*（以後，アリガタバチ）はメス成虫がズイムシの体表に卵を産み付けます．孵化した幼虫は外からズイムシの体液を摂取して発育し，繭を作ってその中で蛹になります．成虫は繭から羽化してきます．このように幼虫が寄主体表に寄生し発育する寄生蜂を外部寄生蜂と呼びます．1頭のズイムシから5〜15頭のハチが発育します．成虫の寿命は約10〜15日ほどです．羽化直後は成熟卵を持たず，卵巣がだんだんと発達していき，羽化後2日目に15卵ほどの成熟卵を持つようになります．生涯に約30個の成熟卵を持ちます．

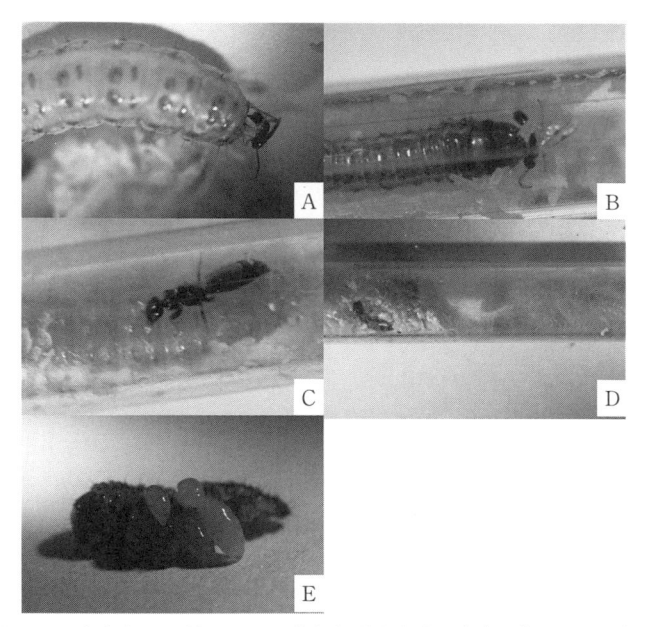

図1 ズイムシに寄生する2種のハチの産卵行動と寄生．(A) ズイムシの腹部末尾に産卵しているコマユバチ．(B) ガラス管内でズイムシに噛み殺されたコマユバチ．(C) ガラス管内でズイムシの表面を調べているアリガタバチ．(D) ガラス管内でズイムシを食べ尽くし繭を形成しているアリガタバチ幼虫(右)と付近に滞在しているメス成虫(左)．(E) ズイムシに寄生しているアリガタバチ幼虫．

■コマユバチの産卵とズイムシの攻撃的な行動

　トウモロコシの茎と寄主1頭を入れたガラス管末端の開口部にコマユバチ雌成虫を近づけると，すべての個体はすぐにガラス管内に侵入します．このことからも，ハチはズイムシの糞や加害されたとき植物が出す匂いを手がかりにズイムシが加害した株を探していることがわかります．侵入後，ガラス管中にあるズイムシが出した糞やトウモロコシの食べかすの隙間を歩いていきます．ズイムシに出会うやいなや産卵管と呼ばれるものをズイムシに挿入します．産卵管の先は針状になっており，ズイムシの皮膚を突き破り，そこから卵が産み落とされます(図1A，図2)．

```
コマユバチの産卵行動                    アリガタバチの産卵行動

ズイムシのトンネル内に侵入              ズイムシのトンネル内に侵入
        ↓                                       ↓
   ズイムシを発見                          ズイムシを発見
        ↓                                       ↓
    産卵管挿入                      ズイムシの口器付近を刺針 ──ズイムシによる反撃──→ 死亡
     (産卵)                           (麻酔液注入)
        ↓                                       ↓
   ズイムシから離脱 ──ズイムシの反撃──→ 死亡      近くで休止
        ↓                                       ↓ ズイムシが動かなくなる
   トンネルから脱出                   ズイムシ体表の探索 ──→ 同種の卵を発見 ──→ 殺卵
                                            ↓                                    │
                                        寄主体液摂取 ←──────────────────────────┘
                                            ↓
                                           産卵
                                            ↓
                                       ズイムシから離脱
                                            ↓
                                       ズイムシ付近に滞在
                                            ↓
                                    ズイムシのトンネルから脱出
```

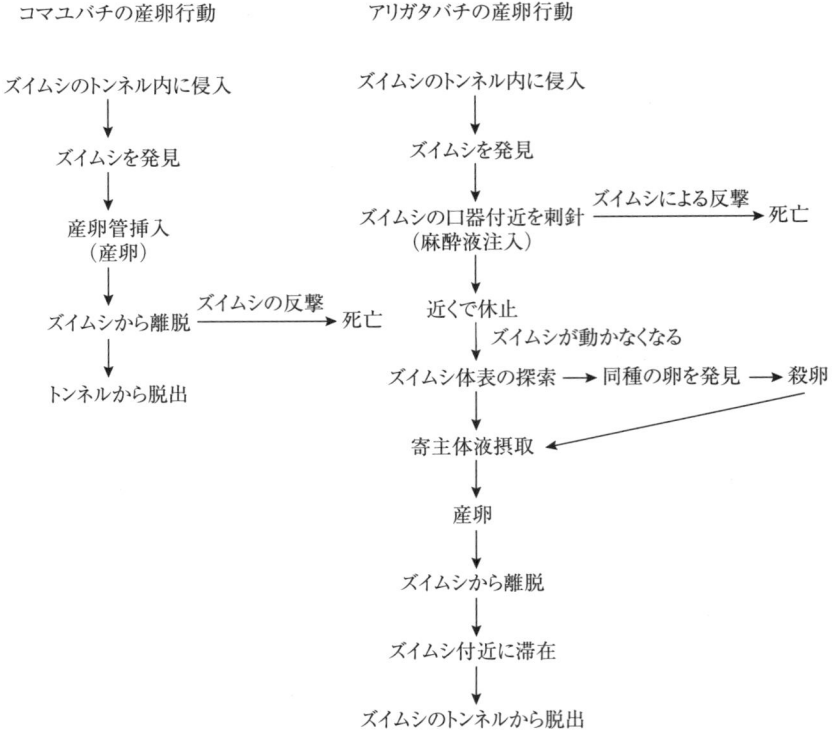

図2　ズイムシに寄生する2種のハチの産卵行動パターン

　ズイムシの頭側から近づいた場合は頭近くに，腹部末尾側から近づいた場合には腹部末尾を産卵管で刺します．6〜8秒間ズイムシに産卵管を挿入した後，ハチはすぐに寄主から離れようとします．ズイムシは産卵管で刺されるまでまったくハチに注意を払いませんが，一旦刺されると，唾液を出しながら暴れ始め，ハチが噛み付こうとします．噛み付かれたハチはその場で死んでしまいます（図1B）．
　ガラス管内でハチがかみ殺される割合を調べたところ，ズイムシの大きさやハチの刺す場所（ズイムシの頭側を刺すのか，腹部末尾を刺すのか）で結果が異なりました（表1）．ズイムシは脱皮を繰り返して大きくなります．卵から孵化した幼虫は1齢，その後脱皮するごとに2齢，3齢，4齢，5齢となり，蛹になります．このハチはズイムシの3齢から5齢幼虫に産卵します

表1　寄生後ズイムシ幼虫に殺されるコマユバチの割合

ズイムシ幼虫	調べたハチの数	ズイムシに殺されたハチの割合（％）	
		頭側から産卵	腹部末尾から産卵
3齢	30	26.7	0
4齢	30	53.3	10.0
5齢	30	66.7	20.0

が，大きな幼虫ほど凶暴で，ハチを噛み殺す割合が高いことがわかりました．頭側から近づき頭付近に産卵したハチは3齢のズイムシには27％しか殺されませんが，5齢のズイムシには67％が殺されました．また，ハチの産卵する位置も影響します．ズイムシの頭付近に産卵したハチの場合，その67％が5齢のズイムシにかみ殺されてしまいましたが，ズイムシの腹部末尾に産卵した場合は20％しか殺されませんでした．ハチに頭付近を刺されたズイムシはハチを見つけるやいなや突進し，噛み付きますので，殺される割合が高いのです．しかし，ハチに腹部末尾を刺された場合には，刺されたズイムシは腹部側にいるハチに向かって反転しますが，反転している間にハチは逃げ切ってしまうため，殺される割合が低いのです．茎の中を入っていくハチは，3～5齢のズイムシに出会うと，その先にズイムシの頭があろうが，大きな幼虫であろうが，必ず産卵します．大きいズイムシだから，頭を向けているからといって潜っていった後産卵を止めるということはありません．

　寄生後もズイムシの攻撃的行動はしばらく続きます．たとえば，1頭のハチに寄生された後，別のコマユバチ1頭をガラス管に入れると，寄生後1時間目のズイムシの多くはそのハチを見つけるやいなや，そのハチが刺す前から暴れだしました．25％のハチは産卵する前に噛み殺されました．しかし，寄生後24時間経つとズイムシは寄生後1時間目ほど獰猛ではなくなっていました．

　また，ズイムシは寄生された後暴れるときに唾液をたくさん出し，うまく逃げたハチの体にも唾液がつくことがありました．実はこの唾液がハチの寿命を縮めることがわかりました．対照実験として水だけを付けたハチは24時間後その22％しか死亡しませんが，ズイムシの唾液を付けたハチの46％が死亡しました．このズイムシの唾液成分の分析は行なっていませんが，ガ

の幼虫の唾液にはいろんな酵素や物質が入っており，ハチに毒性があるものが含まれているのかもしれません．寄生後うまくズイムシの噛み付きを逃れたハチも唾液を浴びていた場合には，長くは生きられないのです．寄生された後，唾液を出すのは，噛み付きに加えもうひとつのズイムシの防御手段なのかもしれません．

■すでに寄生されているズイムシに対するハチの行動

　これまで，寄生されていないズイムシに対してハチがどう行動するのかについて述べてきましたが，野外でハチがズイムシを探索していると，すでにハチに寄生されてしまっているズイムシ（自分が産卵したズイムシあるいは他のメス成虫が産卵したズイムシ）にも出会うことがあるはずです．しかし，このハチの場合，以前自分が産卵したズイムシには2度産卵することはほとんどないようです．ハチは1回ズイムシに産卵した後，産卵したことを示すある物質をその付近に残しながら，その茎から離れていきます．その後，同じ茎のところに戻ってきても，その物質を認識し，その茎に入ろうとしません．同様に産卵直後のメス成虫は他のメス成虫が産卵した茎にも入ろうとしません．産卵後残されるこのような物質は，マーキングフェロモンと呼ばれ，寄生蜂の多くは，このように寄主やその付近にマーキングフェロモンを残し，産卵を経験したハチはそのフェロモンを手がかりにすでに寄生されている寄主への産卵を避けることが知られています．

　しかし，産卵を経験したハチと異なり，羽化後まったく産卵を経験していないハチは，すでに他のハチに寄生されているズイムシを見つけても，避けることはなく，産卵してしまいます．1頭のハチが30〜40卵ズイムシに産み付けますので，2頭のハチが短時間で次々と同じズイムシに産卵した場合，合計60〜80卵が産み付けられることになりますが，すべての卵が成虫になれるわけではありません．ハチの幼虫にとって1頭のズイムシから得られる餌の量には限りがありますので，たくさんの卵が同時に産み付けられるとその餌をめぐって幼虫同士が競争し，一部の幼虫だけが発育し成虫になり，他の幼虫は途中で死んでしまいます．また，たくさんの幼虫で餌を分け合うため，幼虫1頭が摂取する餌の量は少なくなり，うまく成虫になったとしても

体のサイズも小さくなります．ただ，2頭のハチが同じズイムシに産卵する場合でも，1番目のハチが産卵して時間が経った後に2番目のハチが産卵した時には，1頭目のハチの子が早く孵化している分2番目の子の発育のチャンスはなくなります．1番目のハチにとっては，自分が産卵した直後に他のハチが同じズイムシに産卵するかどうかが自分の子の生存に影響するのです．ですから，1頭目のハチの産卵直後にズイムシが暴れて，2頭目のハチが産卵する前に噛み殺すということは，1頭目のハチの子の生存できるチャンスを増やすことにつながります．寄生直後にズイムシが暴れる行動はハチの産卵管による刺針が痛いためにその後しばらく暴れるということかもしれませんが，ズイムシがハチの刺針による痛みとハチを結び付けて学習し，ハチを発見すると痛みを思い出し暴れるという可能性もあります．もしかしたら，ハチは産卵するときにズイムシを興奮させる物質を卵と一緒に注入しているのかもしれません．

■寄生蜂によるズイムシの発育や行動の制御

　実は，寄生蜂は単に寄主に卵を産み付けるだけでなく，卵と一緒にいろんな物質を寄主に注入します．昆虫は私たち人間と同じように病原体などの異物が体内に侵入するとそれを排除するように生体防御反応がはたらきます．しかし，寄生蜂が産卵時に共生ウイルスや毒液を注入し，ズイムシの生体防御反応がはたらかないようにしてしまうため，寄生蜂の卵は孵化し，幼虫が体内でうまく発育するのです．それだけでなく，ハチは自分の都合の良いように寄主の行動や発育を制御している可能性もあります．寄生されたズイムシは餌をとりながら大きくなっていきますが，健全なズイムシと違い蛹にはなれません．ズイムシが大きくなったところで体内にいるハチの幼虫が急速に発育を開始，皮膚を残してズイムシの体を食べつくしてしまいます．寄生されたズイムシの発育は寄生時にハチに注入される物質や体内で発育しているハチの幼虫によって都合のよいように制御されているのです．同様に，寄生後の攻撃的な行動もまたハチが自分の都合の良いように変えているのかもしれません．

■アリガタバチの産卵行動

アリガタバチもコマユバチと同様に，茎と幼虫を入れたガラス管にメス成虫を近づけると，その中に潜っていきます．しかし，産卵行動はコマユバチより複雑です（図2）．寄主を発見するとハチはまず腹部を曲げ，寄主の口器付近に産卵管をあてがい，その部分を産卵管で数秒刺します．実は，このハチはこうやって寄主を眠らせる麻酔液を注入し，ズイムシを動かないようにしてしまうのです．外部寄生蜂では，寄主の体表に卵を産み付けるので寄主が動いたり暴れたりすると産卵できないため，多くの外部寄生蜂の種は産卵に先立ち寄主を麻酔することが知られています．

うまく麻酔が成功したズイムシは20～30分後に完全に麻痺してぐったりと動かなくなります．しかし，この麻酔をする行動はアリガタバチにとってとても危険を伴うものです．ハチは必ずズイムシの口器近くを刺そうとしますが，そのときズイムシはじっとはしておらず，唾液を分泌して暴れ，ハチに噛み付こうとします．観察では，麻酔しようとした15頭のうち4頭は噛み殺されてしまいました．

麻酔のための刺針をうまく終えた後，ズイムシが動かなくなるまでハチは近くでじっとしています．ズイムシが動かなくなった後，ハチはズイムシに戻り，ズイムシの体の頭から腹部末尾にいたる隅々まで歩き回りながら，ズイムシの体表面に口器をあてがい調べていきます（図1C）．この行動は，すでに他の個体がそのズイムシに卵を産み付けていないかどうかを調べるものです．この時ズイムシの体表面にアリガタバチの卵がすでに産み付けてあった場合，その卵を噛み潰してしまうか食べてしまいます．これを殺卵行動と呼んでいます．この殺卵行動の後必ず自分の卵をそのズイムシに産み付けます．すでに他のメスが卵を産んでいるズイムシに後から自分の卵を産むと，前に産み付けられた卵が先に孵化し，ズイムシを先に食べてしまいますので，後から産み付けられた卵は育つことができません．そこで，発見したズイムシがすでに寄生されている場合に，ハチは他個体の卵を殺し，そこに自分の卵を産むことで自分の子が生き残れるようにしているのです．他の寄生蜂では，口でなく，産卵管で他の個体の卵を刺し殺すことも知られており，寄生

蜂が同種の他個体の子を犠牲にして，自分の子をできるだけ多く残すよう利己的に振舞っている極端な例といえます．

　ズイムシ体表を口器で探査した後，ハチはズイムシの表皮を少し口器で食い破り，そこから出てくる体液を舐める，寄主体液摂取を行ないます．多くの寄生蜂はアブラムシやカイガラムシの排泄物である甘露や植物の蜜など，糖が含まれているものを餌としていますが，種によってはこのように寄主の体液も食べます．蜜や甘露などの糖は寿命を延ばしたり活動するためのエネルギー源であり，タンパク質を含むズイムシの体液は卵の成熟を進めるためのものだと考えられています．

　この寄主体液摂取の後，寄主の体節に沿って1卵ずつ表面に産んでいきます．1卵産む前に必ず何度も産卵管末端で寄主の表皮を撫でます．こうしながら，産卵管末端から接着剤のようなものを出し，そこに卵を貼付けます．この接着剤は結構強力で，ピンセットで産み付けられた卵を寄主表面からはずそうとしても，なかなかはずれません．ズイムシ1頭には7〜20卵が産み付けられます．寄主に遭遇してから寄主を離れるまで，3〜4.5時間を要します．

　産卵が終了した後も，アリガタバチはガラス管から出ようとせず，管内に留まります．ハチの麻酔刺針から4〜6時間後，ズイムシは再び動き始めます．ズイムシはこのときには必ず自身が排出した糞でガラス管の両端を塞いで，自分の密室を作り上げます．ズイムシが糞で密室を作り始めると，近くにいたハチは糞を隔てて密室の外に移動してそこに留まります．つまり，ガラス管内にズイムシの糞の壁を隔てて寄生されたズイムシとハチが滞在しているのです（図1D）．その後，ハチは1〜6日間ガラス管に留まりますが，糞を越えてズイムシの密室内に近づくことはありません．寄生されたズイムシは，体表にハチの卵をくっつけたまま，餌を食べ続けます．ふ化したハチの幼虫は頭をズイムシの表皮に突っ込み，生きているズイムシを食べて，発育します（図1E）．ハチの幼虫が十分に大きくなり，近くに繭を作り始める頃にはその寄生されたズイムシは体液を食べつくされ，乾いた皮だけが残っているような状態となります．

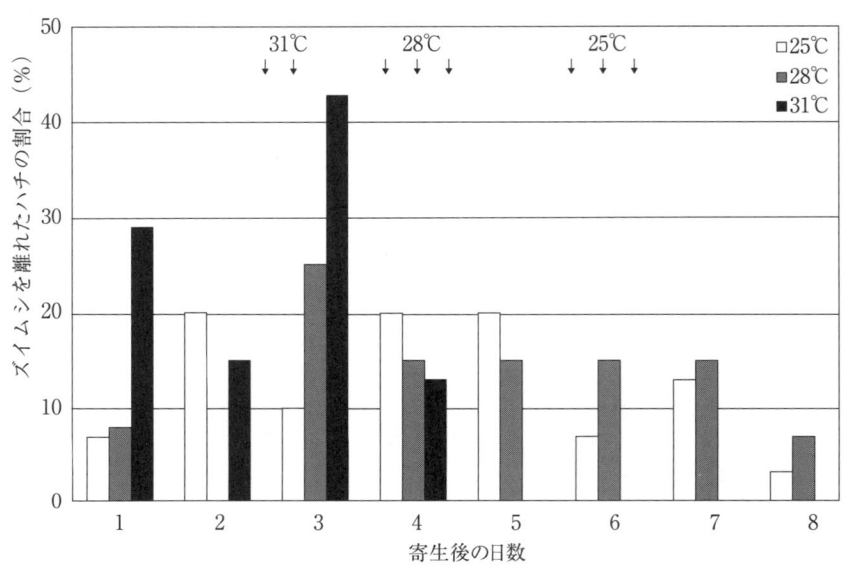

図3 ズイムシに産卵した後のアリガタバチの滞在時間．矢印は，各温度における産み付けられたアリガタバチの卵が孵化する日を示す．

■寄生後ズイムシ付近に留まる行動

大多数の寄生蜂はコマユバチのように寄主に産卵した後そこからから離れますが，アリガタバチや他の一部の寄生蜂では産卵後も寄主付近に留まることが知られています．寄主付近に滞在している間，その寄主に近づくアリ，同種の他個体や他種の寄生蜂に対して攻撃的な行動を示すため，同種他個体や天敵から自身の産んだ子を守るための行動であろうと考えられています．しかし，その滞在日数は種により異なり，短いものでは寄主に産み付けた卵が孵化するまで，長いものでは幼虫が蛹になるまで近くに滞在します．そこで，ズイムシ1頭とトウモロコシが入ったガラス管にアリガタバチのメス1頭を入れ，寄生後の滞在日数を調べてみました（図3）．25℃，28℃，31℃の三つの温度条件で観察してみたところ，25℃では1～8日と大変ばらつきますが，28℃では約40%のハチが寄生後3～4日間，31℃では約60%のハチが寄生後2～3日間まで寄主付近に留まることがわかりました．28℃の

表2　自由にズイムシに産卵させた場合と毎日ズイムシを与えた場合のアリガタバチの寿命および産卵

飼育条件	調べたハチの数	平均寿命（日）	平均生涯産卵数	平均産卵間隔（日）
自由に産卵させた場合	22	11.0	29.7	4.1
毎日ズイムシを与えた場合	20	5.9	18.7	2.3

寄生後3～4日目，31℃の寄生後2～3日目というのは，ハチがズイムシに産み付けた卵がちょうど孵化する頃です．滞在時間に個体差はありますが，ハチは卵が孵化する頃までを目安に滞在しているといえるようです．アリガタバチが寄生後ズイムシの近くで滞在している時にもう1頭のアリガタバチや天敵であるアリを入れると，滞在中のハチは噛み付いたり，産卵管で刺して，撃退しようとします．後から侵入したハチもたまには反撃する場合があり，100％寄生したハチが新しく侵入してきたハチに勝つわけではありませんが，多くの場合は産卵後ズイムシ付近に留まっているハチが侵入してきたハチを撃退します．もし，寄生後そこに滞在しない場合には，先ほど述べたように新たに侵入してきたハチが間違いなく卵を殺してしまいますので，滞在することが子の保護に役に立っていることは間違いなさそうです．

　しかし，子の保護以外の理由は考えられないのでしょうか．実は，アリガタバチはズイムシを探していないときにも茎の中やどこかの隙間に隠れようとします．ですから，ハチが寄生後も近くに滞在するのは，卵を保護しているだけでなく，もっている成熟卵を産み尽くしたため次のズイムシに寄生するための卵が成熟するのをそこで待っているという可能性もあります．そこで，ハチに毎日未寄生のズイムシ1頭を強制的に与えた場合と，自由に寄生できるようにした場合とで産卵や寿命を比較してみました（表2）．

　シャーレ内にハチ1頭とズイムシが入っているガラス管を3本入れ，ハチが自由にズイムシに産卵したり，そこを離れたり，他のズイムシのところに移動し産卵できるようにした場合，ハチは1頭のズイムシに産卵した後，平均約4日間そこに滞在してから次のズイムシへ移動し，産卵しました（表2）．一方，毎日ズイムシを1頭与えた場合，約2日間隔で産卵しましたが，その産卵数は自由に産卵させた場合より少なくなりました．また，毎日ズイムシを与えても2日間連続でズイムシに産卵することは稀であり，産卵翌日にズ

イムシを与えても，まったく産卵行動をとらないか，中途半端に麻酔行動をとろうとし，ズイムシに噛み殺されました．毎日ズイムシを与えた場合には途中で殺され寿命が全うできない個体がいるため，自由に寄生させた場合に比べ平均寿命が短く，平均生涯産卵数も少なくなりました．以上の結果から，次の寄生の準備，十分な卵と麻酔液の蓄積には最低2〜3日は必要だといえます．アリガタバチが寄生したズイムシ付近で滞在するのは，卵の保護だけでなく，同時に次の寄主へ寄生するための準備でもあるといえましょう．

■コマユバチとアリガタバチの繁殖戦略

　ここで見てきた2種の寄生蜂，コマユバチとアリガタバチが生涯に寄生できるズイムシはそんなに多くありません．実験室内の簡単に寄主が見つかる条件でも，コマユバチで最大4頭，アリガタバチで最大3頭のズイムシにしか寄生できません．野外では，ズイムシの作った坑道の中を進んでズイムシを見つけなければならず，ズイムシはしばしば糞で坑道を塞いでハチや他の天敵の進路を塞いでいます．また，うまくズイムシが見つかっても，前述したようにズイムシに殺される可能性も大いにあります．これらを考えると，寄生蜂1頭がズイムシに寄生できるチャンスは非常に低いと考えられます．その状況で，同じズイムシに寄生する2種のハチの繁殖戦略は対照的です．コマユバチは羽化する時すでに約150卵の成熟卵を持ち，2〜4日という極めて短い寿命です．ズイムシを見つけると瞬時に産卵しそこから逃げるという方法で，生涯に1頭でも多くのズイムシを探し寄生するという短期決戦型の繁殖戦略であるといえます．一方，アリガタバチは，成虫の寿命は10〜15日と比較的長く，羽化直後成熟卵はもっておらず，少しずつ卵が成熟していきます．また，最大で15個ほどの成熟卵しか一度にもてません．1頭のズイムシを発見すると，麻酔をかけたズイムシの体液を食べて栄養を補給し，そこに産卵し，産卵後もその子がある程度大きくなるまで近くで見守った後，次のズイムシを探し始めます．1回の産卵ごとに子を大事に育てるという繁殖戦略であるといえます．どちらも，閉鎖空間に棲み攻撃的な寄主，言い換えれば見つけにくく，危険を伴う寄主の利用に対して，まったく異なる方法で適応しているのです．

さらに詳しく知りたい人のために

村上陽三（1997）『クリタマバチの天敵』九州大学出版会．（クリの害虫クリタマバチの生物的防除の実際と害虫の生物的防除一般について詳しく解説している）

高林純示・田中利治（1995）『寄生バチをめぐる「三角関係」』講談社．（ハチが加害された植物が出す匂いを手がかりに寄主を探すことや共生ウイルスを利用して寄主の生体防御反応を制御することなどが詳しく書かれている）

佐藤芳文（1988）『寄生バチの世界』東海大学出版会．（モンシロチョウに寄生するコマユバチの生活史や行動を詳しく紹介している）

根本久（1995）『天敵利用と害虫管理』農山漁村文化協会．（害虫防除における天敵昆虫の利用法について解説している）

本章のもとになった原著論文ついては筆者まで問い合わせてください．

コラム3　寄生虫の寄生虫

　アフリカの家畜の重要な害虫の一つが動物に取り付いて吸血するマダニです．マダニは動物を吸血するだけでなく重大な病気を媒介するため，家畜のやっかいな害虫です．マダニは微小な動物で未吸血時には2～3mmしかありませんが，吸血するとその何十倍にもなります．昆虫と同じ節足動物ですが，昆虫と違い脚が8本，触角や翅がありません．動物に取り付いて十分吸血したメス成虫は地上に落下して卵を地上に産みます．卵から孵化した幼虫は動物に取り付き，十分に吸血すると落下，脱皮して若虫となります．若虫も動物から吸血，脱皮し成虫となります．つまり，マダニは発育の3段階とも動物の体の外から寄生する寄生虫ですが，この寄生虫に寄生する昆虫がいます．それが寄生蜂です．ビクトリア湖周辺のウシのかかとに取りついて吸血しているキララマダニの一種 *Amblyomma variegatum* (Fabricius) の若虫を採集してくると，その若虫の多くから寄生蜂が羽化してきます．このハチはトビ

コバチ科の1種 *Ixodiphagus hookeri*（Howard）（口絵10）で，マダニの若虫にしか寄生しません．このハチのメス成虫はウシに取り付いて吸血中のマダニ若虫の体内に30〜70卵を産みこみます．ハチの卵を産みつけられたマダニはそのまま吸血を続け，十分吸血した後，地上に落下し，草陰に隠れます．寄生されたマダニはしばらく生きていますが，その体の中では産み付けられた卵から孵化したハチの幼虫がマダニの吸血した血を食べて発育します．この寄生蜂は未吸血の若虫にも卵を産みつけますが，動物の血を含まないマダニの体内でハチの卵は発育できません．寄生後1週間もすると，ハチに寄生されたマダニ若虫は成虫となることはなく，皮膚が黄土色に硬化し，死んでしまいます．ハチの幼虫はマダニの内容物を食べつくした後，蛹化し，その後成虫となって，マダニの体から30頭以上のハチの成虫が出てきます．最近では，ケニアの田舎でもマダニの防除に農薬が使われるようになり，このキララマダニの数は非常に少なくなってきました．マダニに寄生するハチも当然少なくなっており，そのうち絶滅危惧種となる恐れもあります．なお，日本にも別の種類の寄生蜂がマダニに寄生するという報告がありますが，採集されるのは極めて稀です．（高須啓志）

第 III 部
農民を困らす昆虫

第6章

ササゲとマメノメイガ

足達太郎

■アフリカの毒

　世の中には，さまざまな理由からアフリカという地域が好きな人がいて，そんな人たちのことを「アフリカニスト」とよぶそうです．アフリカニストのあいだでは，よく，「アフリカの毒」とか，「アフリカの水を飲んだ者はアフリカに帰る」という言葉がかわされます．ひとたびアフリカの魅力にとりつかれた人は，またそこをおとずれたくなり，実際そこへ帰ってしまう——これらの言葉が言いあらわしているのは，そういった意味のようです．

　1989年から91年まで，私は青年海外協力隊員として，西アフリカのガーナ共和国にいました．青年海外協力隊というのは，国際協力事業団（JICA，現在は国際協力機構）が推進する事業で，20〜30代の若者をさまざまな職種のボランティアとして途上国へ派遣するものです．私はガーナ南部の都市クマシにある作物研究所（CRI）に所属し，食用作物に関する試験研究の手伝いをしていました．そして，約3年間のガーナ滞在がおわりに近づいたころ，またアフリカにもどってきたいと願うようになりました．いま思えば，そのときに私も「アフリカの毒」にやられてしまったのかもしれません．

　ガーナからの帰国後，私はどうしたらふたたびアフリカへ行けるだろうかと，熟慮のうえにも短絡思考をかさね，研究者になることを決意しました．分野は何でもよかったのですが，大学で専攻した科目がたまたま昆虫学だったことから，そこで発生している害虫について研究をすれば，またアフリカへ行けるのではないかと考えたのでした．

■マメノメイガとの出あい

　私が協力隊員としてはたらいていたころ，CRI の昆虫部門では，西アフリカの主要なマメ科作物であるササゲ[1] *Vigna unguiculata*（図 1）の害虫に対する抵抗性を調査していました．ガーナ各地から集めた数多くの在来品種を研究所内にある畑で栽培し，害虫による被害の程度を調べるのです．
　私は毎日，研究所のスタッフと畑に出てササゲの花や莢をつんできては，それらを実験室に持ちかえって観察しました．すると，中から黒い斑点のあるイモムシがつぎつぎと出てきます．一見して虫がいないようにみえる花でも，ルーペで観察すると体長 2 mm にもみたない小さな幼虫が見つかりました．飼育してみると，3 齢幼虫から 4 齢幼虫にかけて餌をたべる量が爆発的に増加することがわかりました．このため，最初のうちは被害が目だたなくても，幼虫がいっせいに育つことによって，ある日とつぜん畑じゅうの花がほとんど食いつくされるほど，大きな被害が生じるのです．
　この虫がマメノメイガ *Maruca vitrata*（Fabricius）という種であることを，私はその時にはじめて知りました．マメノメイガは日本でも普通に見られるガ（蛾）で，褐色の翅にすりガラスのような白い半透明の部分があるのが特徴です（口絵 13, 14）．日本では，アズキやササゲの害虫として，ふるい害虫学の本などには記述があります．世界的にみると，熱帯から温帯にかけてひろく分布し，南極をのぞくすべての大陸で発生が報告されています．東南

図 1　ササゲの花と莢

---

[1] 英名はカウピー (cowpea)．「ササゲ」という和名は，正式には現在おもに東アジアで栽培されている *V. sinensis* に対して用いられる．アフリカで栽培されている *V. unguiculata* は正式には「ヤッコササゲ」であるが，本稿では単に「ササゲ」と表記する．両種はジュウロクササゲなどとともに，いずれもアフリカ原産の近縁種である．

アジアではリョクトウ *Vigna radiata* やジュウロクササゲ *V. sesquipedalis*，インドではキマメ *Cajanus cajan*，アメリカではライマメ *Phaseolus lunatus* やインゲンマメ *P. vulgaris* といった，それぞれの地域に特産する豆類が被害作物になっています．また，多くの昆虫類では，さむい冬や雨のふらない乾季など，餌（植物）がない季節に活動を休止する「休眠」とよばれる現象（4章）が見られますが，本種は冬季や乾季でも休眠することがありません．温帯や半乾燥地域へは，夏季や雨季など餌がえられる季節にかぎって，湿潤・温暖な周年発生地域から長距離移動して飛来することが知られています．

■マメノメイガの性フェロモン

1993年春，私は東京大学大学院農学系研究科（現在，農学生命科学研究科）の博士課程に入学し，害虫学研究室（現在，応用昆虫学研究室）に所属して田付貞洋助教授（現在，農学生命科学研究科教授）の指導をうけることになりました．田付先生からはまず，「テーマを選ぶことも研究の一部だよ」と言われました．そこで文献を調べたところ，ガーナで見たマメノメイガが，世界的な作物害虫でありながら，当時はまだ性フェロモンの成分がわかっていない種であるということを知ったのです．私は「しめた」と思いました．

性フェロモンというのは，メスまたはオスが放出して同種の異性個体を誘引する物質のことです．害虫の性フェロモンの成分がわかれば，それを人工的に合成してトラップ（捕獲器）のルアー（誘引源）に用いて害虫を大量に捕獲したり，高濃度の合成フェロモンを畑の周囲に充満させて雌雄の交尾行動を妨害したりすることができます．また，トラップの捕獲数をかぞえることによって，害虫の発生を監視し，適切な防除の手段やタイミングを講じることが可能になります．ようするに，フェロモンを害虫防除に利用できるのです．

私は，博士課程での研究課題を，「マメノメイガの繁殖行動と性フェロモン」というものにきめました．この研究には，未知の性フェロモン成分を明らかにするという基礎生物学的な目的と害虫防除に役立つという実用的な目的の，ふたつの意義がありました．けれども，私の本音としては「マメノメイガの研究をすれば，将来アフリカに行くチャンスが多くなるだろう」と思ったこ

とが，このテーマをえらんだ最大の理由でした．

そのころ，研究室の私の机にならんでいたのは，アフリカの地誌や国際協力などに関する本ばかりで，昆虫学関係のものはほとんどありませんでした．そんなある日，研究室セミナーの席で，私は先輩や先生たちから研究態度をきびしく批判されました．ある先生からは「学位をとるまではアフリカのことは忘れなさい」とさとされました．そこで一応，昆虫学とあまり関係のない本は下宿へ運んだのですが，その後もアフリカにあこがれる気持ちは変わりませんでした．

■合成フェロモンの誘引効果

そんな私の気持ちにもかかわらず，マメノメイガの研究はなかなか順調には進みませんでした．メスの性フェロモンは，まず暗期（飼育室内では人工光を利用して昼夜を外界と逆転させてある）にガの腹部末端から露出しているフェロモン腺を切りとり，ヘキサンなどの有機溶媒につけて成分を抽出します．ノメイガ類のメス性フェロモンは1匹あたり1〜数十 ng（1 ng は10億分の1 g）程度とごく微量であり，かつては何百匹，何千匹というガをあつめて抽出を行なったものですが，現在では分析機器の発達により，たった1匹のガからでも分析することが可能になっています．

マメノメイガの性フェロモンについても，成分の化学的構造を明らかにするところまでは比較的簡単に到達しました．しかし，その成分である(E, E)-10, 12-ヘキサデカジエナール（$E10E12$-16：Ald）[2]という物質を人工的に合成したものをケージ内のオスにあたえても，いっこうに誘引反応をしめさないのです．メスから抽出した天然のフェロモンを用いると，オスが誘引源にさかんに接触をくりかえしたり，メイティング（交尾）ダンスとよばれる独特な行動をしたりするのですが，合成品に対してはぴくりとも動きません．

---

[2] フェロモン成分などの化学構造名を簡略化してこのように表記する．ここで E は炭素鎖の二重結合がトランス型であることをしめし（シス型は Z と表記），10や12などの数字は炭素鎖における二重結合の位置をしめす．Ald は官能基がアルデヒド（-CHO）であることを表わす．フェロモン成分の官能基にはこのほかにアルコール（OH と表記）などがある．

ほかの微量成分が，オスを誘引することに関与しているのではないかとも考えました．そこで，抽出物にふくまれる $E10E12$-16:Ald と化学構造のうえで関連がある物質をいくつか混合してみたのですが，やはりオスに反応はありません．暗室にこもって動かないガをむなしく観察する日がつづきました．

そんな状況に突破口がひらけたのは，研究をはじめてから3年目のことでした．その日はなぜか，誘引源としてろ紙に添加する合成フェロモンの濃度をまちがえて，いつもの100分の1にしてしまいました．けれども私はそのろ紙をそのままガの入ったケージに入れてみたのです．すると，ほんのわずかですがオスが反応するではありませんか．そこでひらめいたのは，合成フェロモンを精製して不純物をとりのぞくことでした．案の定，フェロモンを99％以上にまで精製すると，メスの抽出物と同程度にオスを誘引することができました．おそらく，フェロモンを合成する際にまざったと思われる不純物が，オスを誘引するはたらきをじゃましていたのでしょう．その後さらに実験をかさねた結果，合成フェロモンにふくまれる幾何異性体[3]の不純物が誘引活性を阻害することが確認されました．

■ライバルとの対面

さて，未知の性フェロモンを同定したからには，研究結果を公表しなければなりません．私は上記の結果を田付先生との共著論文にして，国際的な学術誌に投稿しました．ところが，どこからどう伝わったのか，イギリスの天然資源研究所（NRI）のフェロモン研究グループのリーダーであるD・R・ホール博士から，私たちの投稿論文に関して手紙が送られてきました．それによると，NRIでも数年来マメノメイガのフェロモンに関する研究を行なってきており，実験室内での合成フェロモンによる誘引にはまだ成功していないものの，野外にしかけたトラップではオスを捕獲できたというのです．その手紙でホール博士は，私たちが投稿した論文をとりさげて，新たにかれらのグループと共著で論文を発表しないかと提案してきました．マメノメイガは

---

[3] 分子式はおなじでも，分子の立体構造のちがいによって性質がことなる化合物のことを幾何異性体という．ふたつの炭素原子が二重結合している場合は，シス型またはトランス型のいずれかの幾何異性体となる．

世界的に著名な害虫ですから,性フェロモンについても見知らぬライバルがどこかで研究しているものと予想はしていました.けれども,私たちは独自に研究を進めてきたのだし,室内データだけの論文でも学術誌に掲載される価値は十分あるという確信がありました.私たちはホール博士にことわりの手紙を書き,数か月後,その論文は学術誌に掲載されました.

そのNRIグループの一員に,マーク・ダウンハムという研究者がおり,投稿論文の一件以来,電子メールのやりとりをしていました.あとで述べるとおり,私はその後ケニアに滞在することになったのですが,彼が出張でケニアに来た際に,ナイロビのホテルで会うことになりました.会ってみるとマークは朴訥な人柄で,農業害虫の防除のためフェロモントラップを実用化させることにつよい情熱をもっていることがうかがわれました.意気投合した私たちは,アフリカでのマメノメイガのフェロモントラップに関する研究を,おたがいに協力しながらつづけてゆこうと約束したのでした.

■ふたたびアフリカへ

博士課程を修了し,パートタイムの研究員として農林水産省の九州農業試験場(現在,独立行政法人 農業・食品産業技術総合研究機構 九州沖縄農業研究センター)につとめたのち,ようやくふたたびアフリカへ行く機会がめぐってきました.1998年から3年間,東アフリカのケニア共和国に滞在し,おもに国際昆虫生理生態学センター(ICIPE)(16章)を拠点に研究を行なったあと,2001年には西アフリカのナイジェリア連邦共和国にある国際熱帯農業研究所(IITA)(17章)へと移りました.

この移動は,その前年にIITA本部で開催された「世界ササゲ会議」で,マメノメイガのフェロモンに関する研究発表を私が行なったことがきっかけでした.その発表に興味をもった人のなかに,IITAのカノ支所長だったB・B・シン博士(現在インドG・B・パント大学客員教授)がいました.同支所ではおもに食用作物として重要なササゲの改良品種の育成と栽培方法の研究を行なっています.ナイジェリア北部の乾燥サバンナ(サバナ)地域に位置するカノでは,雨季に飛来するマメノメイガがササゲの害虫としてもっとも重要であり,IITAではマメノメイガにくわしい研究者をスタッフとしてさが

しもとめていたところでした．シン博士のさそいと，わかい日本人研究者が国際研究機関ではたらくことを奨励していた日本の外務省のあと押しもあって，私はIITAの博士研究員（ポスドク）としてナイジェリア北部の都市カノに赴任することになりました．

いっぽう，マークたちのNRIグループは，IITAの植物保護部門と協力して，ナイジェリアの隣国であるベナンの南部で，野外でのフェロモントラップの効果について着々とデータをあつめていました．かれらはそれまでに，$E10E12\text{-}16\text{:}Ald$，$E10E12\text{-}16\text{:}OH$，$E10\text{-}16\text{:}Ald$[4]という3成分を100：5：5の比率で混合したルアーがもっとも捕獲効力が高いというデータを得ていました．そこで私もそのルアーを提供してもらい，ナイジェリア北部から中部にかけての広い地域でフェロモントラップの効力を調べてみました．

ところが奇妙なことに，ベナン南部の周年発生地域とはちがい，私が調査を行なったナイジェリア中部以北の乾燥サバンナ地域では，ライトトラップ[5]ではマメノメイガの成虫が多数とれるにもかかわらず，フェロモントラップにはほとんど捕獲されませんでした．捕獲される調査地と捕獲されない調査地を地図上にプロットしてみると，ちょうど北緯9度が境界線になっており，それより北ではトラップの効果がほとんど発揮されないのです（図2）．

フェロモントラップの効力にこうした地域差が生じるのは，おそらく季節に応じて長距離移動を行なう本種の特異な繁殖生態にかかわりがあると思われます．各地のライトトラップに捕獲された成虫の性比を調べてみると，いずれも飛来の初期にはメス，終期にはオスに性比がかたよる傾向が見られました．また，カノでライトトラップに捕獲されたメス個体の交尾経験の有無を調べたところ，飛来初期では過半数のメスがすでに交尾していたのに対し，中期以降では調査地で繁殖したと思われる未交尾のメスが大部分を占めていました．

一般に長距離移動を行なう昆虫では，種によって交尾を移動前に行なうものと移動後に行なうものとがあるとされています．ところがマメノメイガの

---

[4] 2番目と3番目の成分の構造名は，それぞれ (E, E)-10, 12-ヘキサデカジエン 1-オールおよび (E)-10-ヘキサデセナール．註(2)も参照のこと．
[5] 夜行性の昆虫が光に誘引される性質を利用したトラップ．おもに害虫の発生予察にもちいられる．光源としては，白熱灯や水銀灯・紫外線灯などが使用される．

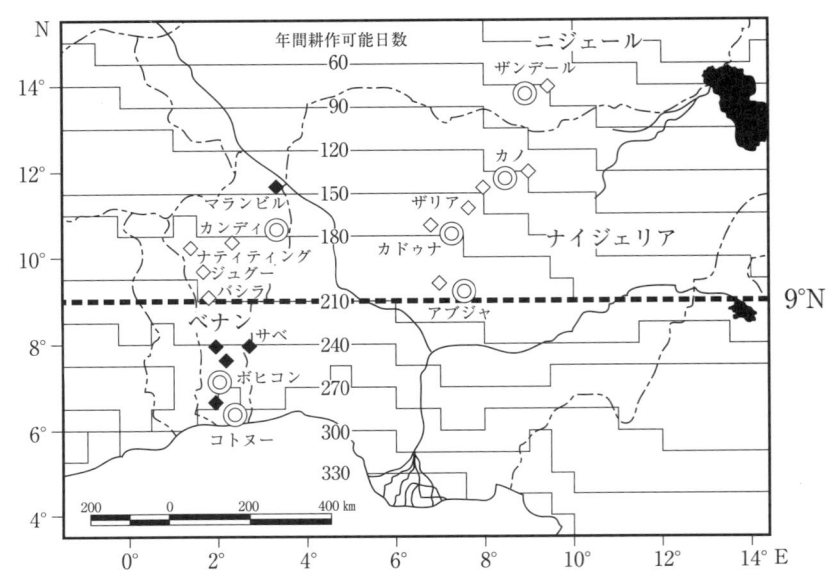

図2 西アフリカ各地におけるマメノメイガのフェロモントラップの捕獲効力．◎：ライトトラップによる捕獲が年間60日以上または1日の最多捕獲数が40匹以上であった地点，◆：フェロモントラップによる捕獲が年間60日以上または1日のトラップあたり平均捕獲数が最大で1匹以上であった地点，◇：フェロモントラップによる捕獲が年間60日未満かつ1日のトラップあたり平均捕獲数が最大で1匹未満であった地点．地図中の実線（直線）は年間耕作可能日数の等値線（概略），太い点線は北緯9度の緯線．

場合は，私たちの研究データからすると，周年発生地域では長距離移動の前に交尾を行なうのに対し，乾燥地域では交尾を行なわず，ふたたび周年発生地域へ移動したあとに交尾を行なうという，繁殖戦略の使いわけを行なっているらしいのです．このことは，交尾後に生まれる次世代の幼虫の餌資源の有無とも密接にかかわっていると考えられます．乾燥地域でフェロモントラップへの捕獲が見られないことも，こうした交尾場所の選択とかかわりがあるように思うのですが，これについてはまだ明確な証拠はありません．

■アフリカ人とササゲ

先にふれたように，1998年から3年間，私はケニアに滞在していました．

その1年目の肩書きは「日本学術振興会ナイロビ研究連絡センター派遣研究者」という長たらしいものでした．通称「学振ナイロビ駐在員」とよばれ，東アフリカに調査にやってくる日本人研究者に対してサービスを行なうためにもうけられた「学振オフィス」の運営がおもな仕事であり，オフィス業務の合間に自分の研究を行なってもよいことになっていました．
　私は，時間をみつけては ICIPE にかよっていたのですが，マメノメイガの研究はあまり進展しませんでした．もともと，せっかくアフリカに来たのだから，研究室にこもって実験するよりも，フィールド（野外）で研究をやりたいという気持ちがつよかったのですが，なかなかそのきっかけがなかったのです．
　ちょうどそのころ，学振オフィスに「シニア駐在員」として，安渓遊地さん（山口県立大学教授）が家族の貴子さん（山口大学非常勤講師）・大慧君とともに赴任してきました．遊地さんは文化人類学者，貴子さんは生態学や食文化の研究者であり，フィールドワークの経験が豊富でした．私はかれらが調査に出かける際に運転手を買ってでて，ケニアやタンザニアの各地を旅しました．この旅行は，研究の目標を見うしないかけていた私にとって，よい刺激になりました．安渓さんたちは，「フィールドでは『調査される側』の視点を大切にしなければならない」と，よく言っていました．文化人類学のような「人間」を研究する学問分野にふれたせいか，私は次第に作物害虫だけでなく，その害虫がいる畑で耕作を行なう農民たちの生活や考えかたに興味をもつようになったのです．
　たとえば，日本ではイモ類やマメ類などの作物ではそれぞれイモや豆などの部位以外は捨ててしまうのが普通ですが，アフリカではキャッサバやササゲなどの葉も野菜として食用にすることがよくあります．西ケニアではとくにササゲの葉が好んで食べられているようでした．
　このことに気づいたのは，ICIPE の研究室でマメノメイガの調査のため畑から株ごと抜いてきたササゲを調べていたときでした．ケニア人の助手が，「このササゲの葉をもらってもいいですか」というので，そんなものをどうするのかときくと，夕食のおかずにするというのです．文献を調べてみると，ササゲの葉はたしかに野菜としてケニア各地で利用されているようです．栄養学的にはとくにカルシウムに富んでおり，西ケニアのルオ民族の人びとの

あいだでは，授乳中の母親のために特別食として供されるそうです．私もさっそくゆでた葉を食べてみました．ややほろにがくて，山菜のような風味でした．

作物害虫は，マメノメイガのように植物の特定の部位を加害するものが一般的です．いっぽうアフリカには，ササゲのように食用にできる部分はほとんどすべて利用する習慣があります．作物のいろいろな部分を利用する知恵は，ひとつには害虫による被害を回避する目的から生まれてきたのかもしれません．これは，作物をめぐる昆虫と人間との一種の共生といえないでしょうか．

■混作の害虫抑制効果

ひとつの畑で複数の作物を同時に，またはある期間重複して栽培することを混作といいます(14章)．混作はアフリカではごく普通にみられる農法です．混作農法にはさまざまな形式や作物の組み合わせがあるため，一概に同列視はできませんが，穀類とマメ類，一年生作物と多年生作物，自給作物と換金作物というように，特性や目的の異なるいろいろな作物が同時に栽培されるのが特徴です（図3）．

このような混作が，病害虫や雑草の発生をおさえることは，ふるくから世

図3　ニジェールにおけるトウジンビエとササゲの混作

表1　作付方式のちがいによるササゲ収量・マメノメイガ個体数・天敵寄生率の変化

作付方式[1]	ササゲの子実収量 （g／株）	マメノメイガ個体数 （匹／花芽5個）	天敵の寄生率 （％）
ササゲとモロコシの間作	5.6	2.5	12.8
ササゲとモロコシの帯作	4.8	2.3	6.6
ササゲ単作	5.3	1.8	4.2

[1] 間作ではササゲとモロコシを1列ずつ交互に，帯作ではササゲ4列とモロコシ2列を交互に植えた．

界各地で知られていました．日本でも作物にハーブ類などを混植すると，病虫害の発生を抑制する作物保護の効果があるといわれており，「コンパニオンクロップ」などとよばれ，とくに野菜栽培などで実践されています．

混作が害虫をおさえるしくみについては，実際のところ，まだよくわかっていないのですが，有力な説としては天敵仮説というのがあります．この仮説では，混作では害虫の天敵となる生物の住みかや餌が多様かつ継続的に供給され，また収穫などによる攪乱がいっせいに起こらないため，天敵のはたらきが高められ，害虫の増殖がおさえられるのだと説明されています．

私もナイジェリアのカノで，混作がマメノメイガの発生にどのような影響をおよぼすのか調べてみました．ササゲと穀類のモロコシ *Sorghum bicolor* を混作した場合とササゲ単作の場合とを比較してみると，ササゲ害虫であるマメノメイガの個体数と子実収量は両作付方式の間で差はありませんでした．ところが，マメノメイガに寄生する数種の天敵の寄生率を調べてみると，混作のほうが単作よりも顕著に増加したのです（表1）．このことから，混作の畑では天敵が害虫の発生に対する潜在的な抑止力となっているものと考えられました．

ところで，この結果を前述の天敵仮説とくらべてみるとどうでしょうか．混作を行なうと天敵の寄生率が上昇するというのは，この仮説で説明できそうな気もします．しかし，乾燥サバンナに位置するカノでは，耕作期間が短かいため，ササゲとモロコシはほぼいっせいに収穫され，乾季の圃場にはいっさい植物は残らないのです．したがって，仮説で想定されている天敵の生息地が継続して存在することや，一斉収穫による攪乱がおこらないことは，こ

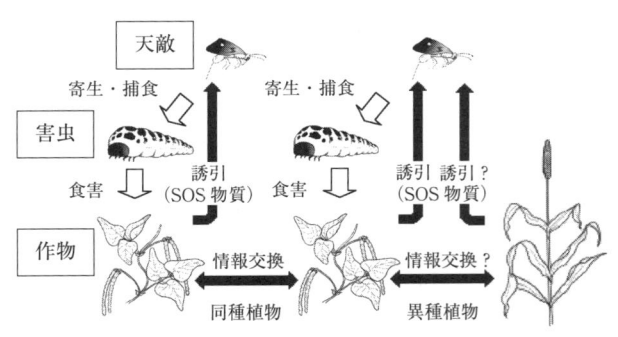

図4 圃場における生物間相互作用の概念図．高橋・夏秋・牛久保編著『熱帯農業と国際協力』155ページより改変．

のケースにはあてはまりません．では，どうして混作では天敵の寄生率が高まったのでしょうか．

その理由はあきらかではありませんが，ヒントになりそうな事例があります．東アフリカのケニア西部で最近普及しつつある農法に，「プッシュ・プル法」とよばれるものがあります．この農法については第14章で紹介されているので詳細は省きますが，主作物であるトウモロコシ Zea mays を加害するズイムシ類（Chilo partellus（Swinhoe）や Busseola fusca（Fuller）など茎を加害する鱗翅目幼虫）を防除するため，畑の周囲にズイムシ類の成虫を誘引するスーダングラス Sorghum sudanense などをおとり作物として栽培し，トウモロコシのあいだにズイムシ成虫が忌避するトウミツソウ Melinis minutiflora などを間作するというものです．

この農法で，トウモロコシと混作されるトウミツソウやスーダングラスには，ズイムシの天敵である寄生蜂を誘引するジメチルノナトリエンという揮発成分がふくまれていることが報告されています．この成分はひろく植物中に存在し，害虫の食害を受けた植物が放出してその害虫の天敵をよびよせる，いわゆる「SOS物質」，正式には植食者誘導性植物揮発物質（HIPV）として知られています．SOS物質については，ナミハダニ Tetranychus urticae Koch によって食害を受けたライマメがリナロールとよばれる物質を放出し，ハダニの捕食性天敵であるチリカブリダニ Phytoseiulus persimilis Athias-Henriot を誘引すると同時に，ちかくにある他のライマメ個体のリナロール放出を促進することが，実験で確かめられました．さらに最近は，同種の植

物間だけでなく，隣接する異種の植物のあいだでも，一方が害虫や病原菌によって被害を受けると，他方がそれらから身をまもる物質を活性化させるという事例が報告されています．どうやら，植物同士の化学交信ネットワークによって，病害虫に対するいわば「共同戦線」のようなものが構築されているようなのです（図4）．

私たちがカノで行なった実験でも，マメノメイガの天敵寄生率がササゲとモロコシを混作することによって増加したのは，このような作物－害虫－天敵の生物間相互作用がかかわっているからなのかもしれません．

■近代的農業害虫としてのマメノメイガ

アフリカの伝統的農法には，上述の混作農法をはじめとして，環境を持続的に保全したり，作物を保護したりするしくみがあることが次第に明らかになってきました．このことは逆に，収量や生産効率のみを重視した近代的な農業の持続性のなさや病害虫の加害に対するもろさを浮かびあがらせているように思います．

本章の主人公であるマメノメイガがはじめて害虫として被害が報告されたときの状況をみると，興味ぶかいものがあります．第一次世界大戦中，インドネシア（当時はオランダ領）のスマトラ島で，それまで行なわれていたタバコのプランテーションが，食用や家畜の飼料にするためのケツルアズキ *Vigna mungo* の畑に大規模に変えられた結果，それまでは見られなかったマメノメイガが大発生したという記録がのこっています．インドネシアの伝統的畑作では，「トゥンパンサリ」とよばれる混作農法が行なわれており，マメ類のような食用作物をプランテーションのように大規模に単作するケースは，それまでにはなかったものと思われます．いっぽう，ケニアやナイジェリアの農民たちに聞いてみると，伝統的な焼畑農法を行なっていたころは，マメノメイガは害虫としてほとんど問題にならなかったといいます．

毎年あるいは数年ごとに畑を放棄して移動する焼畑農法から，特定の場所に畑を定着させて化学肥料を用いる常畑農法への転換．手間のかかる混作から生産効率の高い単作への変化．こうした農耕体系の変容が顕著になった時期とマメノメイガによる被害が問題になりはじめた時期とは，ほぼ一致して

いるのです．おそらく，自家消費をおもな目的とするアフリカやその他の地域の伝統的耕作では，たとえ作物が昆虫に食いあらされたとしても，自分たちが食べる分さえ収穫できれば，「害虫」として気にとめられることもなかったのでしょう．伝統的農法から近代的農法へと開発途上地域の農業が大きな変容をとげるなかで，マメノメイガのようなそれまでにはいなかった新しい害虫が続々と登場してきたことが，さまざまな記録や報告から読みとることができます．

■「昆虫を研究する人として」

アフリカで調査をしていると，思いがけない経験をすることがあります．ケニア西部の農村で聞きとり調査をしていた時のこと，中年の女性が畑仕事の合間にしてくれる話を聞きながら，ノートをとっていました．話が一段落したとき，不意に彼女がこう言いました．
「あなたは昆虫を研究する人として，私たちに何をしてくれるのですか？」
自己紹介したときに「ナイロビからきた昆虫の研究者」と名のったからなのでしょうが，それまでの話とは何の脈絡もなく急に聞かれたので，私は言葉につまってしまいました．
「ナイロビに帰ったら，いま聞いたお話を参考にして，あなたの作物がもっとよくそだつように研究を続けるつもりです」
何とかそう答えたものの，不誠実な答えをしてしまったとすぐに後悔しました．仕事を中断して話をしてくれた彼女が私に期待していたのは，もっと生活に直接役だつようなことだとわかっていたからです．しかし，その調査にはもっとたくさんのデータが必要であり，はやくインタビューを終わらせて先を急ぎたいというのがそのときの私の正直な気持ちでした．そして，そのような気持ちを彼女に見すかされたと私は思ったのです．
本章でのべてきた私の研究は，根本的にはいずれも自分自身の興味によって行なってきたものです．もちろん，それがアフリカの人びとの役にたつならば，研究者冥利につきることですが，学術調査そのものが直接人びとの役にたつかというと，かならずしもそうとは言えないのが現状です．「調査地被害」といわれるように，「研究」という名のもとに，人びとの日常生活を

みだす迷惑な行為が行なわれていることも少なくありません．
　けれども，私が出あったアフリカの人びとの多くは，やはり私たちの訪問を心から歓迎してくれていたように思えるのです．かれらは，研究者であれ旅行者であれ，たずねてくる人をみな大切な客人としてもてなしてくれました．かれらの態度を見ていると，多少の見かえりを求める気持ちがあったとしても，そればかりだとはどうしても思えませんでした．では，私たちはその「見かえり」として，何をしてあげられるのだろう．そんな自問自答を私は続けてきました．適当な額のお金を謝礼としてあげることもありましたが，それだけでかれらの親切にこたえたことになるとは思えませんでした．
　じつのところ，その答えはまだみつかっていません．ただ，そのできごとがあって以来，聞きとり調査の最後にかならず，「あなたのほうから何か聞きたいことはありますか？」，と聞くことにしています．こちらの質問に答えてくれたことへの，せめてものお返しのつもりです．
　ところが，そう言うとたちまち，「インゲンとトウモロコシを畑に一緒にうえると育ちがよくない」とか，「トウモロコシの葉に縞模様ができて枯れてしまった．どうしたらいい？」などといった予想外の質問が続出しました．そんな質問は，栽培学とか植物病理学の分野にかんする事がらであって，私の専門ではありません．けれども，そんな言い訳はもちろんかれらに通用しないでしょう．そこで，何かよいアドバイスはできないものかと頭をひねってみます．「種子をひとつの穴に植えないで，すじ状にまいてみたらどうですか」「枯れたトウモロコシは引っこぬいて焼いたほうがよいかもしれません」──適切な答えかどうかはわからないけれど，いま以上にわるくなることもないでしょう．「○○村では，キャベツにつくアブラムシには灰をまくとよいと聞きました」──受け売りの情報も，もしかしたら役にたつかもしれません．ああでもない，こうでもないと，かれらと一緒に知恵をしぼるのはなかなか楽しいことです．ただ，そのようなやりかたが本当に有効なのかどうか，正直なところあまり自信はありません．無責任と言われればそのとおりなのですが．

■「アフリカ」と「昆虫学」との間

　昆虫学にかぎらず，アフリカをフィールドにしている研究者はたくさんいます．そのなかには，研究を進めてゆくうえでの必然として「アフリカ」を研究対象や研究場所に選んだ人もいれば，アフリカへ行きたいがために「研究」という手段を選んだという人もいることでしょう．私は後者のタイプに入るでしょうが，最近はわかい研究者や大学院生で，こういうタイプの人がふえてきているように思います．

　研究というものには，何かしら目的があるものです．「アフリカが好きだから」というだけでは研究にならないし，それでは就職先や研究費もなかなか得られないでしょう．けれども私の場合は，はじめから明確な目的があったわけではありませんでした．研究を進めてゆくうちに，自分がやっていることの目的や意義があとづけながら少しずつわかってきて，その研究がだんだんおもしろくなっていったのです．研究が壁にぶつかったり，アフリカへ行くチャンスがなかなか得られなかったりして，意気消沈していたこともありましたが，「アフリカに行きたいなあ」と思いながら，その機会がくるのを気ながに待っていました．そして，気がついたら何となく，その機会はやってきたように思います．

　やはり，「アフリカの水を飲んだ者はアフリカに帰る」のでしょう．

さらに詳しくしりたい人のために

足達太郎（2006）「熱帯の伝統的農法環境保全の機能をどう生かすか」高橋久光・夏秋啓子・牛久保明邦（編著）『熱帯農業と国際協力』筑波書房，pp. 148～157.（アフリカの伝統的農法に内在する作物保護のしくみと環境保全型農業への活用について）

Adati, T. and Tatsuki, S. (1999) Identification of female sex pheromone of the legume pod borer, *Maruca vitrata* and antagonistic effects of geometrical isomers. *Journal of Chemical Ecology*, 25:105-115.（マメノメイガのメス性フェロモンの同定と合成フェロモンの誘引活性について）

Andow, D.A. (1991) Vegetational diversity and arthropod population response.

Annual Review of Entomology, 36:561-586.(混作の害虫抑制効果についての総説)

安渓遊地・安渓貴子(2000)『島からのことづて——琉球弧聞き書きの旅』葦書房.(フィールドにおける研究者のありようと「調査地被害」について)

Downham, M.C.A., Tamò, M., Hall, D.R., Datinon, B., Dahounto, D. and Adetonah, J. (2002) Development of sex pheromone traps for monitoring the legume podborer, *Maruca vitrata* (F.) (Lepidoptera: Pyralidae). In: Fatokun, C.A., Tarawali, S.A., Singh, B.B., Kormawa, P.M. and Tamò, M. (eds.) *Challenges and Opportunities for Enhancing Sustainable Cowpea Production*. International Institute of Tropical Agriculture, pp. 124-135.(マメノメイガの防除におけるフェロモントラップの利用について.本論文のほかにも同書にはササゲの栽培技術に関するさまざまな論考が収録されている)

Khan, Z.R., Pickett, J.A., Wadhams, L. and Muyekho, F. (2001) Habitat management strategies for the control of cereal stemborers and striga in maize in Kenya. *Insect Science and Its Application*, 21:375-380.(プッシュ・プル法による害虫・雑草の防除について)

小川欽也・ウィツガル P.(2005)『フェロモン利用の害虫防除——基礎から失敗しない使い方まで』農文協.(昆虫のフェロモンを利用した害虫防除にかんする基礎と実践)

高林純示(編)(2003)特集:植物が放つ揮発性物質を介した動植物の相互作用.『蛋白質 核酸 酵素』48(13): 1773-1807.(植物が放出する「SOS 物質」(植食者誘導性植物揮発性物質)と生物間相互作用について)

コラム4　アカシアの膨れたトゲとアリの複雑な関係

　ケニヤのサバナ（サバンナ）では背の低いアカシア *Acacia drepanolobium* に直径3〜5 cm のこぶが沢山出来ているのをよく見かけます（口絵12）．広範囲にわたってどの株にも見られます．これは昆虫による虫こぶ（insect gall）ではなく，このアカシアが自らトゲの基部を膨らませたもので，「膨れたトゲ」（swollen thorn）と呼ばれています．膨れた部分が柔らかいうちに，アリが穴をあけて中に棲み着き，アカシアの葉の蜜腺から分泌される蜜の摂取に出かけます．風が吹くと，この穴のために音が出ますので笛吹きトゲ（whistling thorn）とも呼ばれています．ケニヤでは4種のアリ *Crematogaster mimosae* Santschi, *C. nigriceps*（Emery）, *C. sjostedti* Mayr, *Tetraponera penzigi*（Mayr）が「膨れたトゲ」を巣に利用しますが，種間競争のため1株には1種しかいません．シリアゲアリ属 *Crematogaster* は攻撃性が強いので，キリンなどの草食動物がアカシアの葉を食べるのを防ぐと考えられていますが，アリの存在が常にアカシアの利益になっているとは限りません．例えば *C. nigriceps* がアカシアの新梢の先端部を噛み切るために，花芽も減少して莢も少なくなります．また，新梢が噛み切られると，「膨れたトゲ」の基部近くから補償的に新梢が伸び，アリは巣の近くで蜜を摂取できるようになります．*C. mimosae* と *C. sjostedti* はカイガラムシに随伴して甘露を舐めます．特に，*C. sjostedti* は草食動物には見向きもしない上，種間競争に強いことが知られています．このように，共生という一言では片付けられない複雑なドラマが，アカシアとアリの間で展開されているのです．さらに，ケニヤでは，アカシアに特化した3属21種のタマバエが様々な形の虫こぶを形成しますので，これらを含む種間関係はさらに複雑なものとなります．ちなみに，中米でもこのようなアカシアとアリの関係が知られています．（湯川淳一）

参考文献　Stanton M. and Young T.（1999）Thorny relationships. *Natural History*, 108:28-31.

第7章

大発生するバッタと相変異

田中誠二

　2003年～2005年にアフリカではサバクトビ（サバクワタリ）バッタ *Schistocerca gregaria*（Forskål）が大発生して，各地で農作物や家畜に大被害をもたらしました．その間に延べ13万km²（北海道，九州，四国を合わせた面積に相当）もの面積に殺虫剤散布が行なわれ，防除費だけでも70～100億円にものぼりました．西アフリカのモーリタニアでは，数百万人の人々が食料として育てていた作物を失いました．そのうちの一家族がバッタと戦っている様子を映像で見る機会がありました．家族総出で家のすぐ横にある1haくらいのトウモロコシ畑に群がるサバクトビバッタの成虫を追い払っていました．払っても払っても，次から次にバッタは飛んできては躊躇無くトウモロコシの葉を食い始めます．一家はついにくたびれて座り込んでしまいました．そして，しばらくすると，ようやく1mくらいまで成長したトウモロコシの株は茎を残して全部食べられてしまいました．「今年は，この畑の作物を食べて生活するつもりだったのに…」と母親は嘆いていました．

　アフリカにおける人々とバッタの闘いは最近始まったことではありません．紀元前にもバッタが大発生して人々を苦しめていたという記録が旧約聖書に記されています．いろいろな要因が重なり合った時，バッタは数を一気に増やして大発生するのです（図1）．バッタは毎年大発生して被害を引き起こすことはありませんが，それがかえって人々から被害の記憶を薄れさせバッタへの関心を逸らす原因となっているようです．研究に関しても，流行を追うようなものに研究費が充てられる傾向が強いので，長期的な基礎研究が困難になりがちです．そして，未だに問題の根本的な解決が成されておらず，人々が忘れかけた頃に突然また大発生が起きるのです．この章では，そんなバッタの生活ぶり，特にアフリカで大発生するサバクトビバッタについて，

夕日に染まるサバクトビバッタの群れ	黒化した若齢幼虫
砂漠に降りた大群	群生相の終齢幼虫
シュロを食べる成虫	群生相の幼虫:警戒色? 隠ぺい色?

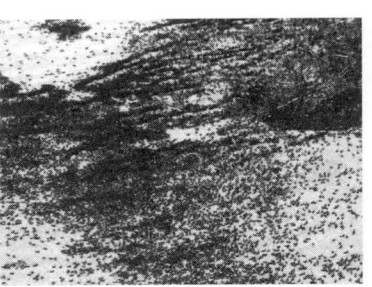

図1　2003〜2004年にアフリカで大発生したサバクトビバッタ（FAO EMPRESの許可を得て転写）.

最近の研究成果などにも触れながらご紹介したいと思います.

■大発生はどのように起こるのか

　国連食糧農業機関（FAO）の資料によると，サバクトビバッタはアフリカ

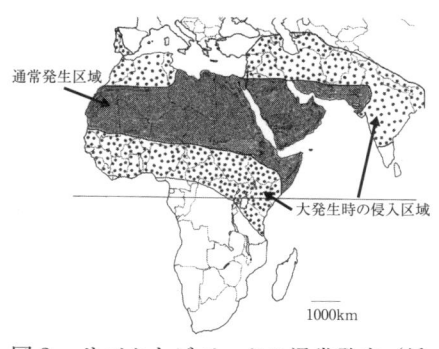

図2 サバクトビバッタの通常発生（低密度）の分布区域と大発生時に侵入する区域.

を中心に16ヶ国，延べ約1600万km²に分布しています．ふつう密度は低く作物に被害をもたらすことはありません（図2）．しかし，いったん数が増え始めると，最大65ヶ国の国々まで分布を広げます．その面積は2900万km²にも及び，地球全体の陸地面積の20％にも相当します．大発生時には，幼虫は群れを成して一方向に行進しはじめ，目の前の植物を食い荒らします．成虫になると群飛して大移動を始め，遭遇するほとんどの植物の葉を食べ尽くします．トノサマバッタ Locusta migratoria Linnaeus などはイネ科の植物が中心で，他の植物はダイズくらいしか好んで食べません．その点サバクトビバッタは，はるかに多くの種類の植物を食べ，香りの強い柑橘類すら好んで食べます．実験室ではオーチャードグラスなどのイネ科植物に加えキャベツを与えて飼育しています．

　バッタの食欲は想像を超えるものがあります．脱皮前後はあまり草を食べませんが，平均すると毎日だいたい自分の体重と同じ量を食べるといわれています．小さいうちはたいしたことはありませんが，成長するにつれ食べる量も急増します．一番食欲が旺盛なのは成虫になってからの1，2週間です．この時期は皮膚や筋肉を発達させたり脂肪体に脂肪を蓄えたりするのでたくさん食べる必要があります．次によく食べる時期は，メスでは卵を産み始めた頃です．バッタの研究者チャップマンの計算によると，1匹の成虫は約1.5g（オスとメスの体重の平均）ですから，それと同じ重さの草を食べることになります．大発生したバッタの大群が地上に降りたときの密度を1m²当たり30～150個体とすると，それらのバッタは1日当たり45～225gの草を食べることになります．彼らの占める地面の面積が10km²とすると，そこにいるバッタ達は1日当たり450～2250tの草を食べる計算になります．大発生時に地上に降りたバッタの大群は数百kmにも及ぶこともあります．航空写真による推定では一つの群れが1万8千km²（茨城県の3倍）の面積を

覆っていたという記録もあります．牛は大型草食動物の典型ですが，チャップマンの計算によると，1頭当たり1日約12kgの草を食べます．熱帯の牧草地では1km²当たり15頭の牛を養えると言われていますので，そこでは1日当たり180kgの草が消費されます．同じ面積にバッタの大群が（1m²当たり10個体）降りたとすると，1日当たり150tもの草が消費され，牛の約800倍にも匹敵する草の消費が予想されます．事実上，バッタが飛来したらそこにある草はすべて食べられてしまい牛の食べる草などもう残ってはいないということでしょう．アフリカでの家畜への被害は，このようにして起こります．

　飛翔による移動は風下に進むことが多いので，季節的に移動のルートはだいたい決まっています．2003～2005年の大発生では，モーリタニアから南下した大群は西アフリカで大被害を引き起こし，さらにアフリカ大陸を東に移動して行きました．東アフリカやアラビア半島で大発生した集団は中近東へ移動し，東に移動した大群はインドやパキスタンにまで到達したといわれています．サバクトビバッタは休眠をしないので年2，3世代は発生します．大移動も1世代ではなく数世代に渡ることがしばしばです．熱帯地方ですから発生は連続的で，季節的な風向きの変化によりバッタの移動方向も変化し，アフリカ大陸の北半分で循環するような形になります．条件がバッタの繁殖に好適な場合は大発生が4～5年間続きます．1920～1940年には20年間ほとんど毎年バッタの大群が見られたといいます．しかし，その後は1960年代半ばを最後にその姿を潜めるようになりました．

　ところが，およそ25年の沈黙を破り，1987～1988年にアフリカでサバクトビバッタが再び大発生しました．半乾燥地帯で大雨が降り続き，餌となる草が繁茂しバッタの繁殖が促されたのです．彼らの飛翔力はギネスものです．1988年には，例年と違って西方への風が吹いたことから西アフリカで大発生したサバクトビバッタの群れが大西洋を渡りカリブ海の島々にまでたどり着きました．その距離は5000kmにも及びますが，この場合途中は海ですからアフリカを飛び立ったバッタがカリブ海の島々に到達したことは間違いありません．

■相変異の不思議

　バッタの相変異理論が1921年にロシア生まれの研究者ウバロフによって論文発表されました．彼はそれまで別種だと考えられていた2種のバッタが，実は同一のトノサマバッタであり，体色をはじめ形態や行動などに見られる違いは生息地の混み合いによって引き起こされる多型現象にすぎないと主張し，それを飼育実験によって確かめました．数年後，彼は同様な相変異がサバクトビバッタにも見られることを明らかにしました．

　サバクトビバッタの幼虫は，低密度条件下では緑色か茶色の多型を示します．湿度が高いと緑色の個体が多くなり，乾燥した生息地では茶色になります（口絵17）．これは生息地の湿度と背景色とが相関していることと関係がありそうです．つまり，草が繁茂する草原では湿度が高く背景色は緑になります．緑の草がまばらな場所は，比較的乾燥していて背景色は地面や枯れ草の茶色が占める割合が多くなります．背景色に似た体色をすることによりバッタの幼虫は鳥などの天敵の目からのがれることができるのだと考えられています．ウバロフは，これら低密度のバッタを孤独相と呼びました．密度が高い条件では緑や茶色の幼虫はいなくなり，どの幼虫も黄色かオレンジ色の地色と体全体に黒い模様又はパターンが現れて（図1，口絵17），大量生産されたおもちゃのロボットのように皆同じような体色になります．集合したり集団で行進（マーチング）する行動を示すことから（図1），ウバロフはこれらを群生相バッタと呼びました．変化する途中や中間密度で現れるものを転移相と名付け，密度の変化に応じて相が変化することから，相変異現象と呼んだのです．

　群生相の黒化がどのような機能をもっているかは謎です．サバクトビバッタは様々な植物を食べるので，中には毒性のある植物も食べます．そんな植物を食べた幼虫をトカゲのような捕食者が食べると，そのトカゲは学習して次はバッタを食べなくなるという実験結果から，黄色の地色と黒色の模様は警戒色（2章）であるという仮説もあります．しかし，大発生した幼虫が毒のある植物にどのくらいの頻度で遭遇するのかという疑問が湧いてきます．また，毒のある植物を食べないトノサマバッタやツチイナゴ *Nomadacris japonica* (Bolívar) でも似たような黒化が見られることから，黒化の進化の真相は別にあるのかもしれません．黒化した幼虫は太陽の輻射熱を急速に吸収できるので，体温制御に関連しているという考えは古くからありますが，実験的には証明されていません．黒化したバッタの群れの写真（図1）などから想像すると，黒い集団は捕食者からは意外に目立たないか，あるいは幼虫達の黒いパターンが融合して，捕食者には小さな生き物がたくさんいるようには見えないといった効果があるのかもしれません．

　サバクトビバッタは成虫になると，孤独相でも群生相でも似たような体色になりますが，群生相では少しピンク色が混じった体色になります（口絵17）．孤独相では顕著な体色変化は見られませんが，群生相では性成熟するとこのピンク色が消えて白っぽくなり，さらに成熟すると，特にオスでは鮮やかな黄色に変化します．興味深いことに，群生相の成虫は孤独相と比べて相対的に後腿節の長さが短くなり，前翅が長くなります．また，体重も軽くなるので翼加重（翅の面積当たりの重量）が小さくなり，飛翔に適した体型になると考えられています．

　飛翔能力にも著しい差が見られます．風に乗って移動するにせよ，群生相のバッタが数千kmもの長距離を途中何も食べることもなく飛翔できることは驚嘆に値します．その秘密はエネルギーの供給システムにあるようです．短距離の飛翔では，バッタはトレハロースという炭水化物を燃料にして飛翔筋を動かします．トレハロースは体液に存在するので即座に使える燃料といえますが，供給には限りがあってすぐに底をついてしまうので長距離飛翔の燃料には向きません．群生相の成虫は，初めの30分くらいはトレハロースを使い，それが底をつく前に脂肪燃料に切り替えるのです．脂肪は炭水化物と比べて燃焼カロリーが高いので，少量でもたくさんのエネルギーを供給することができます．この切り替えには，脂肪動員ホルモン（AKH）というペプチドホルモンが重要な役割を果たします．つまり，私たちヒトで言うなら肝臓に相当する脂肪体という器官から，脂肪を体液に動員する機能をもっているのです．実験的にAKHをバッタに注射すると，飛翔しなくても大量の脂肪が体液に動員されます．ただし，これは脂肪体に脂肪がたくさん蓄えられている群生相での話であって，脂肪をあまり蓄えていない孤独相では，動員される脂肪の量にも限りがあります．そして，その差が群生相と孤独相の飛

翔力の差にそのまま反映されてくるというわけです．
　動員された脂肪は水には溶けにくいので体液の中を自由に移動することは困難なはずです．それでは，いったいどのようにして脂肪は体液の中を移動して筋肉などにたどりつけるのでしょうか．この謎を解いたのは当時北海道大学の教授だった茅野春雄氏です．それは昆虫学での一大発見でした．彼はトノサマバッタを材料に研究を進め，体液のなかにリポホリンというタンパク質を発見しました．そして，そのリポホリンが脂肪体で脂肪を積み込んで体液中を移動し，飛翔筋にたどり着くと脂肪を積み下ろすことを解明したのです．同様の仕組みがサバクトビバッタを含む他の昆虫にも存在することが，後に多くの研究者によって報告されましたが，このような基本的でしかも興味深い現象が日本の研究者によって解明されたことは，たいへん誇らしいことだと思います．

■**体色多型の仕組み**

(1) **緑色はどのようにして誘導されるのか**
　相変異の研究の中で体色多型ほど顕著で，しかも多くの研究者がその解明に力を注いできたテーマはないかもしれません．バッタの分類で多くの学者が惑わされた一番の原因も体色の劇的な変化にあったからです．トノサマバッタでは，普段は背景色に合わせて緑や茶色，黄色，灰色をしているのに，高密度にさらされると体の色が黒化してどの幼虫も黒とオレンジ色のツートンカラーに変身してしまいます．サバクトビバッタでも高密度になると，幼虫の体には黒いパターンが現れます．今から50年以上前にフランスの研究者P. ジョリーらが，トノサマバッタの頭部にあるアラタ体という器官を黒化した幼虫に移植すると，次に脱皮したときに黒い部分が後退して緑色に変化することを明らかにしました．アラタ体では幼若ホルモン（JH）という昆虫の変態を制御するホルモンが生産されるのですが，このJHが緑色の体色を誘導することが，後に多くの研究者によって確認されました．
　その後，「JHの量が多いと孤独相になり，逆に少ないと群生相になる」という飛躍した仮説が横行し，多くの研究者はそれを信じていました．しかし，少し考えると，この仮説がおかしいことにすぐに気づきます．孤独相の幼虫

の体色は緑色ばかりでなく茶色の場合もあります．緑色の孤独相幼虫からアラタ体を摘出すると緑色は消えますが，黒化は起こらないという実験結果は古くから知られていました．緑色の体色を誘導し維持するには JH が必要であることはまず間違いないのですが，黒化の原因は明らかに別にあるのです．また，JH は成虫の卵巣発育を促進するホルモンで，なかなか卵を産まない群生相のトノサマバッタに投与すると，高密度条件下でも孤独相のように早く卵を産むようになります．しかし，サバクトビバッタでは，孤独相より群生相の方が早く性成熟して産卵を開始するので，孤独相が JH 過多という仮説には一貫性がありません．

(2) 黒化はどのようにして誘導されるのか

　サバクトビバッタの黒化を誘導する要因が体液中にあるステロイド様物質であるという結果が 60 年前に報告されています．同様の要因が脳の後方にある側心体というホルモン分泌器官にあるということも 50 年前に報告されました．また別の研究では，脳の様々な場所を細い針金で焼いたところ，中心部のある細胞を焼いて破壊すると黒化したバッタの体色が薄くなったことから，脳に黒化を誘導する物質を作る細胞があるという結果も報告されました．しかし，これらの結果は断片的で必ずしも説得力があるものではなかったことから，その後追試すらされませんでした．研究がなされなかったもう一つの理由は，黒化要因の研究には，黒化していないバッタがたくさん必要であり，それらを確保するのが容易ではなかったからでしょう．そのようなバッタは 1 匹ずつ個別に飼育すると得られるのですが，そうしても必ずしも体色が薄くなるとは限らず，しばしば茶色や黒っぽい個体が出現して実験に必要なバッタを確保するのは，大変な労力が必要になります．

　茨城県つくば市にある蚕糸昆虫農業技術研究所（蚕昆研）で，1990 年にバッタの相変異研究が始まりました．当時の昆虫研究部長，玉木佳男氏がバッタ研究の重要性を鑑み飼育技術の開発というプロジェクトを農林水産省に申請したのです．トノサマバッタに加え世界的な大害虫であるサバクトビバッタもケニアから輸入され比較研究が行なわれました．最近の科学の進歩に照らしあわせ，相変異を根本から研究するのが狙いでした．特に，相変異で見られる体色多型や体形が変化する仕組みを解明することは大きな目標でした．

しばらくして飼育していた沖縄系統のトノサマバッタから，突然変異でアルビノ（白化した）バッタが現れました（口絵16）．そして，そのアルビノの出現がきっかけとなり，トノサマバッタの脳を含む神経系と側心体に黒化を誘導する要因が含まれていることが明らかになりました．すなわち，黒化した野生型幼虫の脳や側心体を摘出し，それらをアルビノ幼虫に移植すると黒化が誘導されることがわかったのです．ケニアの国際昆虫生理生態学センター（ICIPE；16章）でサバクトビバッタの行動を研究していた八木繁実氏（当時，国際農林水産業センター所属；13章執筆者）の研究プロジェクトの一環で，当時蚕昆研に所属していた筆者はサバクトビバッタの黒化誘導に関する共同研究を行なう機会を得ました．そして，サバクトビバッタの幼虫の黒化誘導要因が，サバクトビバッタばかりでなくトノサマバッタの脳と側心体にも含まれていることを実験的に証明することができました．ICIPEには，バッタを専門に飼育する施設があり，注文すると黒化していない緑色の幼虫を必要な数だけ用意してくれるのです．そのお陰で，筆者のICIPE滞在期間はわずか1ヶ月半でしたが，効率的に実験することができました．興味深いことに，ケニアのナイヴァシャで捕まえたフタホシコオロギ *Gryllus bimaculatus* De Geerの脳と側心体を，半ば遊び半分でサバクトビバッタの幼虫に移植したところ，そのバッタは数日後に脱皮した後，黒化したのです．つまり，コオロギにもサバクトビバッタを黒化させる物質が存在していることがわかりました．

　その物質は何なのか？それを突き止めるには，さらに数年の年月がかかりました．すでに述べたように，黒化していないサバクトビバッタの幼虫をたくさん飼育するには，たいへんな労力と専用の施設が必要で，残念ながら，蚕昆研ではICIPEのような施設も，飼育専門の職員もいませんでした．数名の非常勤職員の協力を得ても限界があります．そこで，次のような作戦を立てたのです．サバクトビバッタの側心体を抽出して，それを高速液体クロマトグラフィーという機械で分画し，トノサマバッタのアルビノ系統の幼虫に処理して黒化誘導物質を突き止め，その後で，その物質がサバクトビバッタの黒化誘導ホルモンであるかどうかを確認するという手順でした．アルビノバッタは個別飼育しなくても体色は白色ですし，狭いスペースでも数百匹を容易に飼育することが可能です．さらに幸運だったことには，アルビノの

トノサマバッタはサバクトビバッタより何千倍も黒化誘導物質に対して敏感だったのです．アルビノを使った黒化誘導要因の研究は世界のバッタ研究者に大きな反響を与え，ベルギー，イスラエル，エジプトの研究者らが強い関心を示し，特別な研究費はありませんでしたが協力してくれました．そして，1999年に黒化誘導物質はコラゾニンというペプチドホルモンであることを明らかにすることができました．そのホルモンは脳にある神経分泌細胞で作られ神経を通って側心体に移動し，おそらくそこから体液に分泌されるものと考えられます．アルビノのトノサマバッタは，このホルモンが遺伝的に欠如していたので，集団で飼育しても黒化が起こらなかったのです．

人為的に合成したコラゾニンを個別飼育していた緑色のサバクトビバッタの幼虫に注射してみました．その幼虫は数日後脱皮して，それまでずっと集団で飼育していた幼虫のように黒化していました（口絵18）．この発見で，一世紀に渡って研究者の間で問われていた疑問の一つが解決したのです．そして，その結果をまとめた論文の内容は，日本のメディアばかりでなく英国の一般科学雑誌 *Nature* のコラムでも紹介されました．

■群生相の形態はどのように誘導されるのか

混み合った条件で発育するとサバクトビバッタの成虫は，飛翔に適した体型になることはすでに述べましたが，それらの形態の変化はどのような要因によってもたらされるのでしょうか．昆虫の形態形成や変態を制御するホルモンとして，上述したJHや脱皮ホルモンがありますが，これらのホルモンの合成品や類似物質ができると，多くの研究者が相変異におけるこれらのホルモンの影響を調べました．JHを群生相幼虫に処理すると羽化した成虫の形態が孤独相的になったと主張する論文も少なくありません．これらのホルモンは変態に深刻な影響を与えることから，しばしば処理されたバッタは脱皮に失敗したり，首尾良く脱皮できてもモンスターへと変貌することがあり，詳しく調べてみたら群生相への変化ではなく奇形であったと結論された研究もあります．最近の専門家の間では，これらのホルモンは相変異に関連した形態の変化には重要な役割を果たしていないというのが定説のようです．

それでは，何が形態を制御しているのでしょうか？コラゾニンを注射して

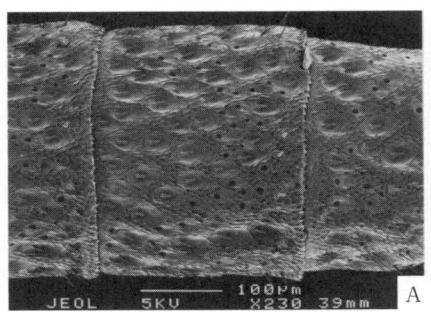

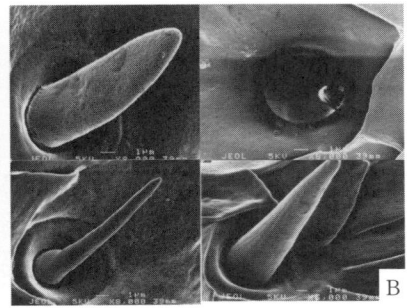

図3　サバクトビバッタの触角（A）にある4タイプの感覚子（B）

　黒化した幼虫が羽化した後，彼らの体形を調べてみました．すると，それらの成虫は個別飼育したにもかかわらず集団で飼育したものと似たような体形（相対的に脚が短く，翅が長い）をしていました．しかも，同様の効果がトノサマバッタでも確認されたのです．2齢から4齢までの様々な幼虫ステージに一度だけコラゾニンを処理した場合，処理の時期が早いほど成虫形態への影響は大きく，ステージによって感受性に違いがあることも判明しました．相変異研究において，体形の変化は群生相の指標として半世紀以上も長い間使われてきた形質ですが，その制御要因としてこれほど明確に効果を証明したのは初めてでした．

　孤独相と群生相に見られる形態的違いの中に，興味深いものがあります．それは触角にある感覚子の数の違いです．コラゾニンは，その数にも顕著な影響を与えることが最近の研究で分かりました．バッタは他の個体とのコミュニケーションをとるためにフェロモンを使います．また，食物である植物を探したりするのにも匂いを識別します．それらの匂いを感知するのに触角が重要なはたらきをします．バッタの触角は26〜29の節から成っていて，1節当たり200〜800個の感覚子があります（図3）．少なくとも4種類の形態的に異なった感覚子が見られますが，その感覚子の総数は孤独相より群生相の方が少ないのです．ただし，少なくなることが，どのような意味をもっているのかは不明です．孤独相の幼虫にコラゾニンを注射すると，成虫の触角の感覚子の数は減少して，群生相のものと差がなくなります．コラゾニンがどのように形態の変化を誘導するのかは分子レベルでの研究が必要ですが，相変異に関連して様々な形質の制御に関わっていることは間違いないようです．

■群生相の行動はどのように誘導されるのか

　群生相バッタは集合性やマーチング行動（図1）を見せますが，孤独相バッタはお互いに相手を避ける傾向があります．集合性などの性質は，孤独相幼虫でも学習によって獲得されます．干ばつにより草が枯れ始めると，バッタ達は一部の生き残った草むらに集中します．そこで他の個体と接触するチャンスが生まれ，その刺激が集合性を誘導する場合があります．植物が繁茂した条件では，メス成虫はわずかに残る露出した地面を好んで産卵する性質があるので，成虫が増加すると狭い面積に産卵が集中し，結果的に次世代の幼虫は狭い面積から一斉に孵化することになり，集団が形成される確率が高くなります．また，風により成虫がある地域に吹きだまって高密度になる可能性もあります．成虫期の交尾から産卵までの間に高密度を経験すると，幼虫期の密度に関係なく，そのメス成虫は孤独相の卵よりはるかに大きい卵を産むようになります．その卵から孵化してくる幼虫は孤独相のものより大きく，乾燥や飢餓に強くなり，生得的に集合性を備えています．そのような変化を引き起こす仕組みを突き止めれば，きっと群生相化を防ぐ手段も見つかるかも知れませんが，確実なことは何も分かっていないのが現状です．

　集合性は，条件次第で短時間でも獲得したり喪失したりします．エリスの実験によると，孤独相幼虫を群生相幼虫の集団に入れると，わずか2時間で群生相的な行動を少し示すようになりました．孤独相幼虫が受けた刺激には，匂いや，視覚，接触などが考えられますが，接触刺激が一番重要な要因で，この場合，別の種類のバッタでも，細い針金や筆の先のようなもので体を刺激しても同じ効果が得られます．最近，このような刺激の受容部位として後腿節の外側がもっとも重要であることが明らかにされました．

　このような行動の変化がどのような内的要因によって制御されているのかについては，研究が始まったばかりです．コラゾニンを孤独相幼虫に注射すると群生相的な体色や形態を発現しますが，コラゾニンの効果が現れるまでには数日または数週間かかります．したがって，コラゾニンが群生相のバッタの行動を制御しているとは考えにくいと思われます．予備的な研究でも，それを支持するような結果が報告されていますが，まだ完全に否定されたわ

けではありません．有力なのは，他の大型動物や昆虫の行動などでも関与が指摘されている生体アミンなどです．ヒトでも，脳の中のセロトニンやメラトニンのような生体アミンの量が行動に重要な役割を果たすことが知られています．サバクトビバッタでも，孤独相幼虫を群生相幼虫の集団に4時間さらすと，体内のセロトニンなどの量が変化するという測定結果が報告されています．しかし，それが行動を制御する主要な要因であるのか，それとも，二次的な変化にすぎないのかについてはわかっていません．相変異において行動がどのような内的要因によって制御されているのかという問題は，たいへん重要でさらに研究が必要です．

■これからどうなるか

バッタの大発生に対処するためには，バッタの個体群を監視して，増加し始めるタイミングを捉えて早急に防除することが先決です．しかし，発生地での治安の問題や防除に関する知識の欠如によって，必ずしも効果的な防除ができない場合もあります．FAOは，アフリカでのサバクトビバッタの大発生対策として，支援国からの資金をもとにバッタ防除のための殺虫剤の購入と輸送などを行なっています．経済的援助の他に，発生状況をいち早く知るためにバッタ個体群を監視したり，発生状況に応じて行なう殺虫剤散布の方法等を関係国の人々に指導したり，従来の殺虫剤ではなく糸状菌などを使ったより安全な防除方法の開発などにも携わっています．大量に購入された後，使用されなかった殺虫剤が放置され，そこに住む人々の健康を害したり環境汚染を引き起こすといった社会問題などにも対応しています．いったん終息すると，バッタの大発生は何年，時には何十年間も起こりません．それがバッタ問題の解決への努力や研究の継続に深刻な影響を与えてきたことも事実です．治安や教育の向上と共に研究を支援して，バッタによる被害を最小限に食い止める効果的な方法を見つける必要があります．

2005年にカナダで開催された第9回国際直翅目学会では，一般講演に加え「相変異研究の進歩と論争」という題の基調シンポジウムが設けられ，たくさんの発表と熱い議論が交わされました．最近の大発生の現場でバッタと闘ったアフリカの研究者達は，迫力ある写真やエピソードを交えながらバッ

タの驚異と研究の大切さを訴えていました．調べれば調べるほど答えより多くの疑問が出てきました．さらなる研究と協力を約束し合って会議は閉幕しました．

　相変異研究はどこでもできるというわけではありません．飼育には膨大な労力と特別な施設が必要です．現在，世界でサバクトビバッタの孤独相を飼育して相変異が研究されているのは，ケニア，イスラエル，ベルギー，英国，そして日本だけです．日本でバッタの相変異研究が行なわれてきた蚕昆研は，組織再編により農業生物資源研究所（農資研）に統合され，その大わし支部で継続されてきました．しかし，残念ながら最近その研究所の方針が大きく変わり，16年間かけてようやく基盤ができてきた日本の相変異研究は窮地に立たされています．農資研では，流行の遺伝子組み換え作物やゲノム情報に関連した分子生物学的手法を重視した研究に大幅な予算の集中化がなされたのです．一般に，流行に囚われればオリジナリティーが失われ，無用な資金力と体力勝負の競争が生まれるだけなのですが．

　日本にはサバクトビバッタは分布していませんが，トノサマバッタは全国的に分布しています．中国やフィリピンなどでは，最近でもしばしばトノサマバッタの大発生が伝えられます．かつてはトノサマバッタの大発生で飢饉まで起こった日本ですが，今ではその生息地である草原や河川敷が破壊し尽くされ（または，開発が行き届いて）群生相化する場所は限られています．しかし，農薬を使えない牧草地や森林伐採の後の草原，そして空港などでしばしばかなりの数が発生して問題になります．空港では秋にトノサマバッタが少し多めに発生すると，秋に滑走路で日向ぼっこをする彼らを食べに鳥達が集まってきます．それらの鳥が，離着陸する飛行機のエンジンにしばしば巻き込まれるため，航空会社も難しい対応に追われています．

　沖縄県の島々ではサトウキビが栽培されていますが，最近は原油の値段が世界的に高騰し，サトウキビは砂糖ではなくバイオエタノールを生産する原料に使われ始めました．毎年ではありませんが，突然大発生してサトウキビを壊滅的に食い荒らすのがバッタです．2005年には，伊平屋島で群飛するトノサマバッタが目撃されました．沖縄県ではトノサマバッタに加え，もっと大型で深刻な害虫であるタイワンツチイナゴ *Nomadacris succincta* (Linnaeus)やツチイナゴが発生しています．しかし，それらの生態と行動，

特に相変異に関する基礎的情報は皆無に等しいといえます．大発生を恐れ，毎年バッタの防除が行なわれていますが，殺虫剤散布にかかる費用は多大な額に達します．将来，効率的な防除法や，環境汚染が懸念される殺虫剤にとって替わる新防除法がきっと開発されることでしょう．世界で最も破壊的で恐れられているバッタの相変異に関する研究は，実は，我が国にとっても重要な研究分野であると言えます．日本の研究機関や大学でバッタ研究が盛んになることを願ってやみません．

さらに詳しく知りたい人のために

Chapman, F. R. (1976) *A Biology of Locusts*. The Institute of Biology's Studies in Biology No. 71. Camelot Press, Southampton. (バッタの生物学と相変異に関する基礎情報をまとめた教科書的な本)

藤崎憲治・田中誠二（編著）(2003)『飛ぶ昆虫，飛ばない昆虫の謎』東海大学出版会．(日本のトノサマバッタの相変異の生態学，生理学，生化学的研究に関する最新の情報がやさしく解説されている)

伊藤嘉昭・藤崎憲治・斉藤隆（1990）『動物の生き残り戦略』日本放送出版協会（サバクトビバッタの大発生に関する生態学的研究を詳しく解説している）

Tanaka S. (2006) Corazonin and locust phase polyphenism. *Applied Entomology and Zoology*, 41:179-193. (トノサマバッタの相変異のホルモン制御，特にコラゾニンの発見と機能について最新の情報をまとめた総説)

Uvarov, B. (1977) *Grasshoppers and Locusts*, Vol. 2. Centre for Overseas Pest Research, London. (相変異を提唱したウバロフの最後の著書で，バッタの相変異と大発生に関するもっとも詳しい本)

第8章

家畜飼養と吸血性アブ類

佐々木　均

　1960年代に南アフリカ出身の歌手，ミリアム・マケバがヒットさせてから東アフリカを中心にアフリカ全土に広がったスワヒリ語の大ヒット曲「マライカ」，タンザニア民謡といわれるこの甘く切ない恋の歌を聴くと，私の胸にあの緊張の日々が蘇ってきます．国際昆虫生理生態学センター（ICIPE；16章）に客員研究員として所属していた1992年の暮れ，それまで一党独裁政治だったケニアで，複数政党制による国会議員選挙が行なわれました．選挙結果によっては暴動が発生するのではないかなどと不穏な噂が広まり，ちょうど年末だったこともあり日本を始め諸外国の企業の駐在員とその家族の人々が一時国外に退避したり，ナイロビの日本人学校でも通学のスクールバスで避難訓練を実施したりして，多くの人々が選挙の成り行きに注目し，戦々恐々の毎日を送っていました．その時期，もちろんアングラでしたが日本大使館からの情報が1日2回，この「マライカ」と「ジャンボ」の曲とともにFM放送で伝えられ，その情報に一喜一憂した経験があるからです．

　「マライカ」は，天使のようにかわいい娘に恋した青年が，婚資（結納金）が払えないため結婚できないことを嘆く内容の歌ですが，その婚資，今日でもアフリカの田舎では現金ではなくウシやラクダが使われています．いつ政変などによってただの紙切れになってしまうか分からない現金よりも，家畜の価値がずっと確実だからです．このように，アフリカで家畜は私たちの社会以上の価値を持って飼養されているのです．

　そのアフリカに暮らす人々が貴重な財産として家畜を飼養し続ける上で最も恐れているもののひとつに，吸血昆虫やダニなどによって媒介される疾病があります．例えば血液中に寄生し，流産や発熱を伴い衰弱死をもたらす原虫，トリパノソーマによる疾病もそのひとつで，一般に家畜の眠り病と呼ば

れる疾病があります（11,12章）．ツェツェバエ *Glossina* spp. によって生物学的に媒介される場合はナガナ（nagana）と呼ばれますが，吸血性アブ類によって機械的に媒介されるとスルラ（surra）と呼ばれています．どちらも媒介と呼ばれていますが，生物学的媒介の場合病原生物は媒介者の体内で発育するのに対し，機械的媒介では病原生物の態に変化がなく，そのままのステージで媒介者によって運ばれるだけであるという違いがあります．病原となる原虫の種類が異なるため，症状も若干違うのですが，そのような区別を知るよしもない人々がこのように区別して呼び表していることは，それだけこの疾病を重視しているということでしょう．

吸血性アブ類によってもたらされる家畜の疾病は，スルラをはじめとしてそのほとんどが機械的に媒介されるものですが，アフリカにおける家畜飼養を妨げる一因となり，畜産の阻害要因や，食糧確保の妨げとなり続けているのです．

本章では，この吸血性アブ類とそれがもたらす害，さらにはそれらへの対策について述べていきます．

■吸血性アブ類とは

吸血性アブ類は，双翅目短角亜目アブ科を形成するグループの昆虫で，一般にはアブ（horsefly），キンメアブ（deerfly）そしてゴマフアブ（cleg）として知られているものです（図1）．体長は 6〜10 mm（キンメアブ）から 10〜30 mm（アブ）と種によって大きさが異なります．生きているときは緑，黄色，橙色，そして紫といった宝石を思わせる輝きと，斑点（キンメアブ），ジグザグの縞模様（ゴマフアブ）そして横縞や無紋（アブ）の複眼をもっています

図1　アブ科の形態．左からアブ，キンメアブ，ゴマフアブ（早川原図）．

図2　吸血性アブ類の口器．a：メス背面；b：メス側面；c：オス背面；d：オス側面．

(Oldroyd 1973)．南極を除くすべての大陸と，ガラパゴスやメラネシアの島々など孤島と呼ばれる島々にも生息しています（Mullens 2002）．

　形態的特徴として，頭部にある触鬚は2節からなり，第2節は長大となっています．触角は3節からなり，前方に突き出ています．第3節（鞭節）は種によって4～8個の小節で形成されています．メスのみが吸血します．そのため，口器は吸血と舐食に適した形をしており，メスではキチン化して鋭く尖った刀剣状の上唇，大顎や小顎が皮膚を切り裂き，流れ出た血液を吻の隙間の上唇と下咽頭の間を通る管を通して吸い取る，いわゆる"pool feed"に適した形状をしています（図2a, b）．オスは吸血しないため，大顎などは刀剣状をしていません（図2c, d）．

　アブ科はこれまでに133属の約4300種が記載されています（Burger 1995）が，マケラス（Mackerras 1954）の4亜科に分類することが一般に受け入れられています．そのなかでScepsidinaeは，わずか8種の非吸血性種からなる亜科ですが，南米産の1種以外がすべてアフリカに分布している亜科です．Pangoniinaeも少数を除き多くの種が比較的人畜との関わりが少ない亜科で，頭部より長い口吻を持つ特徴を持っています．それに対し，キンメアブ属（*Chrysops*）を主体とするキンメアブ亜科と，アブ属（*Tabanus*）や

ゴマフアブ属（*Haematopota*）を主体とするアブ亜科が，人と家畜にとって関係の深い亜科で，本章では，この亜科を中心に取り扱います．

■吸血性アブ類の生態

吸血性アブ類の卵はピラミッド状の卵塊として幼虫が生息する場所に生えている植物の30〜200 cmくらいの高さの葉裏に産み付けられます．孵化した幼虫は，すぐに地面に降り，生息場所である沼や池，そして小川などの縁の泥の中，湿った蘚苔類や朽ち木の中，さらには林や草地の土壌中に潜って生息します．腐敗した植物質を食べるキンメアブ類（口絵19a, b）以外は食肉性で，小型の昆虫やミミズ類などを捕食するほか，共食いもしますので群生することはめったにありません．成熟して蛹化が近づくと，水棲の種でも湿気の少ない岸辺などの土壌中に移動し，蛹化します．それぞれのステージ（態）の経過期間は，種によってばらつきはありますが，概ね，卵は1〜2週間，幼虫は少なくとも1年，種によって2〜3年間，蛹は1〜2週間です．成虫が最初の吸血を行なうのは羽化後4〜5日経過してからです．先にもいいましたように吸血はメスだけが卵巣を発育させるための養分を得るために行いますが，最初の産卵に吸血を必要としない種も知られています．雌雄ともに活動エネルギー源として花蜜や樹液から得た炭水化物を利用していますが，中にはアブラムシ類などが排出する甘露（ハニーデュー）から得ている種もいます（Ossowski and Hunter 2000）．成虫の寿命はおよそ3〜4週間で，その間に5〜6回産卵するといわれています（Hafez et al. 1970）．

■吸血性アブ類の害

吸血性アブ類の強い痛みを伴うしつこい吸血行動によって，肥育中ないし肉用の家畜では増体量の，搾乳用の家畜では泌乳量の減少を招くとともに，飼料効率が低下するばかりか，吸血痕による皮革の商品価値の低下をも招きます．アフリカ諸国では何も対処しない場合，吸血性アブ類発生盛期にウシは1日当たり200ml以上の血液を失うといわれています．そのため，吸血性アブ類から守られたウシは，何も対処しなかったウシに比べて1日あたり

0.6 kg 以上の増体量と 17% の飼料効率の増加を記録したという報告もあります．また，吸血性アブ類の独特の翅音は家畜を恐怖に陥れ，暴走や脱柵など重大な事故につながる異常行動をひき起こします．それに加えて，吸血に伴って媒介される種々の病原微生物が，家畜の健康を阻害するのです．

以下に特にアフリカ諸国で問題となる吸血性アブ類媒介性の家畜疾病について説明します．

■アナプラズマ症

感染により発熱，貧血，黄疸を起こし，急性経過の場合は死亡してしまうアナプラズマ症の病原アナプラズマはリケッチアの仲間で，アナプラズマ科に属する微生物です．畜牛に寄生するアナプラズマは *Anaplasma marginale* で，アフリカでは主にマダニの一種 *Boophilus decoloratus* (Koch) によって媒介されます．*A. marginale* は，ウシ科，シカ科，ラクダ科の動物の赤血球内（多くは赤血球辺縁部）に寄生します．若齢牛では比較的症状は軽いのですが，2歳以上の成牛に対しては病原性が強いことが知られています．潜伏期は感染量に左右されますが，通常 2～5 週間です．予防のために感染血液からなるワクチンを接種している国もありますが，一般的ではなく，もっぱら媒介動物であるダニや吸血昆虫の駆除に目が向けられる傾向にあります．治療薬としてテトラサイクリン系の薬剤が広く用いられています．

ヴィーゼンフッターは，タンザニアのダルエスサラーム近郊の酪農場で，*A. marginale* の発症状況を調査し，その 44% がアブによる機械的媒介によると報告しました (Wiesenhutter 1975)．彼はまた，アブの発生と *A. marginale* の罹患の消長の関係を調査し，アブ発生消長の 2 ヶ月後を *A. marginale* の発生消長が追いかける関係にあることを明らかにするとともに，アブの中でも *Tabanus taeniola* Palisot de Beauvois（口絵 19c, d）の消長と有意な関係があることを見いだしています．この *T. taeniola* は，1807 年に，ナイジェリア産の標本を基に新種記載されたアブですが，アフリカで最も広い分布域をもつ種と言われています (Neave 1911)．幼虫や蛹は河川沿いの湿った土壌中に生息し，主にミミズを捕食しているといわれ (King 1914)，川の流れと密接な関係が指摘されています．一年中発生が見られますが夏場

に多く，北半球の地方では4〜10月が，南半球の地方では11〜3月が盛期といわれています．10数種の同物異名（synonym）がある他，二つのフォーム（標準型と *variatus* 型；口絵19e, f）が知られ，同所的に分布しています．

■スルラ（surra：家畜のトリパノソーマ症）

　現在，野生動物の宝庫となり，そのため国立公園や動物保護区として保護もされ，たくさんの観光客を引きつけている地域は，ある意味でトリパノソーマがもたらした最も大きな人類への貢献の一つである，といわれることがあります．それは，トリパノソーマ——ここでは *Trypanosoma congolense* など家畜にナガナやスルラを発病させる種（12章）——がその地域に蔓延しているため，家畜の放牧や移動がままならない状態が長く続き，その地域の自然生態系が保持された結果，現在野生動物の宝庫となった，というものです．
　スルラは，アラビア語由来のスーダンの言葉で「重苦しい呼吸音」を意味します．スルラに感染した動物は，発熱・貧血を起こし，次第に衰弱するとともに，腹部の浮腫やリンパ節の腫脹と悪液質が起こり，しまいには神経症状を呈したり，妊娠していた場合は流産してしまいます．その病原は，原虫の一種 *Trypanosoma evansi* などで，アブやサシバエなどの吸血昆虫によって機械的に媒介されます．宿主域が広く，特にウマ・ラクダ・ゾウ・イヌで感受性が高く，ウシ・ブタ・スイギュウでは感染しても症状は軽く済んでしまいます．*T. congolense* もツェツェバエ（11, 12章）によって生物的に媒介される他，吸血性アブ類によってもウシに機械的に媒介されます．実験条件下ですが，20日の間に1日1頭のウシ当たり29個体の *Atylotus agrestis* Wiedemann（口絵19g, h）の吸血寄生を受けたウシの25％が *T. congolense* を媒介されたという報告もあります（Desquesnes and Mamadou 2003）．
　アフリカでは，物理的あるいは気候的要因に加え，社会的経済的要因によって，ウシよりもラクダの飼養を好む国々が多く見られます．それらの国々においては，ツェツェバエによって *T. congolense* などが生物的に媒介されるナガナと同様，機械的に媒介されるラクダのスルラは，畜産経営上重要な疾病の一つに位置づけられています．ラクダのトリパノソーマ症の病原は，*Trypanosoma evansi*, *T. congolense* そして *T. brucei* の3種が知られてい

ますが，その中でも *T. evansi* による割合が高いといわれています．予防用のワクチンはまだ開発されておらず，媒介昆虫である吸血性アブ類やサシバエ類の防除が唯一有効な予防手段といわれています．治療には，貧血の軽減のためスミランなどの薬剤を投与する他，十分な飼料の供給，増血剤の投与，十分な休息などが必要だといわれています．

ディリーらは，ソマリアで 3000 頭のソマリラクダ *Camelus dromedaries* の血液を検査し，5.33％ にあたる 160 頭の血液から *Trypanosoma evansi* に感染し，*T. congolense* と *T. brucei* には，わずかにそれぞれ 1 頭ずつしか感染が見られなかった，と報告しています（Dirie et al. 1989）．彼らはさらに，吸血性アブ類である *Philoliche zonata* Walker と *P. magrettii* (Bezzi)（ディリーらは *magreti* と誤記している）の 2 種が機械的媒介者であることを示し，Pangoniinae 亜科が経済的に重要な亜科ではないとしたケットル（Kettle 1984）の見解に疑問を投げかけています．Pangoniinae 亜科のアブは，先にも述べたように頭部よりも長い口吻を持つことが特徴です．そのうち *Philoliche* 属（口絵 19i, j）は最大の属で，その多くの種は長い口吻を利用して花の蜜を吸い，受精を助ける授粉昆虫として知られていますが，同時に吸血している種も少数ながら知られていました（Goodier 1962）．

モーリタニアでは，調査した 2078 頭のラクダのうち，検査手段によるばらつきがあるものの，14.5～24.3％ が *Trypanosoma evansi* に感染していたとの報告があります（Diop et al. 1997）．また，媒介の可能性のある昆虫として，*Atylotus agrestis* Wiedemann（Diop らは，*Atylopus* と誤記している），*Tabanus taeniola* そして *T. sufis* Jaennicke の吸血性アブ類 3 種があげられています．アブデサラムらは，東チャドで *T. evansi* を媒介する吸血性アブ類として，*Atylotus agrestis*（11 月から 1 月にかけての乾季の始めで主要種），*Tabanus gratus* Loew（口絵 19k, l；2 月から 5 月にかけての乾季の終わり，および 6 月から 10 月の雨季），*T. taeniola*（雨季）そして，*T. biguttatus* Wiedemann（口絵 19m, n）の 4 種をあげています（Abdesalam et al. 2002）．*Atylotus* 属のアブはアフリカ熱帯区（18 章）に 13 種分布しています（Chainey and Oldroyd 1980）が，後方がくぼんでいる大きく丸い頭部や，乾燥標本ではさび茶色になる一本の紫色の細い横線が無毛の複眼にあること，透明な翅を持つなどの特徴を持っている属です．

■ウマ伝染性貧血

　南西ナイジェリアでの調査（Adeyefa and Dipeolu 1986）では，ポロクラブなどで飼養されている乗用馬に襲来加害する吸血性双翅目昆虫としてサシバエ類，ツェツェバエ類，シラミバエ類とともにアブ類がリストアップされ，*Ancala necopina*（Austen），*Tabanus pluto* Walker，*T. thoracinus* Palisot de Beauvois（口絵19o, p）そして *T. biguttatus* の4種で約38％を占めていたと報告されています．しかし彼らは，数は多いもののアブ類の疾病媒介昆虫としての役割は，ナガナを媒介するツェツェバエやピロプラズマ症などを媒介するダニ類に比べ小さいと結論づけています．
　とはいうものの吸血性アブ類が媒介するウマの重要疾病として伝染性貧血があります．この疾病は貧血を伴う高熱の持続，慢性的経過をとった場合の回帰熱を特徴とし，抗体で中和されない変異ウィルスを産生し続けることから持続的ウィルス血症を起こし，感染したウマは治癒することがないといわれる，ウマ属のみがかかるウィルス病です．アブやサシバエ類など吸血昆虫による機械的媒介によって伝播される他，子宮内感染や乳を介しての垂直感染や皮膚の傷による接触感染も知られています．ワクチンは開発されておらず，感染馬を見つけて，殺処分することによる清浄化が唯一の対策といわれています．

■吸血性アブ類によって媒介されるその他の疾病

　1912年にケニアで発生が確認されて以来，サハラ以南のアフリカ諸国にその分布を拡大したアフリカ豚コレラは，本来はマダニの間での交尾感染・接触感染によりダニの間のみでのウィルス感染環が成立し，野生のイボイノシシの間ではマダニの媒介なしに感染環が成立しないことが知られているウィルスによる感染症です．野生のイボイノシシは感染しても無症状で終わりますが，家畜ブタでは40〜42℃の発熱，食欲不振そして粘液血便を起こして発症後1週間で死亡し，死亡率は100％に昇ることもあります．マダニが主な媒介動物ですが，マダニなしで，吸血性アブ類を介しての機械的媒介

によっても感染します．現在のところ，予防ワクチンも治療法もなく，徹底した摘発・淘汰が唯一の対策となっています．

　アフリカ馬疫も吸血性アブ類によって機械的に媒介されるウィルス病です．サハラ砂漠の南のアフリカ諸国に広く分布し，吸血性ヌカカ類によって生物的に媒介されるのが普通で，ウマ同士の接触では感染が成立しないとされています．南アフリカ共和国では生ワクチンが，その他の国々では弱毒ワクチンが開発され予防に努めていますが，感染してしまった場合治療法はありませんので，淘汰されることになります．

　このほかにも様々な感染症が吸血性アブ類によって機械的に媒介され，アフリカ諸国では家畜飼養の妨げとなっています．ワクチンがないばかりか治療法すらない感染症が多くあり，今後の開発が待たれているといえます．

■吸血性アブ類の防除

　一般に吸血昆虫の防除は，発生源（幼虫）対策と成虫対策の二つに分けて行なわれることが多いのですが，吸血性アブ類は，幼虫時代，土の中でまばらに生息していることから幼虫対策はとても困難で，ほとんど不可能であるといっても過言ではありません．そこで，成虫対策の現状はといいますと，これまでアフリカ諸国においては，ヒトのロア糸状虫症を媒介するキンメアブ類に対しての防除が行なわれたことがあっても，家畜を加害する吸血性アブ類に対象を絞って行なわれた防除というものはなかったように思います．多くの場合，ツェツェバエやマダニ類を対象として行なわれた防除に付随して行なわれているのが現状ですので，ここではツェツェバエを対象とした防除の中で吸血性アブ類にも関わる防除法について紹介していきたいと思います．

　まず第一は，殺虫剤を用いた防除です．殺虫剤の期待される効果は，直接的殺虫，ノックダウン（仰天落下といって死亡するほどではないにしても薬剤によって瞬時に大きなダメージを受けること）による間接的殺虫，そして忌避です．ツェツェバエに対しては幼虫を含めて直接的殺虫効果をねらった，背負い型噴霧器やスピードスプレーヤーなどを用いた小規模を対象としたものから，大型四輪駆動車に噴霧器を積んで縦横に走り回って散布する地上型，さらに

は航空機やヘリコプターを用いて高濃度の薬剤を細かい霧状にして散布する空中散布まで広い範囲を対象とした各種の方法によって殺虫剤が散布されています．しかし，そのいずれもが，群生することのない特異な幼虫の生息状況を持つ吸血性アブ類にはさしたる効果がないといわれています．

そこで，トラップやおとりなどと組み合わせて吸血性アブ類成虫をおびき寄せ，捕獲するのみならず，殺虫剤によって直接的殺虫やノックダウンによる間接的殺虫を行なうようになりました．大規模に用いられたツェツェバエ用のトラップは，ズールーランドでのハリストラップ（Harris 1938）が最初といわれています．このハリストラップは，縦1m，横2m，奥行き1mの粗い麻布で出来たトラップで，木口方向から見ると野球のホームベースを逆さにして伸ばしたような形をしています．木につるして設置しますが，とても不格好なものです．下の開口部から入ったツェツェバエやアブ類はトラップ上部に付いている捕集カゴで捕獲される仕組みで，1931年にウンフォロシ動物保護区において1日あたり81.1個体のパリディペスツェツェバエ *G. pallidipes* Austen を捕獲したそうです．その後今日まで，様々なものが考案されて用いられています．トラップについては後で説明しますが，トラップと殺虫剤を組み合わせた方法として，タッケンらがパルパリスツェツェバエ

図3　色彩による誘因効果実験（北海道新ひだか町・北海道大学付属牧場）

図4　NZIトラップ　（タンザニア・マハレ山塊国立公園）

　G. p. palpalis（Robineau-Desvoidy）を対象としてナイジェリア中央部の1500 km²で行なった防除試験（Takken et al. 1986）を紹介します．彼らはまずバイコニカルトラップ（円錐を2個上下に組み合わせた形状のトラップ）を用いて6週間以上にわたりツェツェバエを捕獲してその個体群を90%以上減少させました．さらに，コバルト60によって不妊化したオス成虫を野生オスの10倍以上の密度になるように放飼し，調査地の中央部に当たる300 km²の地域でツェツェバエの撲滅に成功しました．周縁部には，合成ピレスロイドの一種デルタメスリンをしみこませたスクリーンを撲滅に成功した地域への再侵入を防ぐ効果もねらい，100m間隔で延べ150 kmにわたって設置し，ツェツェバエを防除しました．スクリーンには，4ヶ月ごとに再度薬剤をしみこませるだけで良く，省力的に防除が行なわれ，成功したそうです．この薬剤をしみこませたスクリーンは吸血性アブ類にも効果があるといわれています．
　殺虫剤を組み合わせないトラップでも防除効果があります．これまで様々なタイプのトラップが考案され，実用に供されてきましたが，その中でも

ICIPEで考案されたNGUトラップ（NG2Gなど）やNZIトラップは，その捕獲効率の高さから推奨されるトラップの一つといえるでしょう．トラップには青と黒が一般的に用いられています（11章）．私が日本の吸血性アブ類を対象として，各種色布で作られたNG2Gトラップを用いて行なった色彩による誘引性の比較試験（図3）の結果（Sasaki 2001）では，種によって若干の違いがあるものの黒，青そして赤の誘引力が高く，黄色では反対に忌避的反応を示しました．ICIPEで私の同僚だったミホック（Mihok 2002)によって考案されたNZIトラップ（図4）は，青と黒の長方形の木綿布と蚊帳の網を組み合わせた単純な形をしているにもかかわらず，ツェツェバエのみならず，サシバエ，吸血性アブ類，ブユそしてカ（蚊）類まで広範な吸血昆虫を捕獲できる高い能力を持つトラップです．一般にトラップはその形と色彩で誘引しますが，化学物質を組み合わせることでその誘因効果が倍増します．ICIPEの調査地で，フィールドステーションのあったケニア南部のングルマンでは，初期の頃アセトンとウシの尿を化学的誘引剤としてNG2Gトラップなどに組み合わせて用いていました．それらは一定の効果を示しましたが，今日ではウシの汗の成分を抽出したオクテノール（1-octen-3-ol）が一般的に用いられてより大きな効果を上げています．もっとも，二酸化炭素をボンベやドライアイスの形で入手できる環境でしたら，二酸化炭素が最も効果的な誘引源として用いられていますが，アフリカ諸国では現実的には無理な状況にあります．

　家畜へ薬剤を直接施用する方法も効果があります．ヴァンダープランクが薬浴やスプレーによってDDTを施用することによってウシに飛来し付着し吸血するツェツェバエをかなり高い割合で殺すことができる可能性を初めて指摘（Vanderplank 1947）して以来，様々な形で薬剤が家畜へ直接的に施用されています．そのうち，ポアオン法は，ホワイトサイドがDDT 9 gをピーナッツオイルに溶かして100mlとした（9％w/v）薬液を雄牛に施用した（Whiteside 1949）のが始まりといわれていますが，今日では，デルタメスリン，フルメスリン，サイパーメスリン，シフルスリンなど合成ピレスロイド剤を主とした市販の薬剤が広く用いられ効果を上げています．これらの薬剤のこのような使用は，直接殺虫もさることながら，ツェツェバエや吸血性アブ類を忌避して飛来を阻止し，吸血を阻害する効果にその働きが認められ

ています.

　その他にも有力な新しい対策として，ペルメトリンなど合成ピレスロイド剤を樹脂に練り込んで耳標型に成型した薬剤含有イアータッグも飛来阻止効果では期待できるものです．また，イベルメクチンなどの薬剤をカプセルに入れ，経口的に投与する方法も開発されています．いずれにしても，今後の防除は環境など周辺領域にも配慮した形が好ましく，ただ駆除すればよいといった従来型の防除から変換していくものと思いますし，是非ともそうあるべきだと考えています．

＊

　アフリカ諸国における家畜の飼養と吸血性アブ類について述べてきましたが，正直な所まだまだ分からないことだらけな上，対策があってもそれを実行に移せない政治的，慣習的，経済的障壁の高さを再確認しています．アフリカ諸国のみならず世界中において，家畜飼養が食糧確保の上からも今後ますます重視されてくると思います．私たちは吸血性アブ類をはじめとした有害飛来昆虫の害から家畜を守るという要望に対し応える責務があるように感じています．

さらに詳しく知りたい人のために
Maudlin, I.P., Holmes, H. and Miles, M.A. (eds) (2004) *The Trypanosomiases.* CABI Publishing.（トリパノソーマについての専門書）
Mugera, G.M. (ed) (1979) *Diseases of Cattle in Tropical Africa.* Kenya Literature Bureau, Nairobi, Kenya.（熱帯アフリカの牛病についての解説書）
Mullen, G. and Durden, L. (eds) (2002) *Medical and Veterinary Entomology.* Academic Press.（医学・獣医学上重要な昆虫についての専門書）
Leak, S.G.A. (1999) *Tsetse Biology and Ecology: Their Role in the Epidemiology and Control of Trypanosomosis.* CABI Publishing.（ツェツェバエについて総合的に解説した専門書）
本章のもとになった原著論文および引用文献については筆者まで問い合わせてください．

第 IV 部
ヒトの健康を害する昆虫

第9章

リーシュマニア症とサシチョウバエ

菅　栄子

　熱帯病として知られるヒトのリーシュマニア症は，寄生性原虫によって引き起こされる病気で，サシチョウバエという吸血性の小さな昆虫によって媒介されます．リーシュマニア症は，熱帯・亜熱帯地方における危険な感染症であり，WHO（世界保健機関）の熱帯病研究・訓練特別計画（TDR）で，制圧の困難な疾病として指定されている六つの感染症の一つです．これら六つの感染症とは，マラリア，トリパノソーマ症，リーシュマニア症，フィラリア症，住血吸虫症およびハンセン病です．リーシュマニア症の患者数は，アジア，アフリカ，ヨーロッパ南部，中南米諸国など4大陸88ヶ国で，現在1200万人に達し，さらに地球上の3億5000万人が感染の危機にさらされています．アフリカでもリーシュマニア症は危険な感染症であり，現在，その感染の拡大が懸念されています．

　この章では，ヒトのリーシュマニア症とはどのような病気なのか，また，それをヒトに媒介するサシチョウバエとはどのような昆虫なのかということを，これまでの知見と著者がアフリカ，ケニアで行なったフィールド・ワークの調査結果を交えながら紹介していきたいと思います．さらに，ケニアにおけるリーシュマニア症感染の発生の経緯や主要感染区についても紹介し，リーシュマニア症感染拡大の背景にある，現代ケニアの重要な社会現象についても少し触れたいと思います．

■リーシュマニア症と寄生性原虫リーシュマニア

　ヒトのリーシュマニア症は，リーシュマニアという寄生性原虫によって引き起こされる病気で，サシチョウバエ（phlebotomine sandfly）によって媒介

されます．病原体のリーシュマニアは原生動物の鞭毛虫類の一属で，トリパノソーマ科（Trypanosomatidae）リーシュマニア属（*Leishmania*）に属します（以下，リーシュマニアを「リーシュマニア原虫」と呼びます）．一方，媒介者（ベクター）のサシチョウバエは吸血性の小さな昆虫で，双翅目チョウバエ科サシチョウバエ亜科に属するものの総称です（以下，特にことわりがない場合は，サシチョウバエ亜科をサシチョウバエと呼びます）．吸血するのはサシチョウバエのメスだけです．蚊のオスと同じように，サシチョウバエのオスは吸血しません．また，サシチョウバエのメスはヒトからだけではなく，その他の哺乳類，爬虫類，鳥類などの脊椎動物からも吸血します．

リーシュマニア原虫は，サシチョウバエのメスにより，吸血を介してヒトに伝播されます．ただし，サシチョウバエのメスは，羽化した時から体内にリーシュマニア原虫をもっているのではありません．リーシュマニア症に感染したヒトやその他の脊椎動物から吸血することにより，初めて彼女の体内にリーシュマニア原虫が入り込むのです（後述するようにヒト以外の脊椎動物でもリーシュマニア症が知られています）．それ以降，このメスが死を迎えるまで，リーシュマニア原虫は彼女の体内（消化管内）で増殖し続けます．こうしてサシチョウバエのメスの体内（消化管内）で増殖したリーシュマニア原虫は，メスの口吻部に移動し，吸血の際に宿主（ヒトやその他の脊椎動物）の体内に侵入します．ヒトのリーシュマニア症ではヒトが宿主です．ヒトの体内に侵入したリーシュマニア原虫は，単球（無顆粒白血球の一種），好中球（おもに骨髄で造られる顆粒白血球の一種）および網内系細胞内に寄生します（網内系とは，リチウムカーミン，トリパン赤，トリパン青などのコロイド色素，あるいは墨汁の炭素粒子を動物体に注射したとき，これらを活発に捕食することによって生体染色される細胞の総称）．大変興味深いことに，リーシュマニア原虫は，ヒトなど脊椎動物の体内にいる時と，サシチョウバエの体内にいる時とでは，その形態が大きく異なります．ヒトやその他の脊椎動物の体内では，リーシュマニア原虫は，直径 $2 \sim 4 \,\mu m$（$1 \,\mu m$ は1000分の1 mm）の球形ないし卵形で，鞭毛をもたない，アマスティゴート型（amastigote）と呼ばれる形をとっています．一方，サシチョウバエの体内では，長さ $10 \sim 20 \,\mu m$ の細長い形をし，かなり長い鞭毛をもつ，プロマスティゴート型（promastigote）という形態になっています．

ヒトのリーシュマニア症は，内臓リーシュマニア症，皮膚リーシュマニア症および粘膜・皮膚リーシュマニア症の三つの病型に大別されます．このようなリーシュマニア症の病型の違いは，病原体であるリーシュマニア原虫の種の違いによります．例えば，ドノバンリーシュマニア *Leishmania donovani* は内臓リーシュマニア症を引き起こし，森林型（農村型，湿潤型とも呼ばれる）熱帯リーシュマニア *L. major* は皮膚リーシュマニア症を，ブラジルリーシュマニア *L. braziliensis* は粘膜・皮膚リーシュマニア症を引き起こします．

　内臓リーシュマニア症は，カラ・アザール（kala-azar：ヒンディー語で「黒熱病」を意味する）という名前でも知られており，むしろ，この名前のほうが有名です．おもな症状は，発熱，脾臓と肝臓の肥大，貧血，皮膚に生ずる黒褐色の沈着です．カラ・アザールは重篤な感染症で，患者は治療を受けない限り，発症後1〜2年のうちに死亡します．皮膚リーシュマニア症のおもな症状は皮膚の病変で，手足や顔面に潰瘍ができます．粘膜・皮膚リーシュマニア症は，ブラジルを中心に中南米にみられます．おもな症状は，粘膜と皮膚の病変で，鼻，口，耳などの組織破壊です．特に，鼻や喉などの粘膜組織が著しく破壊され，病状が悪化すると鼻や耳が欠け落ちることもあります．このように皮膚リーシュマニア症や粘膜・皮膚リーシュマニア症は，患者の肉体に醜い傷跡を残しますが，カラ・アザールのように患者が直接死に至ることは，ほとんどありません．一般的に，ヒトのリーシュマニア症の潜伏期間は，比較的長いといえます．しかも，3病型いずれの場合においても潜伏期間は不定期で，数ヶ月〜数年におよびます．また，リーシュマニア症に感染した人々の致死率に関する正確なデータは得られていませんが，これら3病型合わせたリーシュマニア症全体で数パーセントと推定されています．また，ヒトのリーシュマニア症では，すべての病型に対してアンチモン剤が治療薬として用いられています．

　なお，リーシュマニア症はヒトばかりではなく，イヌやヤギ，トカゲなどでも知られています．イヌ・リーシュマニア症，ヤギ・リーシュマニア症，トカゲ・リーシュマニア症と呼ばれているもので，それぞれ異なる種のリーシュマニア原虫によって引き起こされます．

■リーシュマニア症をヒトに媒介するサシチョウバエ

次に，リーシュマニア症をヒトに媒介するサシチョウバエ（亜科）の話に移ることにしましょう．サシチョウバエはその名前からして，いわゆる「ハエ」の仲間（短角亜目）と誤解されがちです．しかし，実はそうではなく，彼らはれっきとした「蚊」の仲間です．この蚊のグループ，すなわち，糸角亜目に属する彼らは，このグループ内の他の仲間と同様，ハエのような短い触角ではなく，糸のように細長い触角をもちます．サシチョウバエは体長 1.5 〜 3.5 mm，体表には柔らかい毛が密生しています．翅はやや尖った紡錘形で，鱗毛でおおわれ，一見して小型の蛾のようです（口絵 3）．

サシチョウバエ亜科はおもに熱帯と亜熱帯に分布し，全世界に約 600 種います．そのうち，ヒトのリーシュマニア症の媒介者として明らかになっているものは，約 30 種です．一方，ヒトに病原性をもつリーシュマニア原虫は，現在約 20 種が知られています．ただし，サシチョウバエの個々の種と，それぞれがヒトに伝播するリーシュマニア原虫の種についての説明は，あまりにも専門的なので，ここでは省略します．サシチョウバエ亜科には以下の 5 属，*Phlebotomus* 属，*Sergentomyia* 属，*Lutzomyia* 属，*Warileya* 属および *Brumptomyia* 属が含まれます．これまでのところ，ヒトのリーシュマニア症を媒介することが明らかになっているサシチョウバエの種は，旧世界では *Phlebotomus* 属，新世界では *Lutzomyia* 属に属します．一方，他の 3 属のなかにヒトのリーシュマニア症の媒介者がいるかどうかは，まだ明らかになっていません．

■サシチョウバエの生活史と生態の概要

サシチョウバエは，その全生活史を通じて陸生です．吸血した血液の栄養分をもとに，サシチョウバエのメスの卵巣は発達し，卵が成熟します．成熟して大きくなった卵を抱えたメスは，ネズミなど小動物の棲む巣穴などに入り，彼らの排泄物に産卵します．一般に，サシチョウバエの卵は黒褐色で，細長く，楕円形をしています．卵は一塊で産み落とされるのではなく，排泄

物の表面に1卵ずつ，バラバラに産み落とされます．また，サシチョウバエのメスは吸血，卵巣発育，産卵，吸血という生殖周期をもちます．この生殖周期は，メスの一生を通じ，数回くり返されるようです．

　卵から孵化したサシチョウバエの幼虫は，孵化場所である小動物の排泄物を食べ，それに含まれる有機物を栄養にして成長します．幼虫は3回脱皮し，4齢幼虫となり，孵化場所の排泄物の表面で蛹化します．羽化が近づくと蛹の背中に縦の裂け目ができ，そこから成虫が現れます．一般的に，メスよりオスのほうが2～3日早く羽化します．羽化直後の成虫は，オスもメスもまだからだが柔らかく，すぐに交尾することはできません．また，羽化したばかりのオスでは外部生殖器の向きが逆で，背面を向いています．これも交尾を不可能にしています．オスの腹部先端の体節が約180度回転し，正しい方向（腹面）に向けられるには，ほぼ1日を要します．一般的に，サシチョウバエの成虫は夜間活動し，日中はシロアリ塚の中や，齧歯類など小動物の巣穴，岩の割れ目，木の洞など，暗く涼しく，やや湿った所で休息することが知られています．また，彼らの飛び方は弱々しく，一度にあまり遠くまでは飛べないようです．

　サシチョウバエで吸血するのはメスだけです．吸血した血液はメスの食物となり，その栄養分で卵が造られます．また，メスは血液だけでなく，糖類も食物にしています．一方，前述したようにオスは吸血をせず，糖類を唯一の食物とします．彼らが摂取する糖類はおもにフルクトース（果糖）で，生きるためのエネルギー源として利用されます．しかし，野外におけるフルクトースの供給源については，まだよくわかっていません．

■ケニアにおけるリーシュマニア症感染の大流行と主要感染区

　さて次に，アフリカのケニアにおけるヒトのリーシュマニア症について，特にその感染発生の経緯，感染の大流行および主要感染区について簡単に述べることにします．

　リーシュマニア症は，ケニアにおいても危険な感染症の一つです．ケニアで感染が報告されているリーシュマニア症は，おもにカラ・アザール（内臓リーシュマニア症）と皮膚リーシュマニア症ですが，これまでに何度か大流

行したカラ・アザール感染のほうがよく知られています．意外なことに，カラ・アザールは，眠り病（アフリカトリパノソーマ症，ツェツェバエが媒介する感染症：11,12章）のような，ケニアの風土病（その土地の気候・地質などから生ずる特有の病気）ではありませんでした．ケニアにおけるカラ・アザールは，おそらく，第二次世界大戦中に，カラ・アザールが風土病として知られていた隣国のスーダンやエチオピアからもたらされたものと考えられています．1940年にケニアにおけるカラ・アザール感染の最初の大流行が報告されました．それは隣国スーダンやエチオピアとの国境警備のために，トゥルカナ湖の北側に野営していたケニアの兵士たちの間に生じたものでした．夜間の国境警備中に，隣国から飛んできた感染サシチョウバエに刺されてしまったのでしょう．やがて終戦を迎えた兵士たちは任務を終え，故郷や職場に戻るため，ケニア各地に散らばっていきました．彼らの中には，カラ・アザール感染者がかなり含まれていたと思われます．その後，ケニア内陸部でもカラ・アザールの感染が生じます．

ヒトへのカラ・アザール感染の成立において，サシチョウバエが媒介者として重要な役割を果たしていることは，先に述べたとおりです．ケニアにおけるカラ・アザール感染の場合も同様で，この媒介サシチョウバエの存在が不可欠です．媒介サシチョウバエは，元々ケニアに生息していたのでしょうか．あるいは，それらもカラ・アザールの病原体（リーシュマニア原虫）とほぼ同時期に，隣国からケニアに侵入してきたのでしょうか．この点について確かなことはわかっていません．また，カラ・アザールを含め，ヒトのリーシュマニア症は人獣（畜）共通感染症（zoonosis：ヒトと動物のあいだで感染がみられる感染症）であり，流行地ではヒト以外に人家周辺の家畜や野生動物が保虫宿主（ある病原体に感染し，無症状でその病原体をばらまき続ける動物）として重要な役割を果しています．ケニアにおけるカラ・アザール感染流行の背景について語る時，保虫宿主の存在についても述べなくてはなりません．しかし，保虫宿主が何なのか，まだよくわかっていません．

現在，ケニアにおけるカラ・アザールの感染区はいくつか知られていますが，「地区」（District）と呼ばれる地域行政単位レベルで見ると，主要な感染区は五つあります．すなわち，ウエスト・ポコット地区，バリンゴ地区，メルー地区，キツイ地区およびマチャコス地区です．ケニアにおけるカラ・アザー

ル感染の大流行は，1940年以降何度か生じました．その中でも，1952～1953年のキツイ地区での大流行と，1972～1977年のマチャコス地区での大流行は特に有名です．これら感染の大流行時，キツイ地区では約3000人，マチャコス地区では約2000人のカラ・アザール患者が発生しました．

ところで，このマチャコス地区に属する地域の中に，マシンガ地域があります．後述するように，ここには著者らがサシチョウバエの野外調査を行なった，ムクスという小さな村があります．1972～1977年にカラ・アザールの大流行があった地域とは異なりますが，このマシンガ地域一帯も，ケニアにおけるカラ・アザールの主要な感染区の一つとして認識されています．マシンガ地域は，大規模なマシンガダムがあることで知られています．マシンガダムは四つのダムからできており，1968年の着工以来，4期にわたって建設されました．1981年に第4番目の，最後のダムが完成しました．マシンガダムの建設以前，マシンガ地域におけるカラ・アザール患者発生の記録はありません．しかし，ダム建設期間中にマシンガ地域で行なわれた調査から，ヒトのリーシュマニア症を媒介するサシチョウバエの存在が示唆されました．そして，1978年，この地域における初のカラ・アザール患者が発生しました．以来，1981年までにその患者数は50名を超えました．しかも，その患者の多くは，幼い子どもたちでした．ダム建設が実行に移されると，その建設現場で働く労働者とその家族や，彼らに対して商いを行なう商人たちなどが，この地域に大勢移り住むようになりました．マシンガ地域におけるカラ・アザール患者の発生は，おそらく，これらのよそから移住してきた人々によってもたらされたものと推測されています．

■サシチョウバエ類の野外調査地ムクス

ケニアではサシチョウバエ類（亜科）は，サバンナ（サバナ）や半乾燥地帯に生息しています．一般的に彼らは夜行性です．これまでその生物学が研究されてきたケニアのサシチョウバエ類は，医学的に重要な種，すなわち，ヒトのリーシュマニア症の媒介者として明らかな種，あるいは，媒介者として疑われている種が中心でした．そして，彼らの野外での行動に関しては，吸血行動，特にヒトに対する吸血の活動パターンが調べられ，これまでいく

つかの断片的な報告がなされています．しかしながら，野外におけるサシチョウバエ類の行動全般については，まだよくわかっていません．そこで著者と共同研究者たちは，野外におけるサシチョウバエ類の行動のなかで，最も基本的かつ重要な行動である夜間の飛翔に着目し，その飛翔活動の特徴を調べることにしました．

　野外調査は1996年1月23〜26日にかけて連続3晩行ないました．調査地は先述のムクス村（南緯0度55分，東経37度39分）で，ケニア南東部，マチャコス地区のマシンガ地域にあり，カラ・アザールの感染区に属します．ケニア医学研究所（Kenya Medical Research Institute: KEMRI）の共同研究者たちの話によれば，このマシンガ地域では年間を通じていつでもサシチョウバエ類は発生するが，特に雨季に大発生するとのことです．ケニアの他の地域と同様，マシンガ地域でも年2回雨季があり，通常は3〜5月と10月〜翌年1月が雨季です．野外調査を行なった1月下旬は，2番目の雨季の後半にあたります．ムクスはサバンナの中にあります．この時期，日中の最高気温はしばしば40℃を超えます．日中は非常に乾燥し，相対湿度は20%を切ります．しかし，日没後，気温は急激に低下し，相対湿度は逆に急激に上昇します．また，早朝の気温は1日のうち最低で，18℃くらいにまで下がり，相対湿度は90%を超えます．

■サシチョウバエ類の夜間飛翔活動の調査方法

　ムクスにおけるサシチョウバエ類の夜間の飛翔活動は，異なる3種類のトラップ（粘着トラップ，CDCライトトラップおよびヤギおとり）による捕獲によって調べられました．CDCライトトラップは，アメリカ疾病対策センター（CDC）で考案された型です．

　粘着トラップは，A4判の白いコピー用紙の両面にヒマシ油を塗付したもので，1枚ずつ丸め，シロアリ塚の換気孔に差し込みます．シロアリ塚の換気孔内は，サシチョウバエの日中のおもな休息場です．粘着トラップは，シロアリ塚から外へ飛び出してくるサシチョウバエを捕らえるのに有効です．1回で設置する粘着トラップは4枚で，同一のシロアリ塚にある複数の換気孔からランダムに選んだ4個の換気孔にそれぞれ差し込みます．粘着トラッ

プによるサシチョウバエの捕獲は，1月23日と24日の2晩，それぞれ，18時から翌朝6時までの12時間行ないました．各粘着トラップは，1時間ごとに回収し，そのつど新しいものと交換しました．この2晩の捕獲調査で合計96枚の粘着トラップが用いられました．捕獲個体は，細い面相筆で粘着面から丁寧にはがされ，洗剤で洗浄されます．

　CDCライトトラップによるサシチョウバエの捕獲調査は，1月23日と24日の2晩，それぞれ18時から翌朝6時までの12時間行ないました．サシチョウバエのある種のものは，このライトトラップの光源（白熱球）に誘引され，トラップ下部に取り付けられている網袋の中に落ちて捕らえられます．各晩用いたライトトラップは2個です．それらは，シロアリ塚のすぐそばに生えている1本の木の，地上約1.5mの高さの枝に，それぞれ吊り下げられました（図1）．捕獲用網袋は24時に未使用のものと交換しました．網袋に捕獲された個体は，毎晩24時と翌朝6時に吸虫管を用いて回収しました．

　ヤギおとりを用いたサシチョウバエの捕獲は，1月25日の19時から翌日の午前1時にかけて行ないました．用いたヤギおとりは1個で，ヤギの親子4頭（両親とその子ども2頭）をナイロン製の目の細かい白い蚊帳（1.5×1.5×1.5m）の中に入れたものです．蚊帳には入口が一つあり，常に開いた状態です．ヤギから吸血しようとするサシチョウバエが，このトラップに誘引され，捕らえられます．ヤギおとりはシロアリ塚の近くに設置し，捕獲されたサシチョウバエは吸虫管で1時間ごとに回収しました．

　以上の3種類のトラップはすべて，日の入り（19時近く）の約2時間前には設置を完了しました．また，ここで述べたシロアリ塚とは，オオキノコシロアリ属のシロアリ種 *Macrotermes* spp. の塚です．一方，捕獲したサシチョウバエは，後で性の判別や種の同定を行ないました．さらに，メスは顕微鏡下で解剖し，その生理状態（吸血や産卵経験の有無，卵をもっているかどうかなど）を調べました．

■ 意外な調査結果

　今回の野外調査において，異なる3種類のトラップで捕獲されたサシチョウバエ類の総個体数は514頭で，2属（*Phlebotomus* および *Sergentomyia*）7

図1 木の枝に吊り下げられた2個のCDCライトトラップ．木の根元近くのオオキノコシロアリ属のシロアリ *Macrotermes* sp. の塚には複数の換気孔がある．

種からなりました．すなわち，*Phlebotomus martini* Parrot, *P. rodhaini* Parrot, *Sergentomyia affinis* Theodor, *S. africanus* Newstead, *S. antennatus* Newstead, *S. bedfordi* Newstead および *S. schwetzi* Adler, Theodor and Parrot です．これら7種のうち捕獲数が最大のものは，*S. bedfordi* で475頭（92.4%）でした．このことは，本種がこの時期のムクスで捕獲された7種のなかで最も普通の種であることを示唆します．*S. bedfordi* は，（カラ・アザールも含む）ヒトのリーシュマニア症の媒介者としては知られていません．この結果は，まったく予想外のことでした．というのも，ムクスはカラ・アザール感染区に属するので，当初著者らは，この地ではカラ・アザールの媒介者である種が多数捕獲されるものと予想していたからです．もっとも，これら7種には，カラ・アザールの媒介者であることが明らかな *P. martini* も含まれていますが，その捕獲数はわずか21頭（4.1%）でした．一般的に，*S. bedfordi* も含め，*Sergentomyia* 属は，野外ではおもにトカゲなど爬虫類から吸血するグループとして知られています．一方，*Phlebotomus* 属は，おも

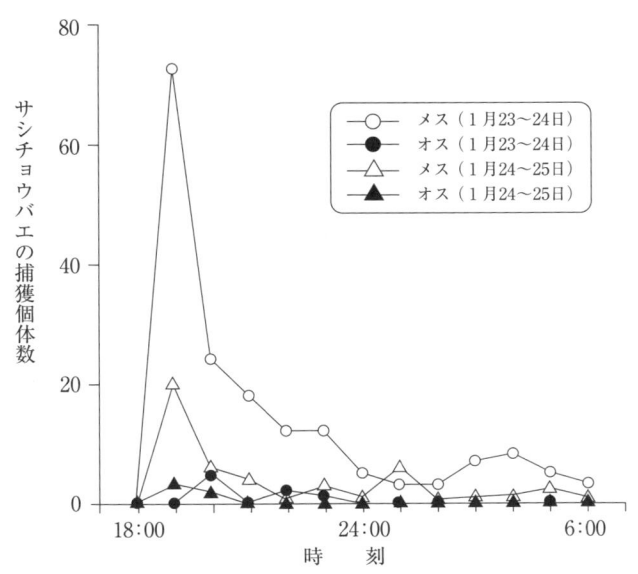

図2 ケニア，マチャコス地区マシンガ地域のムクスで1996年1月23日および24日の2晩，それぞれ18:00から翌朝6:00までに粘着トラップ1組（ヒマシ油を塗付した用紙4枚）に捕獲されたサシチョウバエ類における，オスとメスの捕獲数の経時的変化．

にヒトを含む哺乳類から吸血するものとして知られています．
　さて，野外調査の結果から，以下のような興味深い結果が得られました．まず，粘着トラップを用いた捕獲調査の結果から，ムクスにおけるサシチョウバエ類の夜間飛翔活動のピークは，日没直後（19時ころ）にあることが明らかになりました（図2）．しかし，ライトトラップを用いた捕獲調査の結果では，彼らの夜間飛翔活動のピークは，夜の後半部（24～翌朝6時）にありました（表1）．なぜ，粘着トラップの結果とライトトラップの結果が一致しないのでしょうか．今のところその理由はよくわかりませんが，この奇妙な不一致が生ずる説明として，著者たちは一応次のように考えています．すなわち，ムクスのサシチョウバエ類の夜間飛翔活動には，機能的に異なる二つの相があり，そのためにこのような不一致が生ずるのではないだろうかと．おそらく，彼らの夜間飛翔において，日没直後に生ずる最初の相は分散飛翔であり，夜の後半部に生ずる2番目の相は，ある種の探索飛翔なのかも知れません．最初の分散飛翔により，サシチョウバエは，昼の休息場所であ

表1 ケニア，マチャコス地区マシンガ地域のムクスで1996年1月23日から25日までの2晩，CDCライトトラップで捕獲されたサシチョウバエ類の捕獲数．括弧内の数値はパーセントを示す．

種および性	1月23-24日			1月24-25日		
	18:00-24:00	24:00-6:00	計	18:00-24:00	24:00-6:00	計
メス						
Phlebotomus martini	2	1	3	-	-	-
Sergentomyia africanus	-	-	-	0	1	1
S. antennatus	-	-	-	0	1	1
S. bedfordi	33	174	207	8	30	38
S. schwetzi	3	2	5	0	3	3
オス						
P. martini	-	-	-	1	0	1
計	38 (17.7)	177 (82.3)	215 (100.0)	9 (20.5)	35 (79.5)	44 (100.0)

るシロアリ塚の中から外へ飛び出し，周囲の広い空間に分散するのでしょう．そして，その後の探索飛翔では，サシチョウバエは交尾や吸血，吸蜜の対象，あるいは産卵場所などを探し求めて飛び回るのでしょう．

ところで，ヤギおとりには P. martini, S. bedfordi および S. schwetzi が誘引されました（表2および図3）．しかし，いずれの種においてもヤギからの実際の吸血は観察されませんでした．その理由はまだよくわかりません．一方，ヤギおとりに誘引された P. martini には，メスばかりか，吸血の習性のないオスも含まれていました．おそらく，これらのオスは，メスと交尾しようとしてヤギおとりに誘引されたのでしょう．また，サシチョウバエ成虫

表2 ケニア，マチャコス地区マシンガ地域のムクスで1996年1月25日から26日にかけての晩に，ヤギおとりで捕獲されたサシチョウバエ類の種および性の構成．それぞれの種と性ごとの捕獲数における経時変化は図3に示す．カッコ内の数値はパーセントを示す．

種	メス	オス	計
Phlebotomus martini	7 (58.3)	5 (41.7)	12 (100.0)
Sergentomyia bedfordi	8 (100.0)	0 (0.0)	8 (100.0)
S. schwetzi	3 (100.0)	0 (0.0)	3 (100.0)
計	18 (78.3)	5 (21.7)	23 (100.0)

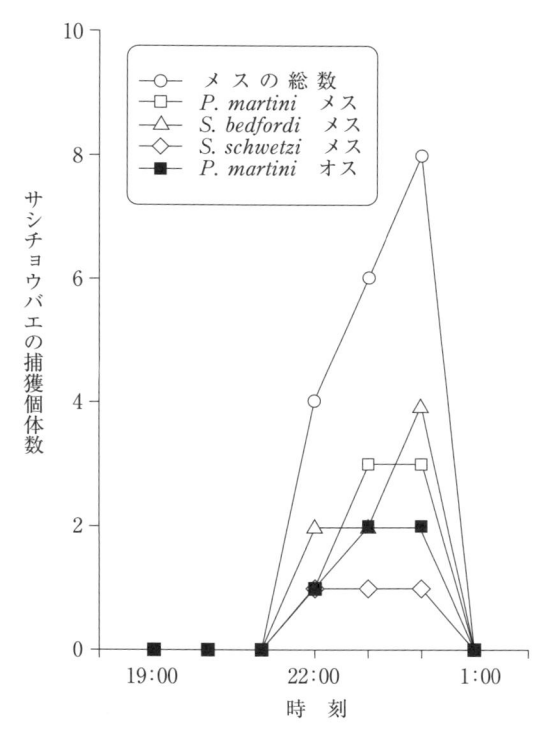

図3 ケニア，マチャコス地区マシンガ地域のムクスで1996年1月25日の19:00から翌日1:00までにヤギおとりで捕獲されたサシチョウバエ類における，種および性ごとの捕獲数の経時的変化．3種（*P. martini*, *S. bedfordi*および*S. schwetzi*）のメスおよび*P. martini*のオスが捕獲された．

は，脊椎動物の呼気に含まれる二酸化炭素に誘引されるといわれています．

　粘着トラップおよびライトトラップによるサシチョウバエ類の捕獲調査では，捕獲個体数に占めるメスの割合が極めて高く，いずれの場合も90％以上でした．この極端にメスに偏った性比は，オスの羽化場所などに対する高い定着性，あるいは，分散衝動の弱さなどによるものと示唆されます．そして，おそらく，ムクスに生息するサシチョウバエ類のオスの多くは，羽化した場所で交尾するのではないでしょうか．サシチョウバエ類の捕獲個体数に占めるメスの割合は，ヤギおとりを用いた場合でも非常に高く，約80％に達しました（表2）．このことは，サシチョウバエ類のメスに特有な，吸血という習性によるものと示唆されます．吸血の強い衝動にかられたメスは，獲物を探して盛んに飛び回ります．さらに，メスにとって飛翔による移動は，単に「血の食事」を得るばかりではなく，産卵場所を探すためにも必要でしょう．それゆえ，彼女たちはどんな種類のトラップであれ，トラップの犠牲に

なりやすいのかもしれません．ムクスで捕獲された合計514頭のサシチョウバエのうち，495頭（96.3%）がメスでした．しかも，そのメスのほとんどすべてが未吸血で，未経産の個体でした．このことは，若いメスが夜間，活発に飛翔することを示唆しています．

＊

　サバンナの恐るべき小さな吸血性昆虫サシチョウバエは，いまだに謎の多い生き物です．また，種の同定の困難さや，多大な労力と時間を要するその飼育などのため，著者にとって，サシチョウバエは研究の対象とするには大変困難な虫でした．それでも，共同研究者たちの励ましと協力のおかげで，野外におけるサシチョウバエ類の行動や生態に関して，上述のようないくつかの興味深い発見をすることができました．

　冒頭で述べましたように，現在アフリカではリーシュマニア症の感染の拡大が懸念されています．その感染拡大を引き起こす主要な要因は，国家間の紛争，内戦，その結果生じる大量の難民の流出，貧困，急速な人口増加など，現代アフリカが抱える深刻な社会問題です．このような感染症と人間社会との深い関わりに著者の目を向けさせ，アフリカ理解への新たなる視点を提示してくれたのは，他ならぬサシチョウバエという小さな虫だったのです．

謝辞

　私をケニアの国際昆虫生理生態学センター（ICIPE）に派遣し，ケニアのサシチョウバエ類の行動・生態を研究する機会を与えてくださった日本学術振興会，あたたかく迎え入れ，同国での研究の場を提供してくださったICIPEおよびケニア医学研究所（KEMRI）に厚く御礼申し上げます．また，派遣期間中，本研究に対する有益なご助言やご支援を賜った八木繁実，赤井契一郎，高橋正三，田中誠二の各博士，共同研究者のR. サイーニ，J. ギトゥレ，C. アンジリの各博士，ならびにICIPEおよびKEMRIの研究・技術スタッフの皆様に深く感謝いたします．最後に，私に本原稿の執筆をすすめてくださった，師である日高敏隆博士に心よりお礼を申し上げます．

さらに詳しく知りたい人のために

デソヴィツ, R.S.（記野秀人・記野順訳）（1990；原著 1982）『王様気どりのハエ』紀伊國屋書店.（医学生態学的視野からみた，人間と寄生虫をめぐる興味深い話を物語る本）

デソウィッツ, R.S.（栗原豪彦訳）（1996；原著 1991）『マラリア VS. 人間』晶文社.（マラリアやカラ・アザールの病禍を拡大させる現代社会の構造に鋭くメスを入れる，メディカル・ノンフィクション）

Kan, E., Anjili, C.O., Saini, R.K., Hidaka, T. and Githure, J.I. (2004) Phlebotomine sandflies (Diptera: Psychodidae) collected in Mukusu, Machakos District, Kenya and their nocturnal flight activity. *Applied Entomology and Zoology*, 39:651-659.（本文中で紹介した，著者らがケニアのムクスで行なった，サシチョウバエ類の夜間飛翔活動に関する野外調査の結果をまとめた論文）

WHO (1984) *The Leishmaniases*. Report of a World Health Organization Expert Committee. Technical Report Series 701. World Health Organization, Geneva.（全世界のリーシュマニア症を医学および生物学の総合的見地から解説した専門的な報告書）

第 10 章

マラリアと蚊

皆川昇・二見恭子

　WHO（世界保健機構）によると，世界中で 1 年間に 100 万人以上が亡くなり，その約 75％がアフリカの子供達と推定されています．マラリア感染地帯では，免疫性の高い大人でも慢性的にマラリアに苦しんでおり，未だにアフリカの貧困がなくならない一因です．そして，長年マラリア撲滅のための数多くの対策がとられてきたにもかかわらず，マラリアの犠牲者はいっこうに減る気配はありません．紛争や腐敗にまみれた政治により，医療システムが機能せず，また，医療を受けられる環境があったとしても貧困により治療が受けられないことも多いからです．マラリア原虫が薬に，媒介蚊が殺虫剤にそれぞれ抵抗性をもってきていることもあります．さらに，アフリカでは感染地域が広がっているともいわれています．地球規模の気候変化や土地利用変化などにより，今までマラリアが少なかった地域（例えば寒冷な高地）がマラリア感染に適した環境に変わってきていると考えられるからです．

■マラリアとは

　マラリアはマラリア原虫によって引き起こされる病気です．マラリア原虫は 170 種以上が知られており，ヒトを含む哺乳類だけでなく，鳥類や爬虫類にも感染します．ヒトに感染し，諸症状を引き起こすマラリア原虫は，熱帯熱マラリア原虫，四日熱マラリア原虫，三日熱マラリア原虫，卵形マラリア原虫の 4 種で，これらは発熱サイクルや症状が異なります．アフリカで最も多いマラリアは熱帯熱マラリア原虫によるもので，その症状は重く，死亡することもまれではありません．上記 4 種の原虫は，すべてハマダラカ属（*Anopheles*）の蚊によって，ヒトからヒトへと媒介されます．

マラリア罹患者から吸血したハマダラカには，赤血球内の雌雄の生殖母体（ガメトサイト）が取り込まれます（図1）．ガメトサイトは，ヒトから蚊へ移動したことによる温度やpHの変化に反応して減数分裂を始め，30分以内には雌雄生殖体（ガメート）となります．中腸内で雄性生殖体は精子に似た鞭毛を放出し，それが雌性生殖体と受精し，吸血から60分以内には接合体（ザイゴート）を形成します．ザイゴートはさらに移動能力を持つオーキネートとなり，中腸壁に侵入して，中腸外壁に卵囊子（オーシスト）を形成します．オーシスト内では無数の胞子小体（スポロゾイト）が作られ，吸血から7〜12日後，成熟したオーシストが破裂し，スポロゾイトが蚊の体腔内に放出されます．スポロゾイトの一部は胸部の唾液腺に集まり，次にその蚊がヒトを吸血した際，唾液とともにヒトの血管内に注入されます．ガメトサイトの取り込みからスポロゾイトの放出までは，温度にもよりますが，だいたい8〜15日間です．

人体内に注入されたスポロゾイトは，血管を経由して肝臓に入り，そこで増殖します．約1週間後，増殖したメロゾイトが血液中に放出されます．メロゾイトは赤血球に侵入して増殖した後，血球を破裂させ，さらに次の赤血球へと侵入を繰り返します．赤血球内での1サイクルに要する時間は，24

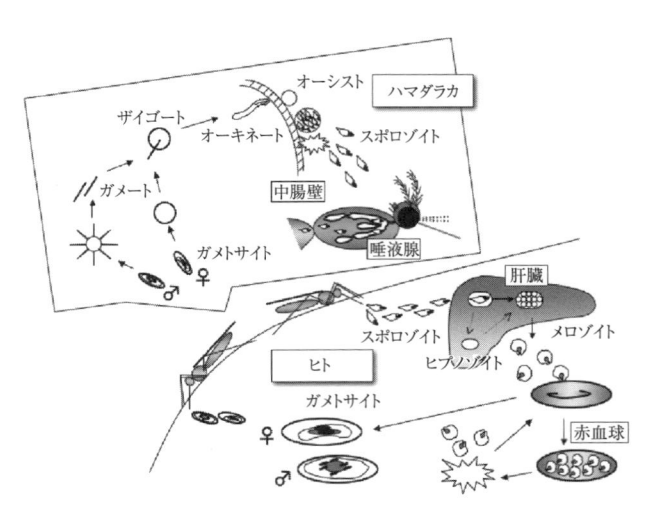

図1　マラリア原虫の発育と感染

〜72時間と原虫の種によって異なり，これがマラリアに特徴的な周期的発熱を引き起こします．やがて赤血球内に雌雄ガメトサイトが形成され，媒介蚊は赤血球ごとそれを取り込みます．

　三日熱マラリア原虫と卵形マラリア原虫の場合，スポロゾイトの一部が休眠体（ヒプノゾイト）として長期間肝臓に残り，再発の原因になっています．

■アフリカのマラリア媒介蚊と地理的分布

　アフリカにおいて最も重要なマラリア媒介蚊は，ガンビエ近縁種群（*Anopheles gambiae* complex）に属する *A. arabiensis* Patton（以下アラビエンシスと略記；口絵1）と *A. gambiae* Giles（同ガンビエ）です．この2種は形態的に区別するのが困難で，過去の多くの研究では，両種を *A. gambiae* sensu lato（広義のガンビエ）と総称して扱ってきました．しかし，90年代中頃から，分子生物学的手法を使って種が比較的簡単に同定されるようになりました．また，同じガンビエ近縁種群に属する *A. melas*（Theobald）と *A. merus* Donitz が媒介蚊として知られていますが，*A. melas* は西アフリカの，*A. merus* は東アフリカの汽水域（一部は内陸の塩性の水域）と生息地が限定的です．他に，*A. funestus* Giles（以下フネスタスと略記），ニリ近縁種群（*A. nili* complex），モチェティ近縁種群（*A. moucheti* complex）なども重要なマラリア媒介蚊ですが，ニリ近縁種群は川沿いに，モチェティ近縁種群は森林内の川沿いに，フネスタスは水生植物が繁殖している湿地や湖，川岸などに生息し，アラビエンシスやガンビエよりも生息地が限られています．よって，この章ではアラビエンシスとガンビエの話を中心とし，あえて種名を記せずに〝蚊〟とするときは，媒介蚊一般を指すことにします．

　私達が研究を行なっている西ケニアのビクトリア湖畔では，アラビエンシス，ガンビエ，フネスタスの3種がマラリア媒介蚊として知られています．季節的な変動はあるものの，蚊の数は多く，1年中感染が起きている地域です．以前，水田地帯にある一軒の茅葺きの家から（図2），殺虫剤散布によって2000匹近くの媒介蚊（3種の混合）を採集したことがあります．散布をしている最中にも相当数の蚊が外に逃げていきましたので，3000匹以上はいたのではないかと思います．そして驚いたことに，採集したメスの多くが血

図2　西ケニアの田舎にある典型的なルオー族の家

を吸っていました．住人の腕を見せてもらいましたが，我々が蚊に刺されたときのように赤く腫れるのではなく，ポツポツと鳥肌のように小さく刺された跡が無数にありました．蚊に刺されることに対しては免疫ができているのでしょうか．

　ビクトリア湖は枝分かれした二つの大地溝帯の間にある標高約1150mの窪みにできた湖です（図3）．赤道直下にあっても標高が高いので，8月でも，ときどき朝晩が冷えることがあります．湖のケニア側は1500〜2300mの丘で囲まれており，標高が高くなるにつれてアラビエンシスは少なくなり，ガンビエが主な媒介蚊になります．気温が低くなり，湿度も上がるため，アラビエンシスの生息には適していないように思われます．同時に，ガンビエの数もビクトリア湖畔よりもずっと少なくなります．丘を東にすすむと，大地溝帯へと標高が急に落ちていき，高温低湿度になります．そしてガンビエはいなくなり，アラビエンシスが再び現れてきます．さらに東にすすみ，反対の丘を越えて海岸地方までいくと，湿度もぐっと上がり，3種の混棲がみられるようになります．このように，大地溝帯がマラリア媒介蚊の分布に大きな影響を与えていることは明らかです．さらに，分子生物学的手法をもとにした蚊の集団間の遺伝的比較では，大地溝帯が蚊の移動の妨げになっていることが示唆されています．

■アラビエンシスとガンビエの幼虫の生態

アラビエンシスとガンビエの幼虫（口絵2）は，日当りのよい小さな水たまりで繁殖し，薄暗い森林内や葦の茂った湿原には決してみられません．小さな水たまりはいたる所にできるので，この2種はより広範囲に分布しており，マラリアの感染には，より重要な役割を果たしています．そのような水たまりは，蚊の幼虫が成虫になる前に乾いてしまう可能性が高いのですが，捕食者も少なく，植物性プランクトンなどの餌が豊富なので，高い水温で成長が早まるという利点があります．この

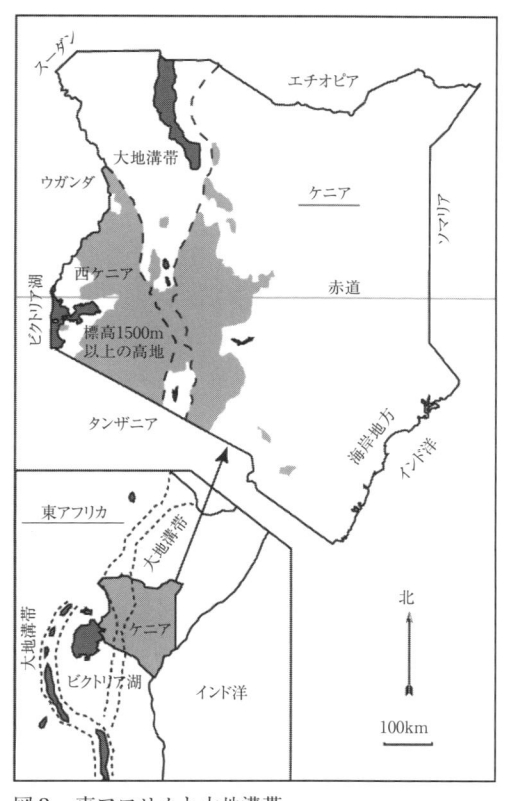

図3 東アフリカと大地溝帯

2種は明らかにこの利点を利用した戦略をとっており，最適な環境では（平均水温26℃前後）卵から7〜10日で成虫になります．よって，雨期の始めには，無数にできた水たまりで，短期間に多くのマラリア媒介蚊が発生することになります．

1980年以降，マラリアが希であった標高1500m以上の東アフリカの高地で，マラリアが頻繁に流行しています．その原因として，地球温暖化とともに森林伐採などの土地利用変化による環境の変化が考えられます．私達は，西ケニアの高地で行なった調査で，ガンビエの繁殖地が水はけの悪い川沿いの森林伐採地と湿原の埋め立て地に集中していることを明らかにしました（図4）．当然，成虫の密度も伐採地と埋め立て地周辺の家で非常に高く，マラリア感

図4　森林を畑にかえたためにできた媒介蚊の繁殖地

染もこれらの場所を中心に起こっていることがわかりました．しかし，このような場所も人口が増え都市化が進めば，繁殖地の面積が減るとともに水質汚染も加わり，媒介蚊は減少するようです．20世紀始めのナイロビでは，マラリア媒介蚊が普通にみられ，マラリア感染も日常的だったのですが，今では都市化が進み，媒介蚊を見つけるのは困難です．現在もナイロビのマラリア罹患者は非常に多いのですが，彼らの多くは，ナイロビ郊外か，西ケニアなどの田舎に一時帰郷したときに感染しているようです．

■アラビエンシスとガンビエの成虫の生態

吸血のために人家に入った蚊は，昼の間は，家具の裏や壁のひび割れなど

の薄暗い場所にじっとしていますが,暗くなるにつれて行動を開始します.そして,日が落ちて数時間後には活発に吸血を始め,真夜中には,吸血行動はピークに達します.ちょうどヒトが眠りについてじっとしている時間に吸血するよう蚊の行動が進化したのでしょうか.しかし,蚊帳が普及するにつれ野外での吸血が増えるなど,蚊帳を避けるような蚊の行動の変化の可能性も指摘されています.

蚊はヒト以外の動物も吸血します.特にアラビエンシスはウシも積極的に吸血します.反面,ガンビエとフネスタスはよりヒトを好む傾向があり,アラビエンシスに比べ人家内を好んで休息場所とするという研究結果が報告されています.

アラビエンシスとガンビエは,一生の間に何度もヒトから吸血し産卵します.我々が,室内で飼育した時は,最大で89日,平均で39日生きていました.スーダンで行なわれた室内での飼育では,アラビエンシスで206日という記録があります.産卵回数は野生のガンビエで最大5回程度といわれています.

■ 蚊とマラリア原虫の相互作用

蚊は成虫になったときにはマラリア原虫をもっておらず,ヒトを刺すことによって初めてマラリア原虫に感染します.それでは原虫に感染された蚊は病気にならないのでしょうか？実は蚊も病気になります.多くのハマダラカで原虫に感染することで死亡率が上がり,産卵数が減ることが観察されており,さらに吸血行動が変化することもわかっています.しかしこれらは,実験環境や感染させた蚊の状態,吸血した血液の状態によって結果が異なりますし,原虫の発達段階に応じても変化するため,蚊にとって感染が不利なのかどうかの議論は現在も続いています(なお,ツェツェバエのトリパノソーマ感染については12章で詳述されています).

ガンビエでは,マラリア原虫の感染が蚊の生存率を下げるという明確な証拠はまだありません.ある研究では原虫に感染しても生存率に影響はないという結果が出ていますが,他の研究ではオーシスト数が多いほどメスの死亡率が上がる可能性が示唆されています.人家での採集調査では,感染した個

体はヒトを吸血する際の死亡率が高いことが分かりました．

　ではなぜ感染した個体の死亡率が高くなるのでしょうか．理由の一つに，原虫に感染すると，蚊の行動が変化することが挙げられます．いくつかの種では，オーシスト期の蚊は吸血しようとしなくなりますが，スポロゾイト期には血管探索時間や吸血回数，吸血量が増加することで吸血行動に要する時間が延びることが明らかになっています．これらの変化は原虫にとって有利なものです．オーシスト期の原虫にはまだ伝播能力がないので，蚊がヒトに殺される可能性の高い吸血行動を避けた方が原虫には有利です．しかしスポロゾイト期には，吸血時間が長いほど多くのスポロゾイトを人体内に注入することができるので，感染の成功率が上がるでしょう．しかし蚊にとっては，ヒトに殺される可能性が高くなり，非常に不利な行動だと言えます．ですからこれらの蚊の行動変化は，蚊が原虫に操作されているために生じるのでしょう．吸血時間や吸血回数が増加する直接の原因は，スポロゾイトが唾液腺のはたらきを弱め，吸血が困難になるためであることがわかっています．また，感染した蚊では1回の吸血量が増えることも原因の一つです．ガンビエやアラビエンシスも，感染すると吸血にかかる時間が延び，追い払われてもしつこく吸血しようとします．また感染している個体ほど，一晩に多数のヒトから吸血することが明らかになっています．これも原虫にとっては有利な行動と言えるかもしれません．その他，他種の蚊では感染することで飛翔能力が落ちることも知られています．

　一般的に，感染した蚊は産卵数が減ってしまいます．ガンビエでは，オーシストを持っていると産卵数が減少するのがわかっています．残すことのできる子の数が減ってしまうのですから，感染は非常に不利と考えられます．しかし，最近，タンザニアで研究を続けているH.ファーガソンらによって，面白い現象が明らかになりました．蚊を二つのグループに分け，一方のグループには血中に原虫を持つヒトを，もう一方には持たないヒトを吸血させました．それぞれのグループで，オーシストを持っていない，つまり原虫に感染しなかった蚊が体内に持つ卵の数を調べました．その結果，原虫を含む血液を吸血した蚊の方が，多くの卵を持っていました．さらに，原虫に感染していたヒトを薬で治療してから吸血させ，同様に卵数を調べたところ，今度は，原虫を持たないヒトを吸血させた蚊の卵数と変わりませんでした．つまり，

原虫の発育を抑制できれば，蚊は原虫を含む血液を吸血した方が有利になる可能性があるのです．もちろん実際に産卵させる必要がありますが，この結果は原虫と蚊の関係に新しい視点を加えることになりそうです．

　蚊は原虫に操られる一方に見えますが，原虫に対して何の抵抗もできないわけではありません．ヒトのマラリア感染率がどんなに高い地域でも，蚊集団内の感染率は10％以内ということがよくあります．ですから何らかのマラリア抵抗性が野外では強くはたらいていると考えられます．実際，オーキネートが中腸壁を突破するまでの原虫の死亡率は非常に高く，スポロゾイトになるまでには吸血時に取り込まれた原虫の3/4が死亡します．これまでに知られている蚊のマラリア抵抗性には，メラニン色素の沈着と，中腸壁での細胞の溶解があり，その分子的背景が解明されつつあります．特にメラニンは，体内に入った異物を包囲し，そのはたらきを抑える作用のあることが他の昆虫でも知られています．ガンビエでは，若い個体ほど，また栄養状態の良い個体ほど，メラニンがよく沈着することが室内実験でわかっており，野外調査においても，メラニンの沈着したオーシストを保持した個体が0.5％と低頻度ながらも認められています．しかし，メラニンがどのように原虫に作用するのか，その詳細なしくみはまだわかっていません．ならば原虫は，これらの抵抗に対してどのような対策をとっているのでしょうか？ある研究では，原虫は感染初期にメラニン沈着を抑制していることが示されています．蚊と原虫の攻防がどのようなバランスで維持されているのか，非常に興味のあるところです．

　以上のような相互作用は，蚊と原虫，それぞれがもつ遺伝子型にも大きく影響されます．ガンビエでは，蚊の遺伝子型と原虫の遺伝子型の組み合わせによって，蚊の原虫抵抗性の強さが違います．蚊と原虫の遺伝子型相互作用についての研究はまだ始まったばかりです．

　原虫と蚊の関わりは，蚊の体内に原虫がいるときだけではありません．感染前や次のヒトへの感染時など，様々な段階において生じます．例えば，ガメトサイトをもつヒトはガンビエをより誘引しますし，抗マラリア薬を服用していると体内のガメトサイトが増えて，吸血した蚊の感染率を上げるという報告があります．また，蚊のサイズや栄養状態も，蚊のマラリア感染率に影響します．さらにフィラリアなどとの多重感染も，原虫と蚊の相互作用に

影響を与える可能性が指摘されています．

　原虫に対する抵抗性や遺伝子型相互作用を詳しく知ることは，効果的なマラリアコントロールを行なうためには欠かせません．これまでの研究の多くは，ネズミを宿主とするマラリア原虫とアジアに分布するハマダラカを利用して行なわれており，ガンビエやアラビエンシス，フネスタスなどを対象とした研究はそれほど多くありません．アフリカの媒介蚊のうち，実験室での研究のほとんどはガンビエを対象としており，他の媒介蚊については，野外調査による感染傾向の解明にとどまっています．原虫と蚊の相互作用の解明には，まだまだ問題が山積していると言えるのです．

■原虫の駆除

　それでは，マラリア感染を減らすにはどのような方法があるのでしょうか？

　蚊，原虫，ヒトの間のサイクルを断ち切ればよいのですが，それには，原虫か蚊のいずれか，または両方を感染がなくなるまで十分に減らさなければなりません．薬によりマラリア患者を治療することはできます．しかし，原虫はすぐに薬に対して耐性を持ってしまいます．いままで抗マラリア剤として広く使われていたクロロキンは，アフリカではもう役にたちません．体調が悪いと検査もせずにマラリアと疑い，手頃な値段であるクロロキンを乱用したため，原虫が短期間に広範囲の地域で耐性をもってしまったのです．

　クロロキンに代わって，90年代後半からクソニンジン *Artemisia annua*（ヨモギ属）から抽出されたアルテミシンをもとにしたコテキシンという薬剤などが使われてきました．しかし，耐性をもった原虫が急増しているため，現在（2006年），WHOは，アルテミシンを主体として，他の薬を混合した治療薬を推奨しています．このように，抗マラリア剤の開発は，原虫の耐性とのいたちごっこです．もちろん，上記の混合治療薬を適切に使用すればマラリアの治療はできるのですが，マラリアにかかっても薬が買えないか，お金を出し渋って手遅れになる場合もたくさんあります．ケニアでは，行政機関のマラリア対策が適切に行なわれず，必要なときに薬がなかったり，現場に届かなかったりすることもしばしばあります．

それでは，ワクチンはどうでしょうか？細菌と違い真核生物の原虫のワクチン開発は難しいといわれています．長年の研究を通してワクチン開発には大きな進展がありましたが未だに実用化はされていません．

　人間体内の原虫だけでなく，蚊の中にいる原虫を殺す方法も考えられています．その一つに，原虫のライフサイクルを阻害するタンパク質を作り出す"抗マラリア遺伝子"を媒介蚊に組み込み，その遺伝子をもった蚊を野生の蚊と交配させ媒介蚊をなくそうという考えがあります．しかし，実際に遺伝子組み換え蚊を作り上げたとしても，その蚊は野生の蚊と競合できるのかという問題があります．少なくとも，そのためには，大量に，しかも継続的に遺伝子組み換え蚊を放さなければならず，このような大規模でコストのかかるプロジェクトはかなり難しいという指摘もあります．

■蚊の成虫の駆除

　1950〜60年代には，WHOの主導でDDTを使って蚊を撲滅する活動が世界規模で行なわれました．DDTの殺虫効果には持続性があるため，主に，家の壁や天井に散布してしみ込ませ，そこにとまる蚊を殺すという方法がとられました．しかし，アフリカはWHOの対象地域には含まれず，さらに60〜70年代に頻繁に起きた紛争により，組織的に蚊の駆除を行なうことはできませんでした．蚊に耐性がでてきたこと，人体や環境にも悪影響があることが認識され，その後，DDTの使用は控えられることになりました．

　以降，DDTに代わって，有機リン系の殺虫剤も使われましたが，現在は，蚊取り線香などに使われる除虫菊 *Chrysanthemum cinerariaefolium* の殺虫成分（ピレトリン）をもとに化学合成されたピレスロイド系の殺虫剤が主流になっています．ピレスロイド系殺虫剤の多くは，DDTに比べて哺乳類に対する毒性や残存性が低いといわれています．ピレスロイド系殺虫剤をしみ込ませた蚊帳を使用することで，幼児死亡率を下げることができたという報告が1990年代以降相次いでいます．それをもとに，今では，WHO，そして多くのNGO，政府系の機関（日本政府も含む）が殺虫剤をしみ込ませた蚊帳を無料でアフリカ各地に配っています．以前，われわれは知らずに西ケニアにあるアメリカ疾病対策センター（CDC）の蚊帳を使った実験区域で蚊の採

集をしてしまったことがあります．その時は，その地域に入ったとたん，家から蚊が捕れなくなってしまったのでとても不思議に思いました．

　そのCDCの蚊帳の実験では，毎年1000人の5歳以下の子供のうち8人が蚊帳で助けられるという結果がでています．他のアフリカの地域での結果を総合すると1000人の5歳以下の子供のうち約5.5人の命を助けられるという統計がでています．サハラ砂漠以南にいる5歳以下の子供の数は，推定4800万人といわれていますから，毎年，そのうち37万人の子供の命を助けられるということになります．しかし，蚊帳の使用を始めてから2年目には，その効果が薄れる場合もあります．蚊帳は，6ヶ月ごとに新しい殺虫剤をしみ込ませなければなりません．それを忘れた，あるいは遅れてしたために効果が持続しなかったのだと思われます．つまり，蚊帳の手入れもこまめにしなければならないのです．実際，われわれが蚊の採集のため訪れる家では，穴のあいた蚊帳をよく見かけます．また，蚊帳は通気性を損ない暑いから使わないという人もいます．また，海外からの蚊帳の無料配布という援助が途絶えたら，現金収入がほとんどない田舎の住民が蚊帳を購入し，定期的に手入れをし続けられるのか，という疑問の声もあります．

■蚊の幼虫の駆除

　このように，ここ数十年，蚊の駆除は主に成虫を対象に行なわれてきました．一方で，幼虫を駆除することも感染を少なくする方法の一つです．実際，幼虫駆除により，アメリカ，イスラエル，イタリア，ザンビアなどではマラリア感染を減らすことができました．そして，最近になって，幼虫駆除の重要性が再認識され始めました．以前のように，油や化学合成の殺虫剤を水面に撒くのではなく，自然にごく普通にある細菌をつかった方法が，今，注目されています．*Bacillus thuringiensis* var. *israelensis*（Bti）と *B. sphaericus*（Bs）という2種類のバチルス属の細菌は，体内で消化されるときに発生する毒素で蚊を殺してしまいます．これらの毒素は，蚊やブユなどの少数の昆虫に対して高い殺虫効果を示しますが，他の水生生物にはほとんど影響がないことがわかっています．また，蚊が耐性をもつ速度は非常に遅いと考えられています．1990年代には，ヨーロッパでの蚊の駆除，そして，西アフリ

カにおけるオンコセルカを媒介するブユの駆除に大きな成果をあげました．

1999年のある日，西ケニアの片田舎にある国際昆虫生理生態学センター（ICIPE；16章）のムビタ・ポイント試験地に，若いドイツ人女性（ウルリケ・フィリンガーさん，現在，英国ダラム大学所属）が私達を尋ねてきました．ちょうど，我々がその地域の蚊の繁殖地の調査を行なっている時で，彼女は我々の活動を見にきたのです．現地では若い白人の女性は珍しいので，子供達が大勢"ムズング（白人）"と呼びながら私達の後を驚喜してついてまわったのを覚えています．当時，彼女は，ヨーロッパでのBtiを使った蚊の駆除のプロジェクトに関わっており，Btiは，蚊と近縁のユスリカには影響はほとんどないという研究成果を出したばかりでした．彼女がムビタを去るときに，これでいつかマラリアを減らし，アフリカの子供達を助けたいと言って，Btiを錠剤にしたものを手渡されました．さっそく，翌日，ボウフラがうようよいる水たまりにその錠剤を放り込んだところ，その日のうちに，生きているボウフラは1匹もみあたらなくなってしまいました．その効果にとても驚いたものです．しかし，翌日には無数の生まれたばかりのボウフラが泳いでおり，どうも，すでにあった卵には効かなかったようでした．そして1週間後には，もとのようにボウフラがうようよいる水たまりになってしまいました．さっそく彼女に報告したところ，錠剤では底に沈んでしまうため，水面で捕食するハマダラカには効果が薄く，また，高温や紫外線が毒素の持続性を弱めてしまうため，まだ，アフリカでの使用には問題がありそうだとのことでした．

彼女は，1年後にムビタに戻り，拡散性の高い粉末状のBtiとBsを用いた蚊の駆除の研究を本格的に始めました．そして，私達の作った繁殖地の地図をもとに蚊の駆除を行ない，2003年には，ムビタの蚊は，劇的に減少しました．住民も蚊が少なくなったので雨期でも蚊帳を使わなくなったほどです．そして，2007年からは，ビクトリア湖に浮かぶ約2万人が住んでいるルシンガ島で，この環境にやさしいボウフラ駆除法を使い，実際にどのくらいの子供を救うことができるかを明らかにする研究計画を立てています．それには，ただ人を雇ってBtiとBsをばらまくのではなく，住民の手で長く続けられるように，ボランテアで構成されたボウフラ駆除チームを組織しました．私達も彼女の研究に呼応し，比較のためにルシンガ島周辺にある三つ

図5 大きな島は，ルシンガ島，手前の半島にICIPEムビタ・ポイント試験地がある．

の島でこの方法を試す予定です（図5）．

*

　私（皆川）が始めてICIPEのムビタ・ポイント試験地を訪れたのは，1997年10月でした．その年はインド洋の海面水温が上昇するダイポール現象の影響による長雨でケニア国内の道は至る所で破壊されていました．ムビタへの道も田んぼのようになっており，4輪駆動車を前後左右に滑らせながらやっとのことでムビタにたどり着いたのを昨日のように覚えています（ムビタへの道は今でも雨が降るとぬかるみます）．ムビタ・ポイント試験地に赴任してからは，ひたすらぐちゃぐちゃになった田舎道を走りながら蚊の繁殖地の調査をしていました．乾季にも雨が降り続いており，繁殖地は至る所にありました．ある日，赤ん坊を抱いた男性が道路脇の木陰の下に立っているのを見かけました．赤ん坊が病気で病院に連れて行くためにひたすら車が来るの待っていたのです．当時は，車を滅多に見かけない道路でした．赤ん坊をみたらぐったりしており，生きているかも疑わしい状態でした．ともかく，車を1時間ほど走らせ，その地域で一番大きい病院に連れて行きました．病院に着いてみると，病人が廊下や庭まであふれかえっていました．しかし，そ

の病院には医者はおらず,薬もありませんでした.その後も,何人ものマラリアに感染したらしい子供を病院に連れて行きましたが,ちゃんと治療が受けられたか疑わしいです.

　当時は,マラリアの流行がムビタのような通年感染地域ばかりでなく,マラリアが希であった高地などでも発生しており,流行に関する記事が毎日のように新聞をにぎわしていました.ケニア各地の病院の統計をみますと,1997年から1998年にかけて多くのマラリア患者が発生しているのがわかります.しかし,1997年の12月だけ患者数は0になっています.それは,その月に看護婦が政府の賃金未払いに対して,全国規模でストライキを起こしたため統計がないのです.つまり,信じられないことですが,ケニア史上最もマラリアが流行した時期に病院が機能していなかったのです.そのために犠牲になった患者も相当あると思われます.このように,アフリカのマラリア問題解決には科学や医療の進歩は不可欠としても,同時に,政治や経済が改善されなければならないと痛感させられました.

さらに詳しく知りたい人のために

デソウィッツ,R.S.(栗原豪彦訳)(1996;原著1991)『マラリア VS. 人間』晶文社.(マラリア対策の歴史,研究,関連するビジネスなどを含め,なぜマラリアがなくならないかを探った本)

Fillinger, U. and Lindsay, S.W. (2006) Suppression of exposure to malaria vector by an order of magnitude using microbial larvicides in rural Kenya. *Tropical Medicine and International Health*, 11:1629-1642.(ムビタで行なったBtiとBsの実験結果)

Gillies, M.T. and de Meillon, B. (1968) *The Anopheline of Africa South of the Sahara*. 2nd ed. Publication of the South African Institute for Medical Research.(出版されて40年経つが,アフリカのハマダラカ研究に必須の本.ハマダラカの検索表,分類,生態など,特にマラリア媒介蚊は詳しく解説.http://wrbu.si.edu/ より,ダウンロード可.1987年に補足版を出版:Gillies & Coetzee)

Patz, J.A. and Olson, S.H. (2006) Malaria risk and temperature: Influences from global climate change and local land use practices. *Proceedings of the*

National Academy of Sciences of the United States of America, 103：5635-5636.
（気候変化と土地利用変化がマラリア感染に及ぼす可能性を紹介）

Schwartz, A. and Koella, J.C.（2001）Trade-offs, conflicts of interest and manipulation in plasmodium-mosquito interactions. *Trends in Palasitology*, 17：189-194.（マラリア原虫と媒介蚊の交互作用についての総説）

コラム5　ネックレスになった昆虫

　アフリカ大陸のサハラ以南の地域，いわゆるブラック（黒人）アフリカには，今なお伝統的な暮らしを続ける様々な民族が住んでいます．彼らは砂漠や半乾燥地帯など，厳しい自然環境下で生活を送っています．しかし，そうした過酷な生活の中でもオシャレを楽しむ，実に豊かな心の持ち主です．彼ら彼女らは，身近な自然の中で動植物に美を見出し，独自の美意識のもと，それを積極的に自分のオシャレに取り入れます．それが如何なく発揮されるものの一つに，動物性素材を用いて作るネックレスなどのアクセサリーがあります．アクセサリーの材料に用いられる動物性素材は，大型動物の骨や角，ダチョウの卵殻，ヤマアラシのトゲなど多様です．ダチョウの卵殻は細かく砕き，ビーズに整形して用います．そのような動物性素材の中で最もユニークなものの一つに，昆虫および昆虫由来のもの（卵塊や繭など）があります．
　本物の昆虫を素材にして作ったアクセサリーで，私が唯一目にしたのは，甲虫すなわち鞘翅目に属する一種の茶色の上翅と黄色や赤のガラスビーズで作られたネックレスです（写真）．ケニアのナイロビ市内で定期的に開かれる，通称「マサイ・マーケット」（おもに外国人観光客相手にケニアの土産物を売る店が集まる青空市）で偶然見つけました．食料になるシロアリは例外として（13章），ケニアの人々は一般的に，昆虫に対してほとんど関心を示しません．それゆえ，このような本物の昆虫を素材にしたネックレスは，とても珍しいものです．しかし，どんな人（民族）の作品なのかはわかりませんでした．
　南部アフリカには，昆虫や昆虫由来のものをアクセサリーの素材に用いて

いる民族がいます．野中健一氏の『民族昆虫学』によれば，サン（ブッシュマン）の女性は，ゾウムシをまるごと採集バックの飾りにアクセサリーとしてぶら下げます．しかも驚いたことに，このゾウムシは，生きたままのこともあるとのことです．また，カマキリの卵塊は，ネックレスの飾りに用いられます．さらに，いくつかの民族グループでは，カレハガの繭をダンシング・ラトル（踊りの際に用いるガラガラの一種で踊りに合わせて鳴る）として足に付け，楽器兼アクセサリーとして用いています．繭表面の細かなトゲを取り除き，中の蛹を取り出た後に，小石を入れたり，細かく砕いたダチョウの卵殻を入れたりします．彼らは目と耳の両方で繭を楽しむのでしょうか．（菅　栄子）

甲虫の一種の茶色い上翅を飾りにしたガラスビーズのネックレス．長さ約65cm．

第 11 章

眠り病とツェツェバエ

針山孝彦

■害虫と益虫

　昆虫は地球上でもっとも繁栄している動物の一つの綱（現在，生物は，動物界・植物界・菌界・原生生物界・モネラ界の五つの界に分けられていて，それぞれの界は，門・綱・目・科・属・種の階級の順で細かく分類されています）であると，よくいわれます．その理由は，動物の中で最も種数が多く，世界中で100万種近くの記載がなされており，実際に種の数がどれくらいになるかわからないほどだからです．種数だけでこれほどですから，その全体の個体数となると，もう気の遠くなるほど数え切れない数になってしまいます．この多くの種が存在しているということは，昆虫が他の綱に属する生物に比べて，驚くべき多様化を遂げたことを示しています．多様化したというのは，それぞれの種が生活するそれぞれの環境に適応して自分たちの種の形態や生活様式などを変え生存してきたということを示しています．
　多様化した昆虫の中で，多少なりとも人の生活に害をなす昆虫を害虫といいます．虫が害虫になろうとして生まれてきたわけでもないのになんとも可哀想な呼び方ですが，確かに蚊に刺されて痒い思いをすると，「この害虫め！」と言いつつパシリと潰してしまいます．一方で，人の生活に利益を与える昆虫は益虫と呼ばれます．一種類の昆虫なのに成長段階によって，害虫と呼ばれたり益虫と呼ばれたりするものもいます．例えば，モンシロチョウやアゲハチョウは，幼虫のときそれぞれアブラナ科やミカン科の植物の害虫であり，成虫になれば花粉を媒介する益虫と呼ばれることになってしまいます．花粉を媒介し，蜜を私たちに提供してくれるミツバチに刺されたとき，皆さんは

ミツバチを害虫・益虫のどちらに分類しますか？多様な虫たちに対する，この害虫や益虫という呼び方を考えると，人間の環境に対するエゴを自覚することができ，誠に申し訳ない気持ちになります．とは言え，自分は良寛さんと違って，自分の血を蚊に吸わせることはできないし，ましてや昆虫による大規模な食害があったり，取り返しのつかない病気などを媒介するものであったりすると，人間のエゴであることはわかっていても，昆虫をコントロール（個体数を減らすこと，あるいは制御すること）する手助けに参加したりします．人間，勝手なものです．僕も，アフリカのフィールドで実際に昆虫の駆除方法を真剣に考えたことがあります．そのお話をしましょう．

■トリパノソーマとツェツェバエ

害虫と呼ばれる虫の仲間として，アフリカにツェツェバエがいます（口絵4；8, 12章）．このツェツェバエはアフリカのサハラ砂漠以南に限局して棲息しています．ツェツェバエが害虫と呼ばれるゆえんは，吸血するこの昆虫が血液を介してトリパノソーマ（口絵5，6）と呼ばれる病原虫を媒介するからです．病原虫というのは，病気を引き起こす原虫のことで，原虫とは原生生物（単細胞性の真核生物）を意味します．トリパノソーマは，原生生物の中でも運動性の鞭毛をもつ鞭毛虫類に分類されていて，哺乳類などの宿主に眠り病と呼ばれる病気を引き起こします．私たちは真核生物の仲間ですから，病原虫自身，私たちの細胞と同程度の大きさであることになります．顕微鏡で観察すると，ヒトの赤血球と形は違いますが，大きさは同じくらいです．長い進化を遂げた私たち多細胞生物は，病原体などの外来の異物を認識し取り除くというすぐれた免疫機構をもっています．ところが，トリパノソーマは，この免疫機構から逃れる忍者のような仕組みを備えているのです．ヒトを含む哺乳動物の身体に入った外来の細胞を異物として認識するには，細胞膜を構成している膜タンパク質とヒトの膜タンパク質との違いを白血球が区別する必要があります．ところが，トリパノソーマの細胞膜は単一の糖タンパク質からなる厚い膜でおおわれており，この抗原となる糖タンパク質の表面を変化させ，宿主の抗体による免疫的な排除から逃れているのです．トリパノソーマは宿主が免疫機構をもっていようといまいと，いろいろな生物

に侵出し寄生してしまうことができるのです．このトリパノソーマは，アフリカの昆虫・植物・脊椎動物に寄生はするものの，たいした害は与えません．それらの動植物は長年のつきあいで，トリパノソーマの害から身を守るように進化してきたのかもしれません．ところが，人や家畜が感染すると致命的な病気にかかることがあります．

　アフリカの野生動物の血液中にはトリパノソーマが潜んでいて，ツェツェバエがたとえばアンテロープの血を吸うと，トリパノソーマはツェツェバエの腸内に入り込みます．ツェツェバエの腸内で増殖し脊椎動物に感染できる形に変化しながら，トリパノソーマはツェツェバエの唾液腺に達します．そんなツェツェバエにヒトや家畜が刺されると，ツェツェバエの唾液を通してトリパノソーマに感染するのです．ヒトの血中でトリパノソーマはまたたくまに増殖し，鞭毛の動きにうながされて血球の間をさまよいます．

　トリパノソーマに感染したツェツェバエに刺されても，しばらくの間は発熱しません．その後，罹患者は（まれに感染してもまったく症状が出ない場合もありますが）熱発作を起こし，貧血になり体力が落ちます．ヒトの体内で何百万もの個体数に増殖したトリパノソーマから出る毒物のせいです．脳や脊椎周辺の体液が侵されると患者は急激に弱って，ついには意識を失い，眠っているように見えます．そのため，ヒトに感染した場合は眠り病と呼ばれます．そして死に至ることもあります．ウシなどの家畜の感染の場合はナガナ（nagana）と呼ばれます（8章）．このトリパノソーマによる病気の蔓延は，ヒトや家畜への害として多大なものがあり，社会経済学的視点からトリパノソーマのコントロールが求められます．ところが，原生生物という小さなサイズの生物が，昆虫や植物や脊椎動物などの広い範囲の生物に寄生しているとなると，トリパノソーマ自身を直接撲滅することはとても不可能です．対症療法として罹患してしまった患者のトリパノソーマを除去する（治療する）か，中間宿主であるツェツェバエの数を減らすという方法でコントロールすることが現在考えられる最適な方法です．

■どのようにしてツェツェバエをコントロールするか

　ヒトや家畜への中間宿主のツェツェバエは，昆虫類の分類群の一つである

双翅目に属します．その仲間には，カ（蚊），ガガンボ，ハエ，アブ，ブユなどがいます．ツェツェバエはかつてイエバエ *Musca domestica* Linnaeus と同じ仲間の Muscidae という科に属していましたが，現在ではツェツェバエのすべての種は，*Glossina* と呼ばれる属に属し，ツェツェバエ科 Glossinidae に移されています．ツェツェバエがとまるときは，あたかもハサミの刃をしっかり閉じたように二枚の翅を腹の上側で重ねることや，口吻（proboscis）が前方へ突出しているなど，イエバエなどのハエと大きく異なる形態的特徴があげられます．双翅目昆虫の生活史は，卵・幼虫・蛹・成虫という完全変態です．ほとんどの双翅目のメスは卵を産み落としますが，ごく少数の種では幼虫を生み出します．ツェツェバエでは，卵がメスの体内で孵化し，成熟した幼虫（ウジ）になってから外に生み出され，その幼虫は餌を食べずに蛹化することができるという特徴をもっています（12章図1）．生み出された幼虫が，餌をとることなく蛹化するということは，幼虫のほとんどが成虫になることができるということを意味しています．マラリアを媒介するハマダラカであれば，幼虫の生活の場である水をコントロールするという生態学的防除法を適用できますが（10章），ツェツェバエの場合は，卵や幼虫時のコントロールは少々難しいことになります．成虫になった昆虫をコントロールするとなると，化学的防除法として殺虫剤を散布するか，ツェツェバエの天敵などを用いる生物的防除法が考えられます．前者の殺虫剤の散布というのは短期間の使用には効果的ですが，長期間使用を続けるとたいていの場合，生物が薬剤抵抗性をもつようになります．またアフリカのような広大な場所に散布するとなると非常にお金がかかることと，ヒトを含む他の生物への害も心配になります．また散布の結果，生態系を乱してしまうことにもなりかねません．後者の，生物農薬ともいえる天敵の使用は魅力的ですが，残念ながら現在のところツェツェバエの数を急激に減少させる有効な天敵は発見されていません．機械的に1匹1匹丁寧にハエ叩きで殺していく手もありますが，この方法はヒトに近づいてきたツェツェバエにのみ有効な方法で，病気の蔓延を防ぐ方法には適用できません．残された方法は，生物の特性を用いた物理的防除法ともいえるトラップ法です．

　トラップ法は対象となる害虫や適用場面が限定され，用いる資材は比較的経費を要しないという利点があります．ツェツェバエのコントロールだけを

したいということでは，対象となる害虫が限定されることは好都合です．なぜ対象となる害虫が限定されるかというと，この方法は物理的防除法とはいうものの，生物自身がもつ情報処理システムそのものの特性を活かしているからなのです．生物の行動は，受容細胞によって外界の情報を受け取り，神経系によって神経の集まりである情報処理器官（脳など）に送られて，その後再び神経によって筋肉や腺などの効果器を動かして達成されます．その行動がどれくらい複雑であるかという視点から，行動は反射行動，本能行動，学習行動，知能行動とに便宜上区別されています．反射行動は，ある刺激に対して必ず起こってしまう行動様式であり，有名なものは瞳孔反射や膝蓋腱反射があります．走光性や走流性なども反射行動に含めて良いでしょう．本能行動は，ある特定の刺激に対して，一連の行動が階層的に起こるもので，この階層行動を引き起こす特定の刺激のことを特に鍵刺激と呼んだりします．情報処理システムが発達した動物では，試行錯誤によって行動の効率をあげるという学習行動もあります．トラップで生物を採集し撲滅する目的であれば，反射行動や本能行動はもちろん，学習行動までの行動特性を用いることが可能です．知能行動はわれわれヒトを含む数種がもつ予測をすることのできる行動様式ですが，ほとんどの種では知能行動はないかあっても未熟なレベルです．環境の中にトラップという特別な構造があると，知能をもっている動物だと，それが何であるか警戒したり予測したりして，トラップに集めることは困難です．ところが，試行錯誤を行なう学習行動でも1回限りで採集されてしまえば，トラップを学習して逃れる行動を形成することはできず，ましてや反射行動や本能行動では外界に存在する固有の刺激に対して必ず一定の定型的な反応を示してしまいます．そのため，ある動物の生物学的特性を知り，その特性を利用することができれば，トラップ法は動物種を限ってコントロールすることができるとても有効な手段となります．

　一般に昆虫のトラップというと，郊外のコンビニエンスストアの店先にある紫外線ランプと高電圧の電撃ショックを組み合わせたものや，餌をおいて動物をおびき寄せるものが思い出されるのではないでしょうか？紫外線ランプがツェツェバエに有効であることは，1983年にグリーン（Green）さんとジョーダン（Jordan）さんによって示されたのですが，もしもこの紫外線ランプと電撃ショックを組み合わせたものを用いれば，他の昆虫もおびき寄せ

ることになります．なぜなら，紫外線への走光性というのはほとんどの昆虫がもつ共通の特性だからです．もしもこのトラップを用いると，他の昆虫の減少にもつながりかねません．それに，紫外線トラップがツェツェバエにだけ効果的な刺激であったにせよ，これをアフリカの田舎で使用するにはコストがかかりすぎ，ランプの電源をどうするか，照明装置が壊れたらどうやって修理するかという問題も生じます．実は，紫外線ランプが有効なのは夜間であり，昼行性のツェツェバエに対して昼間に劇的効果をあげるというわけでもないのです．一方で，餌によるトラップもツェツェバエに対して有効ですが，ツェツェバエの餌は大型の野生動物や家畜なのでコストがかかり，その上どのようにトラップを作ればよいかわかりません．餌の体臭に近い匂い物質もそれなりに有効ですが，ツェツェバエは昼行性昆虫特有の視覚刺激による行動が中心のためか餌の化学物質だけによる誘因効率はさほど高くありません．さてさてどうすればよいか…．ツェツェバエだけが強くもつ特性はないのだろうか？

■国際昆虫生理生態学センター（ICIPE）で開発されているトラップ

　赤道直下の国ケニアの首都ナイロビ（Nairobi）は，マサイの言葉のNyrobi（あるいはNyarobe）であり，冷たい水という意味をもっています．ナイロビはその名の通り一年を通して23℃ぐらいで，日差しが強いなあと感じたときに確かにここは赤道直下だということを思い出すのですが，適度に乾燥しておりとても過ごしやすい場所です．ナイロビに国際昆虫生理生態学センター（ICIPE；16章）があります．ICIPEでは，害虫のコントロールに結びつくいくつかのプロジェクト研究が進んでいますが，その中には眠り病を媒介するツェツェバエのコントロールの研究もあります．そのプロジェクトの目玉ともいえるすばらしいトラップが開発されていました．紫外線ランプでもなく，餌の化学物質だけでもなく，しかもコストがほとんどかからないものです．それは，1×4mほどの青い布を横に広げてこの布にツェツェバエを誘うという簡単なものです．この布を原野に広げておくと，やってくる昆虫のほとんどがツェツェバエなのです．青い布を広げてツェツェバエを誘引する操作だけだと，ツェツェバエはしばらくすると飛び去ってしまいま

す．そこで，トラップに一工夫を施します．2枚の青い布の真ん中に黒い布を貼り付けるのです．青い色に誘われたツェツェバエは，ほとんどの場合，青い色と黒い色の間か黒い布に着陸します．青い色は遠くから惹きつけるための色で，着陸には黒い色が必要なようです．トラップにはもう一つ工夫が施されています．黒い布の上に白いピラミッド型の布を用意しておくのです．着陸したツェツェバエは，青い布に向かっていた飛翔時と行動様式が切り替わります．地球の重力のベクトルと反対方向に進もうとする負の走地性と白い布で囲まれた明るい光のある方へ進もうとする正の走光性の相乗効果によって，トラップの上側に歩いて登るのです．このトラップの最後の工夫は，白いピラミッドの先に直径3 cmほどの穴があけられていて，その穴の先にビニール袋が止められているというものです．ツェツェバエが最後に行き着くところは，ツェツェバエがどうしても行きたかった上の方の明るい場所です．ビニール袋の中は，ツェツェバエでいっぱいになります．そして，赤道直下の太陽光線の熱によって，ツェツェバエは蒸し焼きとなるのです．日本のスーパーマーケットなどのレジでもらえるような袋をつけておけば，1週間に1回ほどビニール袋の中味をトラップの周辺に巻き散らかし，改めてトラップの穴にかぶせておけば良いのです（図1）．

ツェツェバエがもつ情報処理システムの特性そのものを利用しているので，

図1　実際にフィールドに設置しようとしているトラップ．向かって左側の人がもっているのは研究用の採集ネットだが，実際にはこのネット代わりにスーパーマーケットの買い物袋を輪ゴムでとめる．ネットの下には，白いピラミッド型の布があり，その下には黒い布がある．両側には青い布が広げられておりそこにツェツェバエが飛んでくる．

ツェツェバエが撲滅されるまでこのトラップで捕獲し続けることができます．まさに諺の字句のとおり「飛んで火に入る夏の虫」です．廉価で，トラップの組み立て方法についての教育の時間もほとんど必要としません．布さえあれば，いつでも誰でもすぐに簡単にセットできるのです．

■ツェツェバエの眼

　青い布を選んだのは，ツェツェバエをコントロールするために，グリーンさんとフリント（Flint）さんが1986年に試行錯誤的にいろいろな色を野外で実験してみた結果，最もトラップへの採集率が高かったからです．でも実際のところなぜ青色なのか，本当に青色がベストの色なのかなどは不明のままです．ツェツェバエが実際にどの色を好むのかということがわかれば，より採集率の高いトラップを作ることができるのではないでしょうか？

　先に述べたように，ツェツェバエは双翅目というグループに属します．双翅目の仲間のハエ（*Musuca*, *Calliphora*, *Drosophila* など）は視覚情報処理研究の好材料で，これまで数多くの先端的研究がなされています．これらのハエの複眼は，数多くの個眼の集まりでできており，一つの個眼は角膜と円錐晶体という二つの部品からなるレンズ系をもち，レンズ系に続いてラブドームと呼ばれる光受容部位をもつ視細胞が並んでいます．光受容部位であるラブドームは多数のマイクロビライ（microvilli：微絨毛）の集まりであり，発色団とタンパク質からなる光受容物質ロドプシンは，そのマイクロビライを形成する細胞の膜中に埋め込まれた状態で高密に存在しています．発色団は，ビタミンAのアルデヒド体で，生物が視物質として利用しているものとして現在までに，レチナール，デヒドロレチナール，3-ハイドロキシレチナールおよび4-ハイドロキシレチナールの4種類が見つかっています．ツェツェバエでは，ハエと同じように，3-ハイドロキシレチナールが発色団として存在しています．ロドプシンのタンパク質は特にオプシンと呼ばれ，このオプシンの中に発色団が結合することで，可視光域の吸収帯域になるのです．ロドプシンの吸収帯域は，発色団がどのような種類であるかということと，オプシンを形成するアミノ酸の配列の仕方によって決まります．昆虫の可視光域は，350nmぐらいから650nmぐらいの範囲をカバーしていますが，こ

れは別々の視物質が存在することによっています．色弁別が昆虫でも可能になるためには，別々の波長帯域をカバーするロドプシンが，別々の視細胞に存在していることが必要条件になります．ツェツェバエの場合は，単一の3-ハイドロキシレチナールだけの存在が確認されているのですから，アミノ酸配列の異なるオプシンが数種類別々の細胞に存在している必要があります．別々の視細胞が，別々の波長帯域をカバーしているかどうかを調べる最も的確な方法は，細胞内記録法というものです．先の太さが1μm以下のガラス微小電極を単一の視細胞に刺入し，光を照射すると細胞の電位のレベル（応答の大きさ）が変化します．種々の単色光を照射して，視細胞の応答の大きさを測定すれば，スペクトル光に対する視細胞の反応性を知ることができるのです．この方法で記録すると，大きく分けて，広い帯域をカバーする視細胞，緑に感度をもつ視細胞，紫外部に感度をもつ視細胞の3種類がみつかりました．これは，ツェツェバエが色弁別能をもつ可能性，つまり必要条件は満たしていることになります．

ハエでも，ほぼ同じスペクトル応答をする視細胞があることが細胞内記録法やMSP法（顕微鏡で視物質がどの帯域を吸収するか観測する方法）などを駆使して詳細に研究されており，またそれらのスペクトル応答をもつ視細胞の個眼内での配置についても詳細な報告が数多くあります．福士先生は，ハエにある色紙の上で砂糖水を飲ませるという操作をして，色と砂糖の甘さを連合学習できることを示しました．その後，連合学習させた色紙と，別の色の色紙を平面上にバラバラに置いて，ハエがどの色の色紙に数多く立ち寄るかという実験をして，ハエが色を弁別できることを行動学的に見事に証明されました．一方で，トロジェ（Toroje）さんはこのハエの色弁別の仕方は，ヒトなどがやっている1nm毎ではなく，大きく三つのカテゴリーに色を分けているのではないかという報告もしました．とにかく，ハエが種々の色に応じた視細胞をもっていることと，色を覚えたり区別したりするという行動実験から，ツェツェバエも色弁別能をもつ可能性が非常に高いと考えられたのです．

■なぜ青色なのか？

色弁別に主な役割をもっているのは，中心視細胞と呼ばれる部分で，そこ

には大きくわけて二つの別々の視細胞が存在しています．それらの応答波長帯域は，ツェツェバエを用いたハーディ（Hardie）さんの研究により，それぞれ紫外部と緑色部であり，これまでのハエの視細胞の報告とかなり一致していました．グリーンさんとフリントさんが，青色のトラップが効果的だったと報告したのは，紫外部域に高い感度をもつ視細胞が青色の刺激を受けて興奮することで，目的物に飛翔したくなることなのかもしれません．そう考えれば，グリーンさんとジョーダンさんの実験で，紫外線の誘蛾灯などが効果的であったという報告とも矛盾しません．でもそんなに単純な仕組みなのでしょうか？この仕組みであれば，ツェツェバエがもっていると思われる色弁別の仕組みは必要ないことになります．紫外部に対する視細胞興奮が高ければ，対象物への飛翔のモチベーションが上がることを認めたにしても，実際にツェツェバエの宿主である哺乳動物たちの毛皮は青色のものはないのです．ひょっとすると，ツェツェバエの色弁別に使われている視細胞を適当なバランスで刺激してやれば，トラップに効率的に誘引できるようになるのではないでしょうか．

　実験はとてもシンプルなアイデアをもとに始めました．中心視細胞が色弁別に大きく関与しているであろうという予測から，別々の中心視細胞がそれぞれ刺激される青色と緑色の混合比を変えればツェツェバエの採集率が変化するだろうという作業仮説を立てたのです．色を変えた布を用意してトラップを作成し，ツェツェバエがどの色のトラップにやってくるか待つだけです．実験を開始しようとして，ナイロビの町の生地屋さんに行っていろいろと布を探しましたが，適当な色のものがなかなか見つかりませんでした．仕方がないので，塗料店に行って，反射スペクトルの大まかな表示のある緑色のスプレー式ペンキを買ってきて，青い布に適当な量ずつ吹きつけ，4種類の布を用意しました（口絵7，8）．ところが，この緑色のペンキを吹きつける操作で，布の色が少々くすんで見えるようになってしまいました．くすんで見えるというのは，反射光量が低いことが一つの原因です．この反射光量が気になります．なぜなら，広い原野にトラップを設置していれば，当然のことながら反射光量が多い方が，遠くからツェツェバエを惹きつけることができると予想されるからです．生地屋さんにもう一度行って，より明るく見える緑色の生地を購入し，元々の青を加えて，計6種類のトラップを用意しまし

た．これらの反射スペクトルを測定した結果を口絵8に示します．購入した生地のままの，青色と緑色のトラップの反射光量が多いことがわかります．これを仕立屋さんにお願いして，図1に示したNgruman 2B（Brightwell et al. 1987）と呼ばれるトラップの形に仕上げてもらいました．

■フィールドでの実験

　フィールドでの実験は，ケニアのカジアドのングルマンという所で行ないました．大地溝帯の中のここは，サバンナ（サバナ）の中に川が流れており湿度が高いのでツェツェバエが多く生息しています．ここには，ツェツェバエの研究のためにICIPEの研究施設が建っています．研究施設とはいうものの，広い敷地の中に日本でいえばバンガローのような宿泊小屋と，簡単な実体顕微鏡などがおかれた実験小屋がある程度でした．この周辺は水が豊富なので人も生活しています．研究施設から車で10分ぐらいの所にマサイ族の村があり，時々気分転換に遊びに行きました．いくつかの商店もあり，ノンバリディビア（冷たくないビール）を買ってきて，研究施設に備え付けのガスの力で冷やす冷蔵庫に入れておいて飲むのが楽しみでした．肉屋もあって，店の前を通ると生臭い肉が天井からぶら下がっていて，なんだか商店の原点を見たような気になったものです．

　実験は，この町から5kmほど離れたフィールドで行ないました．6種類の色のトラップを用意したために，移動日をあわせてまるまる1週間の実験が一つの単位となります．つまり，場所によってツェツェバエがたくさんいたり，太陽光線の当たり具合が違っていたりして結果が修飾されてしまうといけないので，毎日トラップの場所を入れ替えて，6種類のトラップが一巡したときを実験の終了としたのです．データ数を増やすために，6種類のトラップを3セット用意して計18個のトラップを使用しました．夜明け前の4時から起き出して準備を始め，ランドローバー（オフロード用の4輪駆動車）で出発します．各トラップの白いピラミッドの先につけてある小さな網の袋を回収し，トラップをたたみます．それをもって別の色のトラップの場所まで車で移動します．そこのトラップの白いピラミッドの先につけてある小さな網の袋を回収し，まったく同じ場所，同じ方向に向けて先に回収したトラッ

プを立てて，そこに新しい小さな網の袋を取り付けます．それを順繰りに繰り返すだけの作業です．回収した小さな網の袋をICIPEの研究施設まで持ち帰って，袋の中に集まったツェツェバエの種と雌雄を同定し，その数を数えるというものです．午前9時か10時には一段落します．

　実は，この実験をやっている時間が一日の中で最高に良い時間帯だったのです．さすがに赤道直下の大地溝帯は暑かった！日中は45℃ぐらいだったでしょうか．サバンナの各所で，熱による上昇気流が起こるらしく，そこここに竜巻が起こっていました．ングルマンの周辺は川のおかげで林があるというものの，暑さにさほどの違いがあるでもなく，酷暑の中どうやって時間をやり過ごすかが毎日の課題でもあったのです．その時の，一番のお気に入りは，施設内のシャワーでした．周辺の丘から川に流れ込む水を引き込んで作った水だけのシャワーは，火照った身体を冷やすのに最適で，一日に何度お世話になったことでしょう．シャワーを浴びては，日陰で，シマウマやバブーン（ヒヒの仲間）を見て過ごしていました．夕方になって太陽が沈むと，ほんの少しだけ涼しくなります．自家発電装置をもっている研究施設に電気の明かりが灯り，その明かりに向かって蛾などの昆虫が集まってきます．その昆虫を食べにコウモリがやって来て周辺の木にとまります．夕飯も終わってなんとなく散歩でもしようかなと思い，靴を履こうとするとすぐ近くでハイエナが鳴き，明かりで照らし出されている所以外には出る気がなくなってしまいました．太陽が沈めば，太陽からの直接の熱はやってこなくなるので，少しは涼しくなるのですが，日中暖められた周辺の熱が冷えるのには時間がかかります．夜中の2時頃になれば，気温もようやく下がり始め，ベッドでうとうとし始めることができました．そして2時間ほどうつらうつらしていると，目覚まし時計が音を立てるという具合です．

　人とのつながりは，酷暑の中でもホッとした気持ちにさせてくれます．近くに住んでいるマサイの子供たちが，日中ボーッとして過ごしているところに遊びに来てくれたのです．乾燥した豆を鞘ごともっていて，鞘ごと口に入れては，堅い部分をペッペッとはき出している女の子と男の子でした．女の子はカンガという一枚の布を身体に巻いており，男の子は上半身裸でショートパンツをはいていました．足は裸足です．風情は外国人ですが，乾燥した鞘付き豆をもっている姿は，日本の子供が棒状の駄菓子をもって歩いている

のにとても似ていました．笑顔は万国共通の言語です．ニコッと笑えば仲良しになれるだろうと思って，ニッと笑いかけると，予想外に逃げ出すではありませんか．彼らは数メートルだけ離れた後，また傍までやって来ました．もう一度ニッと笑いかけると，また逃げだし，今度はうれしそうにしています．そしてまた近づいてきて，子供たちがニッと笑いました．なんだ，仲良しになれたかと思ってホッとしていたら，実は口を開けろとせがまれていたのです．日本で虫歯を修理してきた金属がとても彼らには面白いようで，なんども口を開けさせられました．彼らにとって鬼の口とでも思ったのでしょうか….

■実験結果——ツェツェバエは青色に本当に惹かれるのだろうか？

　ツェツェバエの宿主である哺乳動物たちの毛皮は青色ではないので，ツェツェバエの色弁別に使われている視細胞を適当なバランスで刺激してやれば，トラップへのより高い誘引率になるのではないかと考えて6種類のトラップを用意したのですが，ここで宿主の特徴も加えようと考えました．それは，ICIPEのトラップ開発で，ウシの尿とアセトンを別々の容器にいれてトラップの傍に置いておくと，ツェツェバエの誘引率が上昇するという報告があったからなのです．この化学物質の匂い刺激は宿主の匂いの代わりになっているのだろうと考えて，視覚刺激としてのトラップだけのものと，視覚刺激に加えて匂い刺激を加えたトラップの二つを比較してみようと思い立ったのです．ヒトを例にとるとわかりやすいのですが，カクテルパーティ効果という現象を考えてみてください．私たちはパーティの時に，雑音の嵐の中でも注意した相手の話を聞き取る事ができます．ましてや，来てくれることを期待していた恋人がパーティの席上に後から現れたりすると，数多くの人の中から特別な存在として輝いて見えます．注目した相手は特別な情報源となるのです．動物の行動の場合もしばしば同じ刺激源（情報源）であっても，動物のモチベーションのレベルの違いによって行動の結果が違うことがあることも考慮しなくてはいけないと考えたわけです．

　ICIPEの研究施設のあるングルマンの周辺でトラップに集めることのできたツェツェバエの種は，*Glossina pallidipes* Austen と *G. longipennis* Corti

の2種でした．トラップに捕獲された個体数を縦軸に，匂い刺激の有る無し，雄雌別に，横軸にトラップの色を用いてグラフに表してみました（図2）．すべて，匂い刺激が存在していた方が，捕獲個体数が倍以上多いことが分かります．実際にトラップを仕掛けるときは，少々面倒でもウシの尿とアセトンといった匂い刺激物質を置いておく方が効果的だという結果になりました．生物学的に考えると，この結果は，匂い物質があるとツェツェバエの行動を修飾していることを示しています．

　何が異なるのでしょうか？点線で示された匂い物質が存在していないときの捕獲個体数を見ると，青色が含まれている度合いが高いIが多く，緑の割合が高くなるにつれて減ることがわかります（$G.\ longipennis$ のメスの結果は，理由はわかりませんが例外です）．これまでICIPEでいわれてきた，青の布を用いたトラップに誘引された個体数が多いという報告，まさにその通りだったわけです．しかし，宿主の匂いを装った匂い刺激物質が存在したときは，緑色が適当な割合に混ざっていた方が，捕獲個体数が多くなったのです．すべての結果で，緑色が適当に混ざっているIIIかIVが多いのです．これは，ツェツェバエが宿主に向かう行動に切り替えたときには，視細胞が適当な割合で刺激されて宿主の色と錯覚するようになった方が，目的物への飛翔行動を高めていると考えて良いのではないでしょうか．青色の布と，緑色の布の反射率が高く，II，III，IV，Vが低いことを考えれば，視覚による目的物への飛翔が誘引されているのだから，II，III，IV，Vの反射率を高いものにすればより結果は顕著になる可能性もあると考えています．

　確かに，青い色に緑色を混ぜたトラップの色は，ヒトが見たときに宿主の色そのものではありません．そこで実際に，ヒトにとって茶色っぽく見える宿主の皮の色の反射スペクトルを測定すると図3のDとOで示したように，緑部分の反射がかなり強いことがわかりました．ヒトはこのスペクトルを見ることで，これだけ緑の反射があっても茶色っぽいと感じるのです．背景の葉っぱと同じように緑に高い反射があっても，ヒトも森の中で野生動物の茶色と森の緑を区別しているわけです．ヒトにとっての色世界は，網膜の中心窩にある3種の錐体細胞が適当な割合で刺激されることであり，ハエにとっての色世界はたぶんそれぞれの個眼にある中心視細胞が適当な割合で刺激されることなのでしょう．このような感覚受容器そのものの違いだけでなく，

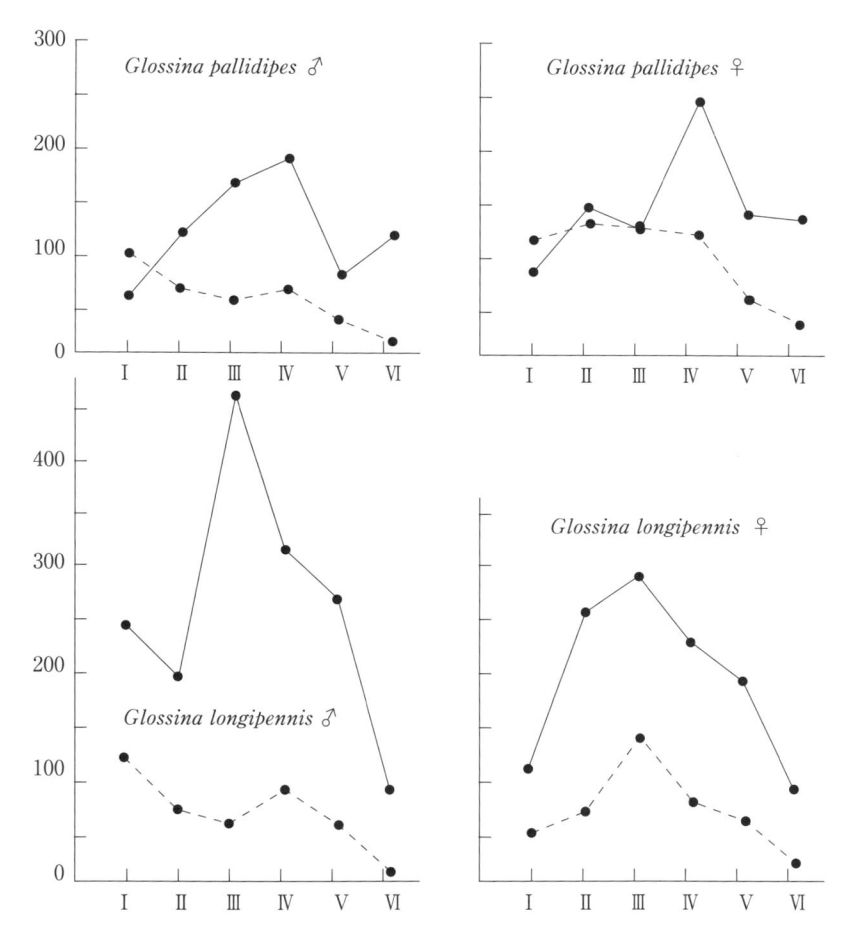

図2 ツェツェバエのトラップで採集できた個体数と，トラップの色の関係．点線は，匂い物質がないトラップを用いたときの結果．実線は，同様のトラップに匂い物質（ウシの尿とアセトン）を置いたときの結果．匂い物質を置くと，採集できた個体数が上がるだけでなく，色の嗜好も変わって，ⅢやⅣの緑色が強い方が好まれることがわかる．

　先に述べたトロジェさんの行動実験による結論のように，色弁別の仕方つまり色の情報処理系も大きく異なる可能性もあります．ヒトとツェツェバエの色世界が一致していない可能性が高いのです．
　ただ，これまで行なってきた実験だけでは，ツェツェバエが本当に宿主の色を求めた結果，青と緑の色によって視細胞を刺激されてトラップにまっし

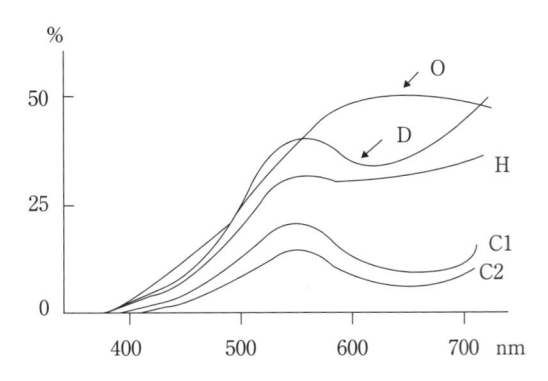

図3　C1とC2は葉，Oは牛の皮，Dはディクディク（dikdik；森林性で最小のアンテロープの一種）の皮，Hはイボイノシの皮の反射スペクトル．いずれもツェツェバエの宿主となる動物である．OもDもHもヒトの目には茶色に見えるのが，反射スペクトルを測定すると緑の部分と，葉に比べて青の部分の反射率が高いことがわかる．

ぐらに向かったのかどうかはわかりません．宿主の体色は，森林や土の色という背景に隠れるように進化してきているのに，その中のどのような色成分をツェツェバエは使って背景から宿主を浮かび上げるというコントラストを作り出しているのか興味がわきます．昆虫にとっての色世界の不思議を真剣に覗いてみたいものです．いつか，その青色と緑色が適当なバランスで含まれている高い反射率の布を探してトラップを作成するとか，IとVIの布を小さく切り取ってパッチワークをしたトラップを作成してングルマンの森に仕掛けてみたいなと夢見ています．その時には，ツェツェバエの宿主の体色と同じ色の布でできたトラップも置いてみて，ヒトの視覚世界と昆虫の視覚世界の違いも考えていきたいと思います．

■ツェツェバエはなぜ害虫なんだろう

ICIPEを中心としたツェツェバエ駆除計画のおかげで，20世紀半ば以降，眠り病は激減しました．しかし，眠り病が発症する地域で研究したり旅行したりするときは，モスキートネットを使う，網戸のある部屋で生活する，全身を覆う服装をするなどの感染対策が相変わらず必要です．ツェツェバエの主な宿主である野生動物たちは，そんな特別な感染対策もせずに，生き延び

ています．ウシなどの家畜はツェツェバエと共に同じ環境で生きてこなかった動物だから，ナガナと呼ばれるヒトの眠り病と同じような症状になることも理解できるのですが，アフリカの地から生まれてきたヒトがなぜ眠り病に悩まされているのか不思議でなりません．何故，トリパノソーマとの長年のつきあいの中で，トリパノソーマの害から身を守るように進化できなかったのでしょうか．他の野生動物と同じに耐性を何故獲得できなかったのかしらんと思うのです．ヒトに近縁な霊長類ではどうなのでしょうか．3400万年前の地層からツェツェバエの化石が見つかっているそうです．ヒトよりも先輩のツェツェバエは，新参者のヒトを許さんとでも思ってトリパノソーマを使って害虫になり，ヒトを駆逐しようとしているのでしょうか？もちろん，これは冗談です．真面目な話，トリパノソーマ自身も，生活史の中で不可欠なツェツェバエやヒトなどの宿主を撲滅してしまっては自身の生存も難しくなります．進化の中でどのように生物たちが関連をもって生活をしてきているのかを考えていけば，害虫という生物の単純な区別の仕方から離れて，害虫でも益虫でもないツェツェバエとの共存も夢ではなくなるのかもしれません．

*

　ナイロビから大地溝帯に降りていくンゴングヒルの涼しい風を忘れることができません．遠くどこまでも続く暑い大地溝帯はヒトの誕生の地であるといわれ，ンゴングヒルから眺めるとなんとなく懐かしささえ感じることができました．でも，大地溝帯のあの暑さにさらされている最中には，バリディビア（冷たいビール）がなければ，いくら研究とはいえ耐えられなかったでしょう．人間は本当に勝手なものです．日本を離れてアフリカの昆虫と戯れた経験，そんな経験が自分の身勝手さを振り返らしてもくれたのだと心から感謝しています．皆さんも，是非機会を見つけてあの大地溝帯の昆虫たちと遊んでみてください．バリディビアを片手に．

さらに詳しく知りたいヒトのために
ツェツェバエのトラップに関する文献として，以下のものがある．
Green, C.H. and Jordan, A.M. (1983) The responses of *G. morsitans morsitans* to

a commercial light trap. *Entomologia Experimentalis et Applicata*, 33: 336-342.

Green, C.H. and Flint, S. (1986) An analysis of colour effects in the performance of the F2 trap against *Glossina pallidipes* Austen and *G. morsitans morsitans* Westwood (Diptera: Glossinidae). *Bulletin of Entomological Research*, 76: 409-418.

Hariyama, T. and Saini, R.K. (2001) Odor bait changes the attractiveness of color for the tsetse fly. *Tropics*, 10:581-589.

ハエやツェツェバエなどの双翅目の眼や色覚行動に関する文献として，以下のものをあげておく．

Fukushi, T. (1994) Colour perception of single and mixed monochromatic lights in the blowfly *Lucilia cuprina*. *Journal of Comparative Physiology* (A), 175: 15-22.

Hardie, R.C. (1985) Functional organization of the fly retina. In: *Progress in Sensory Physiology* (Autrum, H. and Ottoson, D. eds.), pp. 1-79. Springer, Berlin.

Hardie, R.C. , Vogt, K. and Rudolph, A. (1989) The compound eye of the tsetse fly (*G. morsitans morsitans* and *Glossina palpalis palpalis*). *Journal of Insect Physiology*, 35:423-431.

Shaw, S.R. (1984) Early visual processing in insects. *Journal of Experimental Biology*, 112:225-251.

Troje, N. (1993) Spectral categories in the learning behaviour of blowflies. *Zeitschrift für Naturforschung*, 48C:96-104.

Vogt K. (1987) Chromophores of insect visual pigments. *Photochemistry and Photobiophysics*, Suppl., 273-296.

節足動物全体の眼の総説として，次の文献が参考になる．

針山孝彦・堀口弘子・植野由佳・弘中満太郎（2005）節足動物の視覚系とその行動．*Vision*, 17:27-38.

第 V 部
ヒトと昆虫のさまざまな関わり

第 12 章

原虫に冒された昆虫の疾患

トリパノソーマ原虫感染ツェツェバエの症状　　　　　　　　　千種雄一

　本書の目的のひとつにアフリカの昆虫のおもしろさを多面的に学部および大学院修士課程の学生に広く伝え，アフリカ昆虫学を目指す学徒を育てること，があります．本書を手に取られた学部・大学院修士課程の学生の皆さんの多くは，昆虫学専攻あるいは農学系・理学系の方ではないかと想像いたします．後にも触れますが，私は医学部で教育を受けましたので，疾患というとつい人間のそれをあてはめてしまいます．これを踏まえた上で本章では，昆虫学を専攻する学生や昆虫学に興味をもっている読者の皆さんに"（ヒトの疾患であるアフリカ睡眠病（眠り病）—睡眠とは生理的な失神をさしますので，疾患という概念からすれば以前の呼称である「アフリカ嗜眠病」の方が適切な述語かもしれません—の病原体である）トリパノソーマ原虫におかされた昆虫（ツェツェバエ）の疾患"について紹介することに挑戦したいと思います．ただし，「トリパノソーマ原虫におかされたツェツェバエの中腸・体腔・吻・唾液腺を顕微鏡的に観察すると，これこれの病理学的変化が観察された」形式の"昆虫病理学"には敢えて触れないことにしました．これらについてはすでに出版されている斯学の専門家の科学論文や成書を読まれることの方が，よほど正確かつ有用な知識を読者の皆さんは得られると思うからです．全くとは申しませんが，昆虫病理学を専攻していない医師である筆者が人間の患者さんを診る時と同様に，患者さんが訴える症状についてあるいはその疾患により不利益を被る，端的にいえば寿命が短縮されるとか，出産数の減少とかの観点にたって，昆虫の病気をこれからみていきたいと考えています．よって，まず初めに予備知識として病気の概念について整理し，それらを補足するかたちで症状についての考え方に触れます．そしてもうひとつ，トリパノ

ソーマ原虫に感染して(病気になった)ツェツェバエについて論じますので(ヒトの疾患を診る)内科学の観点からの感染症についての考え方も復習します.

上記の基礎知識を頭に入れていただいた上で,筆者が国際昆虫生理生態学センター(ICIPE:16章)で行なったトリパノソーマ原虫に感染したツェツェバエの症状のひとつとして摂食行動(feeding behavior:blood meal size 及び feeding frequency)の変化と罹患による寿命(longevity)の短縮の有無について文献的考察を加えながら紹介したいと思います.これらは筆者がICIPEで行なった研究の一部です.

■研究のきっかけ

本論に入る前にツェツェバエの幼虫と幼虫産下後1日後のもの(すでに蛹化しています)を図1に示します.これらからわかるように,ツェツェバエのメス成虫は卵ではなく3齢幼虫を産み落とします.因みに,本邦の一般的なハエ類では,クロバエ科のものは卵を産み,1齢幼虫を産むものとしてはニクバエ科のハエ類がいます.野外でツェツェバエを採集するのに用いるトラップは8章図4と11章図1に掲げられていますので,それをご覧下さい.

筆者がケニアのナイロビにあるICIPEに派遣されたのは1984年11月〜1985年9月の期間でした.本書で,私がトリパノソーマ原虫におかされた"ハエの疾患"を担当するにあたり,その背景を説明したいと思います.先にも少し触れましたが,ICIPEに派遣されたのは大学卒業後に医師国家試験をなんとかクリアして大学院(医学研究科・医動物学専攻)に進学し,同修了後に

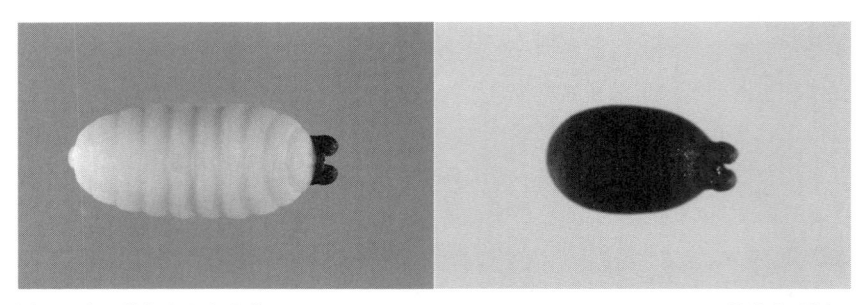

図1 産み落とされた直後のツェツェバエ*Glossina morsitans morsitans*の3齢幼虫(左)と産み落とされて1日後の蛹(右)

愛知医科大学・寄生虫学助手に採用されてから半年余り過ぎた時期でした．ICIPEではL. H. オティエノ（Leonard H. Otieno）の研究室に配属され，ツェツェバエとアフリカ睡眠病の病原体，トリパノソーマ原虫（*Trypanosoma*）について研究する機会を得ました．医学部で教育を受けてきたこともあり，あくまでもアフリカ睡眠病という疾患を念頭におき，その媒介者としてのツェツェバエについて勉強するつもりで，つまり人間の疾患が中心で，その疾患の媒介者としてのツェツェバエを扱うというスタンスで研究を始めました．実験はツェツェバエにトリパノソーマ原虫を感染させ，トリパノソーマ原虫感染バエと非感染バエとでその寿命，摂食・吸血行動に差異があるかどうかについて検討する，というものでした．ケニアの透けるような真っ青な空の下，そのような実験に明け暮れている時に，「ハテ待てよ，この感染ツェツェバエに吸血されたヒトはアフリカ睡眠病におかされるけれど，果たしてこれらのハエたちはトリパノソーマ原虫が体内に侵入して（感染と言ってよいかどうか）何らかの"病気"になっているのではないか？」という大変素朴な疑問が湧きあがってきたのです．つまり，ヒトはトリパノソーマ原虫におかされて病気（アフリカ・トリパノソーマ症＝アフリカ睡眠病＝African sleeping sickness）になるのはわかっているけれど，このトリパノソーマ原虫の生活環の中で重要な役割を果たしているツェツェバエも何らかの症状を呈しているのではないか？天寿を全うする事は出来るのか？つまり病気なのではないかと思い始めたのです．

■病気の概念について

そこで本論に入る前に，まず人体の，つまり医学における「病気」の概念について整理し，次にその「病気」に罹患した時の「症状」について補足説明をしたいと思います．そして最後にヒトの感染症を診る時・考える時の「感染症の概念」についても多少整理して触れてみたいと思います．読者の皆さんは，症状という述語についての説明はほとんど必要ない，と考えられているかもしれません．にもかかわらず，ここでなぜ症状について補足するかと申しますと日本語の「症状」という概念は英語のそれに比べるとやや不正確のように思うからです．日本語では症状という述語しか使用しませんが，英

語では自覚的な症状（symptom）と他覚的な症状（sign）を区別して用いています．昆虫の場合は自覚的な症状をとらえることは非常に難しいあるいは困難ですので，私達はツェツェバエの他覚的な症状あるいは所見によってのみ，彼らの病気（病態）を感知することになります．また，アフリカ睡眠病は感染症ですので，確かに"ハエにも"感染症を惹起することを証明するためにはコッホの4原則，1）その病原体がどの（ハエ）症例からも検出され，2）その病原体が分離されて培養でき，3）培養された病原体を感受性のある生物に接種するとその疾患を惹起し，4）その病原体を接種した生物より病原体を検出できる，を満たす必要があるかもしれません．しかし，これについては本章では触れないで，トリパノソーマ原虫が体内に侵入したことをもって感染症に罹患したと捉えることにいたします．

次に医学における一般的な「病気」の概念について，幾つかの用語を整理して多少の説明を試みたいと思います．

(1) 疾病（illness）

本来の生理的機能が働かなくなり，したがって生存に不利になった状態をいいます．この場合，どのくらいの人数がその様な状態になっているかは問題にされず，"苦しんでいる"という事態のみを問題にします．多少大胆な表現にするならば，「疾病」は「健康」の逆の概念と考えても差し支えないかもしれません．

(2) 疾患（disease）

疾病よりも厳密な概念であって，「ある臓器に明確な障害が確認され，それによって症状が出ているとはっきり説明できる場合」のみを疾患と称します．より具体的には特定の原因，病態生理，症状，経過，予後，病理組織所見，（そしてもしあるのならその治療法も）が全てそろった場合を疾患として，「○○病」という診断名が付けられます．

(3) 症候群（syndrome）

複数の特定症状でいつも構成されている状態があったときに，とりあえず「○○症候群」として名前を付けておきます．これは，将来研究が進んで疾

患としての要件がそろうことが期待される場合や，疾患でなくてもひとつのかたまりとして意識しておくことが病態研究上有利な場合に用いられます．

(4)障害（disorder）
　個人的苦痛や機能の障害があるので，「疾病」とはいえるものの，その背景にある臓器障害がもうひとつはっきりしない場合に，とりあえず「障害」という呼称が用いられることがあります．定義に曖昧な部分があることを逆手にとれば便利な用語ともいえるかもしれません．

　このように改めて考えてみますと，トリパノソーマ原虫に感染したツェツェバエに何かしら"不都合"が起こった時に，それが疾病なのか，疾患なのか，症候群なのか，障害なのか判断に苦しむのではないかと思うのです．勿論，現時点でこれに対する明確な答を与えることは筆者にはできません．

■症状という用語について

(1)症状（symptom）（自覚的症状）
　症状は，頭痛，腹痛のような自覚的な症状を指します．よってこれらは，医療者（昆虫の場合は観察者・研究者）には感知できない患者さん（ハエ）の自覚的な症状といえます．この自覚的症状を我々が直接キャッチする事はできなくても，その自覚的症状のために，ハエの行動（特に吸血行動）や寿命という観察者にもキャッチできるパラメーターに置き換えて観察することになります．

(2)徴候（sign）（他覚的症状）
　上記の症状に対して徴候は発熱，発赤，皮疹の様な他覚的な症状を指します．他覚的ですので，医療者（昆虫の場合は観察者・研究者）にも分かる症状ということになります．昆虫の"病気"を論ずる時には，このsignあるいは病理学的な生体の変化を追跡するのが唯一の方法ではないかと思います．

■ヒトにおける――内科学における――感染症の概念について

　感染（infection）とは微生物が動物や植物に侵入して，組織・体液中で定着・増殖することを指します．しかし，全ての感染が発病（発症）して宿主に障害や炎症反応を引き起こすとは勿論いえません．感染後，その病原微生物自体の侵襲，増殖あるいはその代謝産物に基づく生体の局所的ないし全身的な反応の結果，明らかに宿主に障害を及ぼしたときをもって感染症の発症あるいは発病といえるわけです．そのように考えますと，トリパノソーマ原虫に感染したハエの組織・体液中でトリパノソーマ原虫が定着して増殖するところまではあまり問題はないでしょう．感染後，そのトリパノソーマ原虫の侵襲，増殖あるいはその代謝産物によるハエの局所的ないし全身的な反応の結果，明らかにハエに障害（不都合な事態）が起きたことを証明しなければなりません．

　そして感染症の発症をみる場合には病原体側と宿主側の要因にも注意しておかなければなりません．同一種の病原体であっても株により病原性（pathogenicity）を異にすることがあり，それらは宿主側の条件によって左右されることもあります．病原体側での因子は病原性ですが，これは病原体個々が宿主に障害を与える毒力（virulence）と感染力とから成り立っています．毒力は病原体の遺伝的因子を基礎にその産生する代謝産物や毒素，内在する毒素などに基づきます．また，病原性の有無によって病原微生物（pathogenic microorganisms）と非病原微生物（non-pathogenic microorganisms）に区別されます．この概念は特に人体にとって「弱毒」といわれる病原体による感染や，「非病原性」といわれる微生物の感染に際して重要になります．宿主の感染に対する条件いかんによっては，これらの「弱毒」，「非病原性」微生物感染により病巣が形成され，発症・発病あるいは重篤な疾患になることもあります．この場合，病原体側のみの要因では解釈できず，宿主側の因子によって大きく左右される現象であることにも注意が必要です．それと同時に宿主―病原体関係をとりまく種々の環境条件の影響も受けており，感染症の成立機序を考える上で，宿主―病原体相互関係を常に念頭におく必要があります．

　宿主―病原体相互関係にあって発病にいたるには両者のバランスが重要で

すが，感染が起こっても明らかに一定の臨床症状，所見を呈しない場合を潜伏（latent）または不顕性（inapparent）感染として，診断・疫学・治療・予防の上で重要な因子となっております．

　このようなヒトの疾患に関する内科学の概念をもって，昆虫の疾患を論ずることが，適切かどうか不安ですが，敢えて医学の視点から昆虫の疾患についての考察を筆者が ICIPE で行なった実験を核に，諸研究者の報告に言及しながら試みることにします．

■筆者らおよび諸研究者の研究結果について

　アフリカ・トリパノソーマ原虫（動物をおかす主なものとして *Trypanosoma brucei brucei* Plimmer and Bradford, ヒトの睡眠病を惹起するものとして *Trypanosoma brucei gambiense* Dutton, *Trypanosoma brucei rhodesiense* Stephens and Fantham）はヒトと動物に重篤な疾患をおこします（8，11章）．本病原体を媒介するツェツェバエ自身は一見すると何も疾患に罹患していないようにみえます．しかしながら，一方ではトリパノソーマ原虫感染バエの唾液の組成や唾液腺の性質が変化するという報告もあります．口絵5はトリパノソーマ原虫に感染したツェツェバエの唾液中のトリパノソーマ原虫（metacyclic trypanosoma）です．このようにトリパノソーマ原虫に感染したハエの唾液にはヒトおよび動物に感染力をもった原虫が多数存在します．一方，感染バエの行動や生活史に関する報告については感染バエの寿命に変化がないという報告があります．また，感染による口吻部の障害のために感染バエは何度も吸血し，吸血量も多くなるという報告がある一方，全く変化がないというものもあります．現在，多くの研究者はトリパノソーマ感染でツェツェバエの摂食行動や寿命に変化が出るかどうかを精力的に研究しているところです．そこで本章では筆者が ICIPE で行なった寿命・吸血頻度・吸血量に関する実験についてお話しようと思います．実験に用いたツェツェバエは ICIPE の昆虫飼育室で継代飼育されている *Glossina morsitans morsitans* Westwood です（以下，特に断らない限りツェツェバエはこの種を指すことにします）．用いたトリパノソーマ原虫はタンザニアのセレンゲティ国立公園内のハイエナに自然感染していたものを1971年に分離培養した *T. b. brucei*

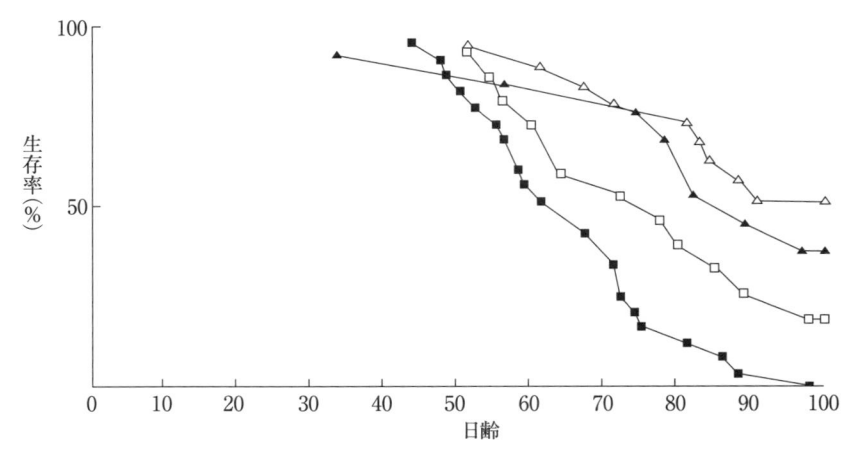

図2　トリパノソーマ原虫に感染したツェツェバエと非感染ツェツェバエの生存率．■：感染オス，▲：感染メス，□：非感染オス，△：非感染メス

（EATRO 1969）です（以下，特に断らない限りトリパノソーマ原虫はこの種を指すことにします）．実験動物は Wistar 系ラットとニュージーランド白色ウサギです．実験はトリパノソーマ原虫をラットの腹腔に接種し，血中のトリパノソーマ原虫数が最大に達したところで，羽化後1日（1日齢）のハエに吸血させました．口絵6に感染ラット血中のトリパノソーマ原虫を示します．その後，ハエは未感染ウサギを吸血源にしました．トリパノソーマ感染後22～25日目のハエに暖かいスライドグラス上に唾液を出させてギムザ染色をほどこし，唾液にトリパノソーマ原虫が存在するかどうかを検鏡して調べました．感染を確認したハエ（感染バエ）と，同日齢の非感染バエを対照群として用いました．全ての感染・非感染バエは両側をネット貼りした3.0cm×4.5cmのプラスチックチューブに入れ，25℃・湿度80％の昆虫飼育室で個別飼育しました．吸血は毎日一定時間に行ない，吸血前後の体重を測定し，吸血量を算出しました．口絵4は飽血したハエを示しています．本実験ではハエに交尾は全くさせませんでした．寿命については羽化後100日目（100日齢）まで観察しました．吸血量・吸血頻度は30～100日の期間について調べ，30～39日齢，40～49日齢，50～59日齢，60～79日齢，80～100日齢の各群を統計的に比較検討しました．

表1 *Trypanosoma brucei brucei* 感染・非感染の雌雄の*Glossina morsitans morsitans* の寿命の比較

性別	感染の有無	検査数	死亡数		死亡率
			75日齢	100日齢	
オス	感染	23	19		＊82.6%
	非感染	15	7		＊46.7%
メス	感染	13		8	61.5%
	非感染	19		9	47.4%

カイ2乗値：オス＝5.417（$0.01<p<0.02$）　メス＝0.618（$0.30<p<0.50$）
＊：統計的有意差あり（$p<0.05$）

表2 *Trypanosoma brucei brucei* 感染・非感染の雌雄の*Glossina morsitans morsitans* の吸血頻度の比較

性別	感染の有無	日齢群				
		30-39	40-49	50-59	60-79	80-100
オス	感染	57.9±4.3 (17)	60.7±4.6 (22)	53.6±4.2 (18)	53.0±6.2 (12)	50.8±7.9 (3)
	非感染	50.0±5.2 (7)	57.4±4.4 (16)	57.2±3.8 (14)	52.5±4.7 (11)	46.8±7.5 (6)
メス	感染	＊35.9±3.2 (10)	36.9±6.4 (12)	36.7±4.5 (12)	31.0±3.2 (11)	36.8±6.7 (7)
	非感染	＊47.1±2.6 (10)	37.4±3.9 (19)	28.1±3.8 (18)	34.0±2.0 (17)	27.1±2.8 (12)

平均±標準誤差　＊：統計的有意差あり（$p<0.05$）　括弧内の数字は検査数

表3 *Trypanosoma brucei brucei* 感染・非感染の雌雄の*Glossina morsitans morsitans* の吸血量（mg）の比較

性別	感染の有無	日齢群				
		30-39	40-49	50-59	60-79	80-100
オス	感染	11.6±1.2 (17)	12.8±0.8 (22)	12.8±1.2 (18)	＊14.5±1.5 (12)	8.0±2.7 (3)
	非感染	12.3±1.8 (7)	12.0±1.1 (16)	13.1±1.2 (14)	＊11.1±0.8 (11)	10.0±0.9 (6)
メス	感染	＊21.5±2.5 (10)	21.3±2.0 (12)	23.4±3.7 (12)	16.0±1.7 (11)	16.7±1.4 (7)
	非感染	＊15.3±1.9 (10)	15.9±1.9 (19)	16.7±1.8 (18)	17.3±1.3 (17)	18.7±1.7 (12)

平均±標準誤差　＊：統計的有意差あり（$p<0.05$）　括弧内の数字は検査数

寿命については，非感染メスバエは100日齢で半数が死亡したのに対し，非感染オスバエは75日齢で半数が死亡することが分かりました．そこで，今度は感染バエのそれらと比較しました．その結果を図2と表1に示します．感染オスバエは非感染オスバエより寿命が短いことが分かります．感染オスバエの死亡率は感染メスバエよりも高かったことが判明しました．このことよりトリパノソーマ原虫感染はオスのツェツェバエの寿命を短縮させることが示唆されました．
　吸血頻度についての結果を表2に示します．筆者が行なった実験では吸血頻度については，雌雄とも感染バエ・非感染バエの間で有意差は見られませんでした．表2からわかるように，それぞれの日齢における吸血頻度はオスがメスより高頻度に吸血していました．
　次に吸血量を表3に示しますが，感染バエと非感染バエの間には顕著な差異は認められませんでした．ただし例外として30～39日齢感染メスバエと60～79日齢の感染オスバエは非感染バエよりも統計的に有意に多量の血を吸うという結果になっています．
　今回の実験で，トリパノソーマ原虫に感染したオスのツェツェバエは非感染オスバエより寿命が短いことが分かりました．しかし，同原虫感染メスバエは非感染メスバエとの間に寿命の差異はありませんでした．このオスバエのみがトリパノソーマ感染で有害な現象である寿命の短縮を示している理由として，オスの方が外界のストレスにより敏感であるということが挙げられると思います．ICIPEで筆者と同じ研究室に在籍していた米国人研究者のゴールダー（Golder）らはエンドサルファンや除虫菊抽出物に対してオスバエの方が敏感であることを報告していますが，本実験結果はこれらを支持するものと思われます．ゴールダーらの実験はトリパノソーマ原虫に感染したオスのツェツェバエは非感染オスの致死量以下のエンドサルファンで死亡してしまうというものです．オスの感染バエはエンドサルファン3ng／匹で，メスの感染バエはエンドサルファン12ng／匹で死亡することを発表しています．これらの観察結果より，ゴールダーらはトリパノソーマ原虫感染バエは非感染バエより"不健康"であるとしています．
　また，ジェンニ（Jenni）らとリヴシー（Livesey）らの研究では，トリパノソーマ原虫に感染したツェツェバエはより高頻度に吸血行動をおこし，よ

り貪欲に吸血することを報告しています．吸血行動における変化は口器に寄生しているトリパノソーマ原虫が血液の通り道の正常な血流受容体を障害するためにおこると考えられています．同様に，ロバーツ（Roberts）らはこれとは別種のトリパノソーマ原虫 *T. congolense* に感染したツェツェバエについて調べ，感染バエはより頻繁に吸血行動をおこし，満腹するのに，非感染バエより時間を要することを示しました．そしてこの感染バエがより頻繁に吸血行動をおこすことは，疫学的な観点からは本症流行地においてより多くの動物への感染を成立させる可能性を示唆しています．

　しかし，一方では，感染バエにこのような変化がおこっているとする結果を支持しない実験データを発表している研究者もいます．モロー（Moloo）は3種のトリパノソーマ原虫 *T. vivax*，*T. congolense*，*T. brucei* それぞれに感染させたツェツェバエの摂食行動に何ら変化がないと報告しています．さらにモローとダー（Dar）はこれらのトリパノソーマ感染バエが非感染バエと変化がないか比較研究しましたが，変化はないとする結果を再度得ています．

　筆者（Chigusa）とオティエノ（Otieno）がICIPEで行なった実験結果は，トリパノソーマ原虫に感染したツェツェバエは非感染のハエと比較して，その摂食回数・吸血量に変化がないことを示しています．しかし，筆者らはジェニらが観察した，吸血のために何回刺す行動（probe）をおこすかについては観察していません．一方，筆者らはモロー及びモローとダーの実験より，さらに長期間（100日）観察して，彼らの実験を支持する結果を得たことになります．

　ここまでは感染バエに何らかの不利益があるのではとの予測のもとの実験結果を紹介しましたが，逆説的な結果を得た研究者の実験も紹介します．それは1957年にベイカー（Baker）とロバートソン（Robertson）が発表したもので，2種のトリパノソーマ原虫 *T. brucei* と *T. rhodesiense* に感染した *G. morsitans* は非感染のそれらよりも寿命が長かった，というものです．しかし，この結果は統計的な処理をしておりませんので，彼らは統計的な有意差には言及していません．

　筆者がICIPEでの研究を終え帰国して以降の研究成果についても触れてみたいと思います．やはりケニア・ナイロビのILRAD（国際動物病研究所）

でマクミ（Makumi）とモローはトリパノソーマ原虫 *T. vivax* を感染させたツェツェバエ *G. palpalis gambiensis* と非感染のそれについて実験を進めました．その結果，このトリパノソーマ原虫はハエの摂食行動には変化を与えないことを示しました．また，寿命については感染オスバエが非感染オスバエよりも長いという結論に達しました．しかしメスの場合は反対に，感染バエが短命であるとの結果を得ています．生殖能力（fecundity）についてはトリパノソーマ原虫感染によって変化を受けないことを報告し，感染メスバエから産み落とされた蛹の重量も，非感染バエを親にもつものと変わりないという結果を報告しています．

　これらの諸研究者の実験結果及び筆者が ICIPE で調べた結果を包括的に見てみますと，トリパノソーマ原虫にツェツェバエが感染すると"病気"になるのかどうかという今回の課題については現時点では明確な結論を出せない，ということになります．

＊

　本章では人体の疾患を研究する内科学の概念をもって，昆虫の疾患を論ずるという，もしかすると無謀なことをしてしまったのではないかとの不安もあります．この議論は，適切な表現かどうかは別として，土俵の上でレスリングの試合をするという状況に似ているのかもしれません．しかし，今回，敢えて医学の視点から昆虫の疾患についての考察の試みは，この様な視点に立った成書が殆ど世に出ていないことも鑑みて書いてみました．そして昆虫学を専攻あるいは昆虫学に興味をお持ちの読者に，一風……相当……風変わりな筆者による現在までに殆ど試みられなかった観点からの"昆虫疾患学"が，読者の皆様に新しい視点を提供出来る可能性を期待しております．さらに一連のトリパノソーマ原虫感染ツェツェバエの寿命・吸血行動の変化（疾患）について詳細な研究を継続することは，アフリカ・トリパノソーマ症の疫学及びその根絶に向けて，人類にとって大変有意義なデータを提供してくれるものと信じています．

さらに詳しく知りたい人のために

Chigusa, Y. and Otieno, L.H. (1988) Longevity and feeding behaviour of *Glossina morsitans morsitans* infected with *Trypanosoma brucei brucei*. *Japanese Journal of Sanitary Zoology*, 39:71-75. (表1, 表2, 表3, 図2の出典)

Baker, J.R. and Robertson, D.H.H. (1957) An experiment on the infectivity to *Glossina morsitans* of a strain of *Trypanosoma rhodesiense* and of a strain of *T. brucei*, with some observations on the longevity of infected flies. *Annals of Tropical Medicine and Parasitology*, 51:121-135. (トリパノソーマ感染がツェツェバエの寿命に影響を与えないことを示した論文)

Duke, A.L. (1928) On the effect on the longevity of *G. palpalis* of trypanosome infections. *Annals of Tropical Medicine and Parasitology*, 22:25-32. (トリパノソーマ感染がツェツェバエの寿命に影響を与えないことを示した論文)

Golder, T.K., Otieno, L.H., Patel, N.Y. and Onyango, P. (1982) Increased sensitivity to endosulfan of *Trypanosoma*-infected *Glossina morsitans*. *Annals of Tropical Medicine and Parasitology*, 76:483-484. (トリパノソーマ感染ツェツェバエのオスが endosulfan に対する感受性を増したことを示した論文)

Golder, T.K., Otieno, L.H, Patel, N.Y. and Onyango, P. (1984) Increased sensitivity to a natural pyrethrum extract of *Trypanosoma*-infected Glossina morsitans. *Acta Tropica*, 41:77-79. (トリパノソーマ感染ツェツェバエのオスが除虫菊抽出物に対する感受性を増したことを示した論文)

Jenni, L., Molyneux, D.H., Livesey, J.L. and Galun, R. (1980) Feeding behaviour of tsetse flies infected with salivarian trypanosomes. *Nature*, 283:383-385. (トリパノソーマ感染ツェツェバエは口器の機械的受容体が障害されるために非感染バエよりも高頻度に大量の血を吸血することを示した論文)

Livesey, J.L., Molyneux, D.H. and Jenni, L. (1980) Mechanoreceptor-trypanosome interactions in the labrum of *Glossina*:Fluid mechanics. *Acta Tropica*, 37:151-161. (トリパノソーマ感染ツェツェバエは口器の機械的受容体が障害されることを示した論文)

Makumi, J.N. and Moloo, S.K. (1991) *Trypanosoma vivax* in *Glossina palpalis gambiensis* do not appear to affect feeding behaviour, longevity or reproductive performance of the vector. *Medical and Veterinary Entomology*, 5:35-42.（トリパノソーマ原虫はハエの摂食行動には変化を与えないことを示し，寿命については感染オスバエが非感染オスバエよりも長いが，メスの場合は反対に感染バエが短命であると報告した論文．生殖能力についてはトリパノソーマ原虫感染によって変化を受けないことを報告している）

Moloo, S.K.（1983）Feeding behaviour of *Glossina morsitans morsitans* infected with *Trypanosoma vivax*, *T. congolense* or *T. brucei*. *Parasitology*, 86:51-56.（トリパノソーマ感染ツェツェバエは非感染のハエと比較して吸血行動は変化しないことを示した論文）

Moloo, S.K. and Dar, F.（1985）Probing by *Glossina morsitans centralis* infected with pathogenic *Trypanosoma* species. *Transactions of the Royal Society of Tropical Medicine and Hygiene*, 79:119.（トリパノソーマ感染ツェツェバエの吸血行動は非感染バエと比較して変化しないことを示した論文）

Patel, N. Y., Otieno, L. H. and Golder. T. K.（1982）Effect of *Trypanosoma brucei* infection on the salivary gland secretions of the tsetse *Glossina morsitans morsitans*（Westwood）. *Insect Science and its Application*, 3:35-38.（トリパノソーマ感染によりツェツェバエの唾液の組成が変化することと唾液腺の生理に変化が起こることを示した論文）

Roberts, L. W.（1981）Probing by *Glossina morsitans morsitans* and trasmission of *Trypanosoma*（*Nannomonas*）*conglense*. *American Journal of Tropical Medicine and Hygiene*, 30:948-951.（トリパノソーマ感染ツェツェバエは非感染のハエと比較して吸血に時間を要し，刺す回数も増加することを示した論文）

野村総一郎・樋口輝彦（編）（2005）『標準精神医学』第3版．医学書院．（疾患（身体病・心身症・精神病）の概念について解説してある書籍）

第13章

アフリカの昆虫食

ケニアにおけるシロアリの利用を中心に

八木繁実

　霊長類の一員である人類は，哺乳類の原始的な仲間である食虫目（トガリネズミの類）から進化したといわれています．名前の通り食虫目はもちろん，猿類・類人猿での昆虫食はよく知られ，チンパンジーが枝を塚に差し込んでのシロアリ釣りは，道具を使う例として有名です．人類が古くから虫を食べる習慣をもっていたことは，人の糞の化石，遺跡，古文書など，世界のあちこちから報告されています．我が国でも昆虫食は地域によってはよく知られ，特に私のふるさと信州では，イナゴ，ハチの子，ザザムシ（カワゲラ，トビケラなどの幼虫），セミ，などを子供の頃味わった覚えがあります．近年これらの虫は主に嗜好品として缶詰・瓶詰めなどに加工され，かなり高い値段で売られています．しかし現在の日本で，積極的に「虫を食べるのが好き」などといえば，よほどの変人と思われ，「げてもの」趣味と言われるのが落ちでしょう．日本はもちろん，中国，タイ，ヴェトナムなどのアジア，アフリカ，アメリカ，オセアニア，などの大陸で培われて来た多種多様な昆虫食は，元々住んでいる現地の人々（先住民）の生活と密接な関係をもち，重要な食料源として利用されて来ました．しかしながら，アメリカ，オセアニア，アフリカに移住し征服したヨーロッパ人は，自分達の食文化を優先し，極端にいえば虫を食べるという習慣は野蛮な原住民の野蛮な行為として扱い，そうした考え方が近代欧米先進国の食文化として世界に広まったといえるかも知れません．ユニークな文化人類学者M・ハリス（1988）は，「ヨーロッパ人やアメリカ人が昆虫を食物と考えないということと，昆虫が病気を媒介したり不潔であるということとは，何の関係もない．私たちが昆虫を食べないのは，昆虫が汚らしく，吐き気をもよおすからではない．そうではなく，私た

ちは昆虫を食べないがゆえに，それは汚らしく，吐き気をもよおすものなのである」と述べています[1]．昆虫を食べることがなぜ嫌われるかはまだ謎が残っていますが，比較的寒冷地が多いヨーロッパでは昆虫の種も量も少なく，その発生時期も限られ，昆虫を人間の食料とすることは困難であるため，昆虫食があまり行われなかったと推論することもできます．始めに世界各地の昆虫食について，最近の代表的な単行本として梅谷（2004）と野中（2005）の2冊を推薦しておきましょう．

■バッタの野外調査から考えたこと

　私の専門は応用昆虫学,特に昆虫生理学であり，長年昆虫のホルモンやフェロモンの研究をして来ました．1979 年，日本学術振興会による派遣研究者として ICIPE（国際昆虫生理生態学センター；第 16 章）に初めて出かけ，ケニアの主要作物の害虫であるズイムシ類（stem borer, 幼虫が植物の茎の内部を食べるガの類）（5，14 章）の夏眠生理（乾期に乾燥した作物の茎の中でも幼虫が生きている仕組み）の研究を行いましたが，90 年半ばからは国際農林水産業研究センター（JIRCAS）から長期派遣され，主にバッタなどのホルモンやフェロモンなどの基礎研究に携わりました．アフリカにおけるバッタの突発的な大発生と移動は古く旧約聖書の時代からよく知られており，緑という緑を食べ尽くして移動する害虫として現在でも恐れられています．1986〜88 年にかけてのサバクワタリ（サバクトビ）バッタ *Schistocerca gregaria* (Forskål)（desert locust）の大発生はとくに有名で，移動を繰り返したバッタは西アフリカ沿岸から 4000km 以上離れたカリブ海の島々まで1週間かけて飛んで行ったのです（7 章）．このような ICIPE での当時のバッタ研究その他については八木（2000）に詳しく記しました．ICIPE のバッタ研究最前線基地としては，スーダンの紅海に面した港町ポート・スーダン郊外に支所があり，ナイロビ在住中，バッタの発生調査で周辺諸国に出かけることもありました．ある時，チャド出身で ICIPE のバッタ研究者・H. マハマットさんと京大のゴリラ研究者・山極寿一さんと共にエチオピア経由でチャドの首

---

(1) M. ハリス（板橋作美訳）(1988)『食と文化の謎』194 頁から引用，岩波書店

都ンジャメナにバッタの発生調査に出かけました．ところが，現地では農作物の害虫であるバッタが大発生したとき，なんとそれを捕らえ，食料としてうまく利用しており，時と場合によっては害虫も益虫になっていたのでした．ンジャメナ郊外の道路はもちろん，市の中心にあるマーケットでゆでたバッタを山盛りにしておばさん達が売っていました（図1上）．4種類程のバッタが含まれており，夜，たき火を燃やして集まって来るバッタを手づかみで捕らえるそうです．日中は摂氏50℃近くになるンジャメナのホテルの灯に，ものすごい量の昆虫が毎夜集まって来ました．もちろん蚊に刺されることも多いのです．

図1 ンジャメナのマーケットで売られているゆでたバッタ類（上）とクエラ・クエラ（コウヨウチョウ）の丸焼き（下）

マーケットではバッタの他，クエラ・クエラ *Quelea quelea*（コウヨウチョウ）と呼ばれるアフリカでは農作物の大害鳥の丸焼きも並んでいました（図1下）．さっそく当時お世話になったNGO「緑のサヘル」の日本人ボランティアの皆さんと現地でバッタ料理を味わい，これが昆虫食の病みつきになったきっかけでした．案の定ナイロビに戻ってから，私はチャドで貰ったマラリアで一時ダウン．しかし，「緑のサヘル」の皆さんがマラリアの治療のためヨーロッパまで緊急輸送されることを考えれば，ナイロビは病院が完備しています．ICIPEにも一応クリニックがあるのです．さて，ナイロビに戻ってICIPEで飼育中のサバクワタリバッタの炒め物—これはなかなか美味—をこっそり楽しむことになってしまいました．最もおいしいバッタの類は12月にウガンダの首都カンパラのマーケットで山極さんが買って来たクサキリ（キリギ

リスの類）であり，翅と脚を除いて塩とピリピリ（トウガラシ）で味付けして軽く炒めた料理は小エビなどより柔らかく，ビールのつまみとして最高でした．アフリカでは，地域によってさまざまな昆虫が今でも味よく食べられていることを体験するたびに，昆虫食を通じてその地域に暮らす人々の生活と文化にとても興味をもつようになりました．そんなわけで，専門の栄養学を中心としてケニアで長年野外調査を行ってきた岸田袈裟さん（現：岩手医大，NPO法人「少年ケニアの友」副理事長）とともに，西ケニアの農村を舞台として，昆虫食を中心としたシロアリのさまざまな利用が人々の生活にどのように役立っているかを実際に現地で調べることになったのです．現地調査を行った西ケニアとその近隣地域を図2に示しました．主な調査地はヴィヒガ県（Vihiga District）のエンザロ村とマサナ村ですが，合わせて7ケ所で合計数百人の現地の方々にアンケート調査やインタヴュー形式による個人聞き取り調査などを行いました．

■西ケニアでの昆虫食調査から

(1) シロアリを食べる

　ビクトリア湖に面した都市キスムから車で20〜30分走るとエンザロ村に到着します．ここは長年岸田さんの調査フィールドであり，岩と石が多い起伏に富んだこの地域は傾斜地がほとんどで，狭い土地での農業が行われ，いわゆる貧しいケニアの農村の一つであり，都市への出稼ぎが多い村です．ここに住むルヒア（西ケニアに住む一民族の名前）の人々は昆虫を食べる習慣をもち，今でもとくにシロアリを好んで食べていることがすでに確かめられています．この地域では，以前から岸田さんにより社会開発，女性の地位向上，HIV蔓延の防止など様々な事業が押し進められ，最近はICIPEとの協同で薬草栽培・薬草成分抽出・製品化・販売などのプロジェクトがスタートし，「少年ケニアの友」の事務所がキスム市内[2]の他，ICIPE ムビタ・ポイント支場のゲストハウス内にも設けられています．クリニックの設置，かまど・わらじの普及，キオスクの設置による女性の現金収入向上，薬草栽培などで成果が上がっています．そこで，まずエンザロ村の女性グループの所有するウズラ・ニワトリの飼育室の一角を借用して，食用昆虫の飼育を始めるとともに，

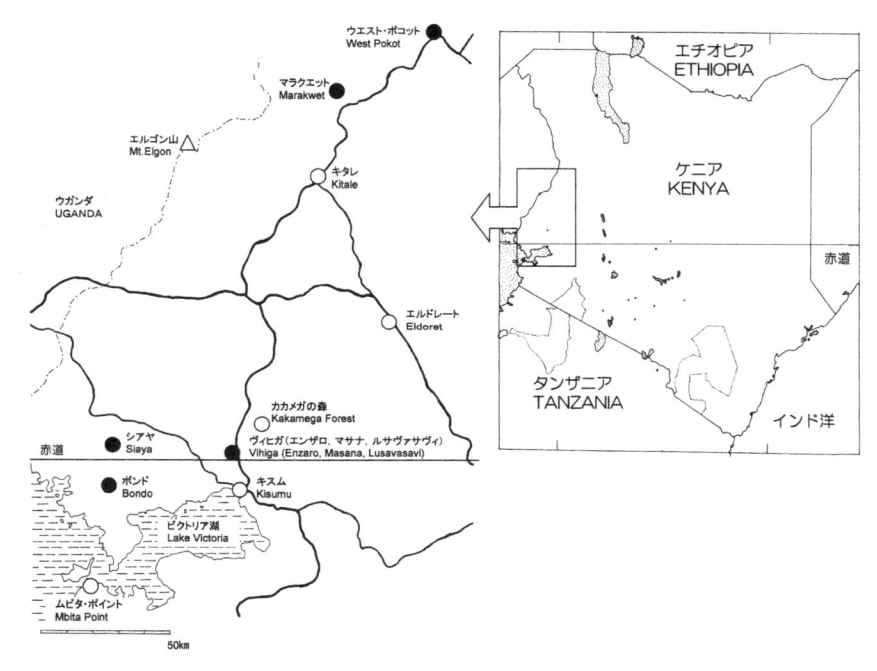

図2 調査した西ケニアおよびその近隣地域7ケ所(●)の地図

シロアリの捕らえ方,料理法,シロアリ食の実態,などの調査を始めました.これらの結果はすでに一部報告されているので[3],今回はなるべく重複を避け,簡単にふれることにしました.なお,その後の調査で7ケ所(図2)すべての地域で昆虫,主にシロアリが食べられていることがわかりました.

(2)シロアリトラップと料理法

シロアリは総称してスワヒリ語でクンビクンビと呼ばれますが,雨期にかけて地中の巣から雌雄の羽アリ(生殖虫)が一斉に飛び出し,地上に降りて

---

(2)「少年ケニヤの友」キスム事務所 の住所は,Friends Society for Kenyan Children, P. O. Box 25, Kisumu, KENYA, http://www.shonenkenya.com/
(3)八木繁実(1997)新・ICIPE日記1997年春.『インセクタリウム』34:222-227. 八木繁実・岸田裟裟(2000)アフリカで虫を食べる—栄養源としての昆虫食.『月刊アフリカ』, 40(11):4-11.

翅を落とし，ペアになったオス・メスが地下に潜って新しい子孫を生み出します．これをシロアリの婚姻飛翔とよび，種によって，婚姻飛翔の起こる時期，時刻が異なっています．そして主にこの羽アリが食用となります．エンザロ村に発生する食用シロアリは3種．その中で塚を作らず，地面の穴から直接日中に出現する小型のヒメキノコシロアリ属 *Microtermes* は，頻繁に捕れ，時期が長く，多量に発生するので最もよく利用されています．前夜雨が降り，当日は晴れてやや蒸し暑く，風がない午後が最も羽アリが発生しやすいのです．トラップ作成と羽アリ捕獲は以下の通りです．まず，巣穴を出入りする働きアリの行動をチェックし，次に巣穴の上の地面に半球状のトラップを作り，樹の枝や毛布で覆います（図3上）．トラップの内部で太陽に近い端に羽アリを貯める穴を掘り，その真上だけ覆いを開けて光が差し込むようにします（図3下）．一斉に出てきた羽アリは光の方に移動し，トラップの端に掘られた穴に貯まりますが，残りは覆いの隙間から空中に舞い上がって行きます．しかし，空中に集っている多くの鳥の餌となってしまいます．地上では我々人間（図4上）の他，アリ，トカゲ，ニワトリなどの捕食者が食べてしまい，首尾よく地中に潜るペアはごくわずかです．得られた羽アリはそのまま生で食べる他，少量の水で炒め，塩で味付けします（図4下）．これは数日間保存でき，当時，地元のマーケットでは羽アリ20g程の1包が45シリング（シリングはケニアの通貨単位，当時1シリングは約2円）でした．バナナ1房が5〜10シリングなので，それ程安くはありません．しかし，ナイロビのマーケットでは同じ

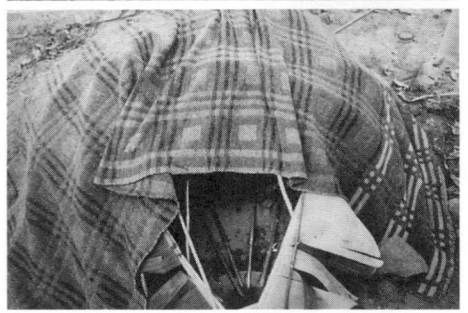

図3 シロアリトラップを仕掛ける：穴の真上以外にカバーをかける（上），羽アリを穴に落とす仕掛け（下）

羽アリの値段が数倍になります．強制的に羽アリを塚から追い出す方法として面白いのは，地面に板を置き棒で板を叩いて地面を振動させて追い出すやり方で，時には塚の廻りで人々が輪になって踊ることもあるといいます．

塚を作る大型のオオキノコシロアリ属 Macrotermes の場合は，羽アリの発生時期が 4～5 月の雨期の深夜と限られているので，捕らえるのがやや面倒です．基本的なトラップはヒメキノコシロアリと変わりません．この場合は塚の隣のトラップ内にランプを置き，光で誘引します．気象など環境条件はヒメキノコシロアリと類似しますが，塚からの働きアリの出入りを日中からよくチェックします．これらの役目は主に子供達の仕事であり，大人はもちろん子供達はいつどんな時にどんな種類の羽アリが出現するかを非常によく知っており，まるで「少年ファーブル」のようです．このようにして，羽アリ捕獲の方法は代々伝えられて来たのです．なお，シロアリの種類はICIPE，ナイロビ国立博物館，および安部琢哉さん（京大，故人）に調べて頂きました．

図4　トラップから生で羽アリを食べる子供（上）と採れたシロアリの羽アリ（下）

(3) 昆虫食の栄養価

昆虫の栄養価がかなり高いことはすでに多くの昆虫で報告されていますが，実際，エンザロ村で捕れたシロアリと ICIPE で飼育しているサバクワタリバッタを乾燥させ，簡単な成分分析を行ったところ，脂肪約 40％，タンパク質 10～20％，炭水化物 20～30％でした．生の牛肉では，脂肪 18～20％，タンパク質 16～25％という報告があり，いずれにしてもこれらの昆虫がかなり高カロリーの食物であることは間違いありません．

表1　エンザロ村でのシロアリ食の一例[3]
（96年3月17日の食事における主栄養分，g／人）
農家番号：WA-28，家族構成：大人；2，子供；2（15歳以下）

	大人		子供	
総タンパク質	93.1		43.1	
シロアリから	25.0	(26.9%)	12.5	(29.0%)
総脂肪	109.6		54.3	
シロアリから	82.0	(74.8%)	41.0	(75.6%)
総炭水化物	370.1		191.2	
シロアリから	5.3	(1.4%)	2.6	(1.4%)
総カロリー（約）	3300kcal		1706kcal	

(4) シロアリ・羽アリ食の重要性

　エンザロ村の約300戸の農家のうち，2割程度の農家を対象に毎日の食事の内容を調査した結果，時期にもよりますが農家によっては全食事量（生重量）の1/4〜1/3をシロアリ食が占めていることがわかりました．特に小学生と妊婦がシロアリを好んでよく食べることもわかりました．ほとんどの農家の食事では，生の羽アリを主に食べ，しばらく保存出来る軽く炒めた羽アリも併用しています．シロアリの羽アリが出現する雨期は，まだトウモロコシなどの作物は栽培中で収穫前であり，高タンパク，高脂肪の食物として手近で安価なシロアリはこの地域での重要な栄養源となっているといえます．表1に，ある農家の1日の栄養分別摂取量とカロリー総量を示しました．雨期に入ったある日，大人も子供も総タンパク質量では1/3弱，総脂肪量では約3/4をシロアリから摂取していることがわかります．この地域の主食ウガリ（穀物の粉を熱湯でねって作る）の原料はトウモロコシやソルガム（モロコシ）であり，常時不足がちな動物性食料をシロアリから補っているのです．元来キノコを栽培する高等なシロアリの多くは枯れた草木を集めて餌にするため，畑の大害虫とはならず，村人達はシロアリの塚を破壊することなく，雨期での重要な食料源として利用しています．また，羽アリは時には「婚資」（日本でいえば結納でのギフト）として使われることもあるそうです．

(5) その他の食用昆虫

　この地域では，羽アリの他，時には鋭いアゴで噛みつくシロアリの兵隊アリも生で食べることがあります．兵隊アリは頭を噛みつぶさないと口の中で噛みつかれるおそれがあるのですが，ややピリッとして美味しいといいます．大型の女王アリは大変貴重で塚を完全に壊さなければ取り出せません．種によっては10年以上生き，卵を生む機械のようなこの昆虫は，世界のあちこちに見られる昆虫食でも最も貴重で高価な食物であり，中国では昔から万病に効く高価な薬として1頭100米ドル以上したそうです．私達はエンザロ村でオオキノコシロアリの塚の一つを特別に掘ってもらい，10cm以上もある2頭の女王アリをその夜泊まったカカメガの森（2章）のロッジで味わうことができました．軽く炒めたシロアリの女王は香ばしく，タラコのような食感で美味，もったいないような気もしましたが，さて何に効いたのでしょうか？

　一方，長老の話によれば，バッタは長年大発生することはなかったので，食べていないそうです．シロアリ，バッタ，ハチ，椰子（ヤシ）のゾウムシと並んでアフリカの多くの地域で最も共通に食べられている昆虫はモパニワーム（mopane worm）と呼ばれる野生の蚕，ヤママユガの幼虫です．エンザロ村でも時にはこの幼虫を見かけることがありますが，発生量が少ないためか，ほとんど食べることはないそうです．

(6) シロアリの塚から生えるキノコを食べる

　エンザロ村を含むすべての地域で，シロアリの塚から生えるキノコ（シロアリタケ属 *Termitomyces* と考えられる）も食用として利用しています．シロアリの種によって塚から生えるキノコも異なるようで，主なものは2種類です（図5）．ヒメキノコシロアリでは，小型なキノコが採れ，その乾燥キノコは現地のマーケットで保存食として売られています（図5左および右下）．私はそれを日本に持ち帰り，時々我が家で味噌汁に入れていますが，ちょうど干したエノキダケの味わいです．

(7) シロアリの塚の土の利用

　調査したすべての地域で，驚いたことにシロアリの塚の土を，特に妊婦が

図5 シロアリの塚から得られた大（右上），小（左；岸田さんが両手で抱えている）のキノコ．乾燥された小のキノコが現地のマーケットで売られている（矢印右下）．

食べていることがわかりました（図6）．しかもこの「土」は現地のマーケットばかりでなく，都市キスムの大マーケットでも売られていました．妊娠2〜3ケ月から毎日20〜40g継続して「土」を食べる女性が多く，その理由としては，1) 空腹を満たす（乾パンに似ておいしい），2) 身体を強くする，3) ミネラル，塩分の補給，4) 薬として，などでした．食用以外にも，シロアリの塚の土はさまざまに利用されています．この土は粒子が細かく雨に強いので，一種のレンガとして家の内外の塗装やかまど・食器の材料に使われる他，子供の粘土細工としてのおもちゃ，それに薬として使われます．また，ウエスト・ポコットやマラクエット（図2）など遊牧民は，家畜になめさせる岩塩として利用しています．

(8) 土食（geophagy）について

私達はケニアばかりでなく，他の国々，例えばザンビアの首都ルサカやガーナの首都アクラなどのマーケットでも食用としての土が売られているのを見つけました．しかもそれらは必ずしもシロアリの塚の土ばかりではなさそうです．オーストラリアのアボリジニの人々がシロアリの塚の土を下痢止めに

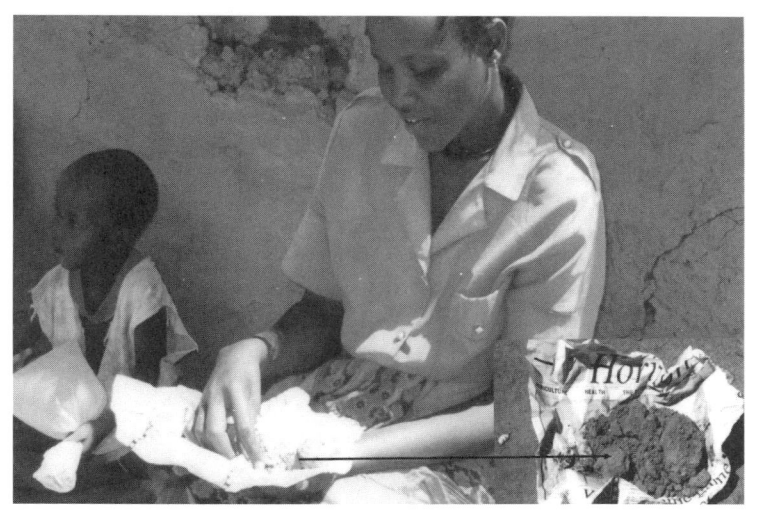

図6 シロアリの塚の土を食べる女性(左)と現地マーケットで買ったシロアリの塚の土の拡大写真(矢印右下)

使っていることはよく知られています．このように，世界には土を食べる習慣を持つ人々——特に妊婦の例が多い——があちこちに見られます．また，この土食[4]は何も人間ばかりではなく，無脊椎動物から爬虫類・鳥類・哺乳類で見られます．それではなぜ動物は土を食べるのでしょうか？ 主に三つの理由が考えられています．(1)下痢止めとして(土の成分から採れたカオリン，カオペクテイトの成分は下痢止めとして製薬会社から製品化されています)．(2)植物の二次代謝産物，例えば毒性を持つアルカロイドなどの無毒化を促進する．(3)カルシウム，鉄，亜鉛，マンガンなどの各種ミネラルの摂取，などです．さて，ここで面白い例をお話しましょう．タンザニアのマハレに住むチンパンジーはシロアリの塚の土を時々食べますが，その生態観察の結果，どうも下痢の時に頻繁に食べているようなのです．塚の土の成分には先ほどふれたカオペクテイトの成分が入っていることがわかっています．時には体内の寄生虫(特に線虫類)駆除のため，ある特定な薬草(*Vernonia amygdalina*)も

---

[4]インターネットで検索すると，世界のさまざまな地域での土食(geophagy)が調べられます．

食べることが観察されています（W・C・マハネィら，1996）．しかもこの薬草は現地の人々も虫下しとして利用しているのです．

(9) ウズラでウズラを捕らえる

　ある時エンザロ村に出かけましたら，畑にカゴがいっぱいぶら下がった竿（高さ約20メートル）が立っていました（図7左）．村人にたずねたところ，野生のウズラを捕らえる装置だとのこと．何とこれにもシロアリが利用されていると聞き，くわしく調べることにしました．パピルス（古代エジプトなどで紙の原料として使われたので有名な植物）の茎で編んだカゴに1羽ずつウズラを入れ，必ず竿の先端はメスとし，やや離してほとんどがオスのカゴをずらりとぶら下げます（図7左）．前夜か早朝に竿を立てるのですが，図7左をよく見ると，竿の根元に鐘が付いています．これはウズラを食べる捕食者（ネコ，イタチ，ヘビなど）が竿に取り付いたときのおどかしなのです．竿直下の畑のうね（畝）のところどころに，図7右のような牛のしっぽの毛を編んで作ったトラップ（わな）を仕掛けます．朝方，立てた竿のカゴから鳴

図7　ウズラを捕らえる仕掛け；竿とカゴの取り付け（左）と畑の畝に仕掛けられたトラップの列（右）

き交わすウズラに誘われてやって来た野生のウズラが地面を走り廻り，トラップの輪に首を突っ込んで捕まります．ちょっと考えると効率が悪そうですが，作物が生育している雨期，多い時には1日20～50羽捕れるそうです．そして，簡易なトラップ（穴に作物の茎などを入れ土でふさぐ）で捕まえたシロアリがとても重要なウズラの餌となっているのです．ただし，シロアリの兵隊アリはウズラに噛み付かないよう頭をつぶして与えます．捕獲したウズラを長期飼育することはあまりなく，一時的に飼育してカゴに入れてトラップに使うのですが，餌はシロアリの他，芝草，ソルガム，トウモロコシ，水，などを与えます．マサナ村での2004年の調査では，5軒に1軒がウズラのトラップを仕掛け，ある農家では1ケ月約2500シリング（当時1シリングは約1.5円）の収入となり，これはナイロビでの男性1人の出稼ぎ収入の倍以上になっていました．ですから，この地域ではウズラは現地での貴重な栄養源ばかりでなく，捕らえてすぐナイロビなどの大都市で売れば餌代もほとんどかからず，農家の重要な現金収入源となっているのです．ケニアに生息する主なウズラ（クェイル，quail）は3種ですが，ナイロビ国立博物館の鑑定では，ここで採れるウズラはハーレクィン・クェイル（harlequin quail, *Coturnix elegorguei*）だそうで，日本のウズラ，ニホンウズラ（*Coturnix japonica*）とは異なる大型の種です．なお，ニホンウズラはすでに江戸時代から累代飼育が行われていたといわれ，現在は完全に家禽化されています．

*

　今回の西ケニアとその近隣地域の村での調査から，虫を食べるということは穀物の収穫が途切れる時期の栄養源として重要であるばかりでなく，人々が自然と共存し得る生活の知恵を代々伝えて行くという文化的な側面をもっていることがわかりました．ナイロビのマーケットで高価なシロアリの羽アリを買い，遠く離れた故郷の味をなつかしく想い出す人々もいるといいます．いずれにしても昆虫は自然環境の産物であり，それが食料として利用されるほど質量ともに豊富であるということは，それを取り巻く自然環境がたとえ厳しくてもある面豊かであることを示しています．すでに述べたように，栄養的には昆虫は肉や魚とそれほど遜色がなく，タンパク質，脂肪の慢性的な

不足に悩まされている人々にとっては大切な食料といえます．エビ，カニなどの甲殻類は高タンパクかつ低脂肪であり，一方昆虫はより高カロリーの食物なのです．そして最も強調したいのは，ある種の昆虫はある地域では非常に美味しいと認識されていることです．美味しいから食べるのであり，決して飢えているから仕方がなく昆虫を食べるのではありません．しかし，一般的には近代化・中央集権化によって，肉や魚，加工食品が利用されるに伴い，とくに都市部では昆虫食は減少する傾向が著しいといえます．しかしながら，私達が調査した村々では，シロアリは直接食用にするばかりでなく，シロアリの塚から生えるキノコや塚の土も日々の生活のため時期に応じてさまざまにしかも巧みに利用され，重要な資源となっていることがわかりました．パピルスの茎で編んだカゴはウズラの飼育によく工夫されており，ウズラは出し入れが簡単で，カゴの底の隙間から容易に餌を食べることが出来ます．カゴのサイズも大小あり使い分けています．さらに，トラップに使う牛のしっぽの毛や餌としてのシロアリも簡単に得られます．このような身近な自然の利用は必要以上に自然を破壊することはなさそうですし，またそれは地域の文化として長年代々引き継がれてきた貴重な財産であるといえるでしょう．私達がアフリカの文化に接して心惹かれるのは，身の回りのもの，昆虫から動植物，鉱物まで，あらゆる自然環境の産物を上手に活用して，生活を豊かにし，しかも楽しんでいることです．売られているものを買って消費するという都市文明のサイクルにドップリ浸かっている我々が，彼等の生活から学ぶことは決して少なくないと思います．

　昆虫を食べる機会が減って来た日本でも，近年健康食品の一種として昆虫に関連した物質の利用が始まっています．例えば，カイコの生産物である絹成分を含んだ健康食品や，昆虫や甲殻類の外骨格などに含まれるキチン，キトサンを含んだ健康食品です．キチン質成分は腸の蠕動運動を促進する働きがあることは昔からよく知られています．昆虫食が貴重な薬効として加工利用されているといえるかも知れません．もしかすると，我々日本人は昆虫食をわざわざ高価な食品としてその成分を加工利用しなければ食べられないほど，ある面では退化してしまったのかも知れません．

謝辞

協同研究者の岸田袈裟さんをはじめ，現地での調査研究に関わった多くの方々に厚く御礼申し上げます．

さらに詳しく知りたい人のために

Mahaney, W.C., Hancock, R.G.V., Aufreiter, S. and Huffman, M.A. (1996) Geochemistry and clay mineralogy of termite mound soil and the role of geophagy in chimpanzees of the Mahale mountains, Tanzania. *Primates*, 37 (2):121-134.（シロアリの塚の土の分析とそれを食べるチンパンジーの生態が詳しく観察，論議されている霊長類学の論文）

野中健一（2005）『民族昆虫学―昆虫食の自然誌』東大出版会．（著者自身の主に昆虫食の研究成果がアフリカ，アジア，日本などの地域で述べられ，特に日本での昆虫食の歴史が詳しい）

梅谷献二（2004）『虫を食べる文化誌』創森社．（世界各地の昆虫食の実態が巧みな文章でわかりやすく語られている．主に新聞，雑誌などに連載されたごく一般向けの書）

八木繁実（1997）アフリカの昆虫食―西ケニアの農村でクンビクンビを食べる．アエラムック『動物学がわかる』pp. 111-115，朝日新聞社．（著者のエンザロ村でのシロアリ食調査旅行が日記風に書かれ，その他アフリカでの動物学研究もいくつか含まれている動物学入門書）

八木繁実（2000）サバクワタリバッタの大発生と長距離移動―その発生のメカニズムとアフリカにおける研究の成果．「少年ケニヤの友」東京支部（編）『アフリカを知る』pp. 193-202，スリーエーネットワーク．（著者を含め，アフリカをフィールドとする自然・社会・人文科学などの専門家15人が，それぞれアフリカとの関わりを魅力的に語ったアフリカ学入門書）

コラム6　シロアリ塚に関する迷信

　西アフリカのブルキナファソに住む民族，モシのことわざに，「アリ塚は月にはほど遠い」というのがあります．このアリ塚とは，正確にはシロアリ塚のことで，内部にシロアリの巣があります．熱帯アフリカでは，シロアリ塚は4〜5mにも達する高楼になります．しかし，月には遠く及びません．このことわざは個人の能力を言い表すときにも使うそうです．また，シロアリ塚は精霊の住み家として，カメルーンのフルベはじめ，アフリカのさまざまな民族の昔話にも登場します．このように，シロアリ塚はアフリカの人々にとって，昔から大変身近な存在でした．

　シロアリは，等翅目に属する昆虫の総称です．アフリカでは，シロアリはおもにサバンナや半乾燥地帯を中心に広く分布します．ケニアでも野外でしばしばシロアリ塚を目にします．それらは，シロアリ科キノコシロアリ亜科のオオキノコシロアリ属（*Macrotermes*）が作ったものです（写真）．

　ところで，ケニアには，シロアリ塚を邪悪なものと関連させる迷信が，いまだに根強く残っている地域があります．長島信弘氏の『死と病の民族誌』によれば，西ケニアに住むテソという民族の間では，シロアリ塚は「イパラ」

オオキノコシロアリ属のシロアリ *Macrotermes* sp. の塚．高さ約130cm．左の開口部は換気孔．ケニア・キツイにて撮影．

（死霊：身内の者に病気や不幸をもたらす邪悪な存在）の住み家であり，塚の付近はイパラの活動域の一部と考えられています．イパラが活動を始める夕方は，人間にとって最も危険な時間帯であるとみなされます．そのため，テソの人々は，夕方以降シロアリ塚およびその周辺には近づかないようにします．また，シロアリ塚では，死霊払いの儀式がしばしば行なわれます．ほぼ同様な話を私は，ケニア国立博物館の学芸員で，ケニアのバリンゴ地方出身の友人から聞いたことがあります．さらに，この長島氏の著書の中には，シロアリ塚にまつわる，まことに不思議な話も出てきます．それは，1914年，テソの住む西ケニア，ブシア・ディストリクト南方のある所で，シロアリ塚の穴（上部にある大きな換気孔）から白い人間や白いウシ，白いヒツジ，白いヤギが現れ，1ヶ月ほどさまよい歩いた後，また元の穴の中に消えたという話です．この話の信憑性はさておき，ケニアの人々にとって，シロアリ塚はごく身近にありながら，いまだに神秘的な存在のようです．（菅　栄子）

第 14 章

作物を昆虫から守る

小路晋作

■農業害虫の管理法の変遷

　作物をいかに害虫から守るか？これは農耕が始まって以来，1万年以上にわたり人々を悩ませてきた問題です．森林や草地に比べ単純な農地環境では，作物を餌とする害虫が発生しやすくなります．長い間，害虫から作物を守るには，野焼きや捕殺といった効率の悪い手段しかありませんでした．このため，しばしば害虫の大発生が起こり，人々は農作物の被害に脅かされました．
　20世紀半ばを過ぎると，世界各地で化学合成殺虫剤（農薬）が使用されるようになりました．これにより，害虫管理は，作物被害の軽減を目指す「守り」の立場から，積極的に害虫を殺す「攻め」へと転換し，食料の増産と安定した供給をもたらしました．しかし，農薬が農地に大量投入されるにつれて，今度はそれがもたらすデメリットが問題となってきました．
　第一に，害虫の薬剤抵抗性（農薬に強い性質）の発達です．同じ成分の殺虫剤が繰り返し散布されると，害虫の中で抵抗性をもつものが生き残るため，殺虫剤が効かなくなってきます．害虫は世代交代が早く，短期間のうちに抵抗性が進化します．殺虫剤の開発に費やされる経費と歳月を考えると，農薬が開発から数年のうちに使えなくなることは，大きな経済的損失です．
　第二に，殺虫剤の毒性は，水質汚染や生物への残留を通じて，地球環境に広く悪影響を及ぼします．特にBHCやDDTなどの有機塩素系殺虫剤は，環境ホルモン（内分泌撹乱化学物質）として生物全般に様々な異常を引き起こすばかりか，長期にわたって環境中に残留し，悪影響を与え続けます．農薬による環境汚染が危惧されはじめた1970年代以降，これらの殺虫剤は世

界各国で製造や使用が禁止されています．

　第三に，殺虫剤が天敵や競争種を殺すことにより，標的害虫や，それまで害虫でなかった昆虫が大発生する「誘導多発生」と呼ばれる現象が起きます．この現象を調べたリッパーによれば，戦後，殺虫剤が使用されるようになってからわずか10年の間に，52種の昆虫が誘導多発生を起こしています．

　このような農薬の弊害が明らかになるにつれて，殺虫剤のみに頼らず，農地の生態系に備わる機能を活用した害虫管理法が注目されるようになりました．害虫を病気に例えると，薬や栄養剤だけに頼らず，生活環境を整えることにより，健康で抵抗力の強い体を作ろうという発想です．抵抗力を高めたからといって病気が無くなるわけではありませんが，薬の量を減らし，病気にかかりにくくなることができます．農地の場合，抵抗力にあたるのは，そこに棲む捕食性の節足動物，害虫に寄生するハチやハエ類，害虫に忌避される植物などです．これらの作用を利用した害虫管理法が世界各地で試みられています．

　アフリカでは，野生植物を利用した害虫管理の技術が開発され，普及が進んでいます．野生植物のなかには，害虫に対する誘引・忌避作用をもつものや，天敵類の好適な棲み場所となるものがあります．これらの植物を作物と混作し，害虫が増えにくい農地環境を作るのです．この章では，興味深い実例として，ケニアの国際昆虫生理生態学センター（ICIPE；16章）が開発した，トウモロコシ *Zea mays* の害虫ズイムシの管理技術について紹介したいと思います．

■東アフリカのトウモロコシとズイムシ

　ケニア西部のビクトリア湖周辺には，「アフリカ」と聞いて連想されがちなサバンナ（サバナ）ではなく，トウモロコシの畑が広がっています．トウモロコシは，16世紀ごろ中米からアフリカに移入されました．20世紀以降，アフリカ原産のモロコシやキビ類に替わって急速に普及し，現在ではアフリカ各国で主食とされています．

　ケニアのトウモロコシは，日本で見かけるスウィートコーンとは違い，粒の色が白く淡白な味です．通常，枯れてから収穫され，乾燥した種子の粉が

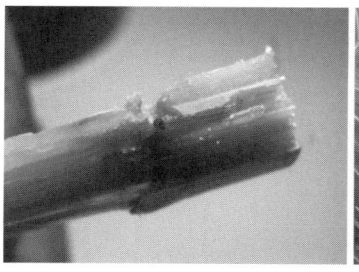

図1 ツトガ科のズイムシの一種，*Chilo partellus*(Swinhoe)（左）と，被害を受けたトウモロコシ（右）

利用されます．これを湯で練ったもの（スワヒリ語で「ウガリ」と呼ばれる）や粥（「ウジ」）が代表的な調理法です．

　トウモロコシはアフリカにおける最も重要な穀類です．しかし，最近10年間の収量は，東アフリカでは1haあたり1.3〜1.5tと，生産量世界1位であるアメリカの3割以下にとどまっています．この原因には，少ない降雨量や貧弱な土壌条件などが挙げられますが，害虫による食害もそのひとつです．特に深刻な被害をもたらすのは，ズイムシとよばれるガ（蛾）の仲間です．

　アフリカ大陸では，ツトガ科とヤガ科に属する17種のズイムシがトウモロコシの害虫として知られています．これらの多くはアフリカの在来種であり，かつてはイネ科やカヤツリグサ科に属する野生の草本植物を餌としていました．ところがトウモロコシ栽培の導入に伴って餌を転換し，害虫化したのです．ズイムシ類の幼虫は，トウモロコシの茎を食い荒らし，収量を20％から80％も減少させます（図1）．

　ケニアでは，在来のズイムシ類に加え，20世紀半ばにアジアから侵入したツトガ科の一種，*Chilo partellus*（Swinhoe）が問題となっています．この章の主人公であるこのズイムシは，在来種に入れ換わりながら東アフリカ全域に分布を広げつつあり，トウモロコシ生産における最大の脅威とされています．

　ズイムシ類を防除するために殺虫剤や抵抗性品種の開発，天敵寄生蜂の導入など，様々な試みが行なわれてきました．しかし，アフリカ諸国ではトウモロコシは主に家族単位の小規模農家により自給目的で栽培されるため，費用のかかる殺虫剤は普及しませんでした．したがって，費用のかからない，農民の生活に即したズイムシ対策が必要とされてきました．

■ズイムシの餌植物選好性を利用した防除法 ── プッシュ・プル法

　こうしたなか，ICIPE の研究者であるカーンは，ズイムシの餌植物に対する選好性（「好み」のこと）を利用し，トウモロコシが被害を受けにくい作付け法を考案しました．元来，ズイムシが餌としていた野生植物のなかには，現在でもズイムシに好んで産卵される「誘引植物」と産卵されにくい「忌避植物」が含まれます．忌避植物をトウモロコシの間に，誘引植物を畑の周りに植えると，ズイムシは畑の周りでよく産卵するようになり，トウモロコシに対する産卵を減らすことができるのです．忌避植物が畑からズイムシを追い出し（プッシュ），周辺の誘引植物におびき寄せる（プル）作用を指して，この方法は「プッシュ・プル法」と呼ばれています（図2）．この方法により，化学合成殺虫剤を使わずにズイムシによる被害を軽減し，通常の農法に比べて収量を 17% から 25% も増加させることができました．

　プッシュ・プル法が開発されるまでには，ズイムシと植物についての膨大な生態データの集積と，それに基づく試行錯誤の積み重ねがありました．特に重要なポイントとなったのは，以下の点でした．

　第一に，膨大な植物種を体系的に調べ，ズイムシの成虫の産卵に対し，最も誘引性または忌避性の強い種を探し出したことです．カーンは，ケニアの3地域に自生するイネ科，カヤツリグサ科，ガマ科の 500 種を野外から採集し，幼虫の有無を調べて，ズイムシの餌植物をリストアップしました．この

図2　プッシュ・プル法の圃場．圃場の周囲に誘引植物（ネピアグラス）の植生帯を作り（左），圃場内部には忌避植物（デスモディアム）を間作する（右）．

結果明らかになった33種の餌植物を対象として，成虫に対する産卵誘引性をさらに詳しく調べました．

第二に，これらの植物で幼虫を飼育し，餌としての質を調べたことです．特に誘引植物では，この点は重要です．なぜなら，餌として好適な誘引植物は，ズイムシの格好の増殖場所となり，ここで増えたズイムシがトウモロコシに害を与えかねないからです．したがって，「トウモロコシより好んで産卵され，かつ孵化した幼虫が生育できない」ことが，防除における誘引植物として最適な条件となります．このような性質をもつ植物は「おとり植物」と呼ばれ，近年，さまざまな作物の害虫管理技術に応用されています．

第三に挙げられるのは，畑に植物を配置し管理する方法を研究したことです．通常の農法では，休閑期に2回ほど畑を耕耘し，しばしば野焼きも行ないます．このため，ズイムシは種まき直後の畑には殆どおらず，播種後2〜3週間の間に，成虫が外部から畑に侵入し，トウモロコシに産卵します．これに対して，プッシュ・プル法では，畑の内部を耕す一方，周辺におとり植物を配置し，常に1.5mほどの高さに保ちます．畑の周縁に植栽されたおとり植物は，産卵期の成虫が畑へ侵入するのを阻止する防護壁の役割を果たします．

■おとり植物と忌避植物の機能

さて，プッシュ・プル法で用いられる植物は，ズイムシにどのような影響を与えているのでしょうか．

プッシュ・プル法における，おとり植物はスーダングラス *Sorghum sudanense*（*S. vulgare* の亜種あるいは変種とみなす研究者もいる）とネピアグラス *Pennisetum purpureum* です．これらをそれぞれトウモロコシと混植すると，いずれもトウモロコシに比べて多くの卵が産卵されました．さらにズイムシの幼虫の生存率を調べると，いずれも幼虫の生育にとっては不適であることがわかりました．ネピアグラスは，幼虫に摂食されると茎からガム状の粘着物質を分泌し，幼虫を殺します．またスーダングラスは，餌としての質は高いのですが，この植物で育つ幼虫は寄生蜂に攻撃されやすいのです（5章）．

一方，忌避植物として用いられるのはイネ科のトウミツソウ *Melinis minutiflora* と，マメ科のデスモディアム *Desmodium uncinatum* です．これらは，野外条件下ではズイムシにまったく産卵されませんでした．また，それぞれをトウモロコシの畝間に植える（間作する）と，トウモロコシだけを植えた場合よりも作物の被害が減少しました．つまり，忌避植物が混在する畑では，ズイムシはトウモロコシに対しても産卵を避ける傾向がありました．

　興味深いことに，トウミツソウを間作すると，ズイムシの幼虫はコマユバチ科の寄生蜂，*Cotesia sesamiae*（Cameron）に激しく寄生されることがわかりました．トウモロコシから採集された幼虫の寄生率は，間作しない場合（5.4%）よりも間作した場合（20.7%）が4倍近く高かったのです．分析の結果，トウミツソウに含まれる揮発性の（E）-4, 8-ジメチル-1, 3, 7-ノナトリエンという物質に，寄生蜂を誘引する効果があることがわかりました．ノナトリエンは，植物が昆虫に葉などを食害されたときに放出され，植食性昆虫の寄生蜂を誘引する作用をもつ「SOS物質」として知られています．トウミツソウはズイムシによる食害を受けなくても，日常的にノナトリエンを放出し，ズイムシにとって危険な存在となっているのです．

　このように，プッシュ・プル法におけるおとり植物と忌避植物は，ズイムシにとっての「餌の好み」だけでなく，植物の害虫に対する防御反応や寄生といった要因も含めてズイムシの生態に様々な形ではたらき，トウモロコシの被害を減少させています．

■農家にとってのプッシュ・プル法の利点

　1994年に研究が開始されたプッシュ・プル法は，2005年現在，ケニア国内の2000戸以上の農家で実施され，東アフリカ諸国や南アフリカでも普及が進んでいます．この急速な普及の背景には，ズイムシ抑制効果のほかにも理由があります．

　まず，プッシュ・プル法は，アフリカの古くからの農法に近く，農民にとって違和感が少なかったことです．一つの農耕地にイネ科作物と豆類，キャッサバなどを同時に栽培する「混作」は，アフリカ各地で伝統的に行なわれて

きた作付け法でした．また，プッシュ・プル法で混作に使われるおとり植物と忌避植物は，いずれも牧草として利用価値の高いものでした．例えばトウミツソウは，栄養的に良好であるばかりか，ウシのダニを寄せ付けない作用をもちます．アフリカ各地の主流である，農牧混合の生活をする農民たちにとって，こうした牧草類は生活資源として貴重です．プッシュ・プル法を実施する農家では，良質な飼い葉の安定した供給が可能となり，牛乳の生産量を増やすことができたのです．

　さらに，有害雑草ストライガ *Striga hermonthica* の除草効果があげられます．ゴマノハグサ科のストライガは，ピンク色の可憐な花を咲かせる，草丈20cmほどの植物です．この植物はトウモロコシの根に寄生し，収量を30％から100％も減少させます．ストライガは，1株あたり2万〜5万個の種子を生産し，その種子は15年以上も休眠することができます．このため，何度か休耕期を挟んでもストライガが減ることはありません．また，畑一面にはびこったストライガは，草抜きなどではとても取り除けない，厄介な雑草です．プッシュ・プル法を研究していたカーンらは，忌避植物であるデスモディアムの意外な作用を発見しました．この植物をトウモロコシと間作すると，ストライガの数が大きく減少したのです．分析の結果，デスモディアムの根から分泌される化学成分が，ストライガの吸器（寄生対象の根に侵入する器官）の生長を阻害することがわかりました．デスモディアムが持つ，この「アレロパシー」と呼ばれる作用は，ストライガを抑制する有力な方法として注目され，その化学成分の特定が進められています．

　このほかにも，プッシュ・プル法には農民にとって，いくつかのメリットがあります．たとえば，マメ科のデスモディアムの間作は，畑の土壌の窒素分を高め，肥沃にする効果があります．また，ケニアではデスモディアムの種子の流通システムができており，種子を企業に売って現金収入を得ることも可能です．このように，プッシュ・プル法は殺虫剤の使用に比べてわずかしか費用がかからず，しかも農家にさまざまなメリットをもたらします．1ドルの出費に対する便益は，トウモロコシを単作した場合の1.4ドルに比べて，プッシュ・プル法では2.3ドルと推定されています．

■もう一つの方法——土着の捕食性節足動物による害虫の防除

　以上に述べたように，プッシュ・プル法は，野生植物がおとりとなって作物への害虫の影響を減らす方法です．これに対して，圃場内に捕食者を増やすことにより，害虫の死亡率を高めようとする方法があります．

　クモ，アリ，ハサミムシ，ゴミムシといった「多食性捕食者」は，害虫のほかにもトビムシやハエ類など，さまざまな昆虫類を餌とします．特定の餌種を専門的に攻撃する寄生蜂などとは異なり，多食性捕食者は，害虫が少ない時期にも他の餌を食べて生存できます．このため，安定した害虫抑止力としての機能が注目を集めています．

　一部の野生植物は，多食性捕食者の棲み場所として好適な性質を備えています．たとえば，餌昆虫が豊富であったり，花粉や蜜を餌として供給したり，厳しい温度環境からの逃避場所として優れていることです．このような植物は「バンカープラント」と呼ばれ，天敵節足動物の供給源として応用されています．欧米では，イネ科やマメ科のバンカープラントを畑の周囲に植栽し，天敵の効果を高める方法が行なわれています．

　プッシュ・プル法と同様に，バンカープラントによる害虫防除にも，その手法や実施法にはいくつかの鍵があります．まず，バンカープラントは害虫の餌として不適でなくてはなりません．そうでないと，むしろ害虫が増え，被害が大きくなる危険が高まります．したがって，捕食者だけでなく，害虫との関係も調べたうえで，慎重に植物を選別することが必須です．

　また，バンカープラントによって増えた多食性捕食者が，十分な害虫抑制効果を持たなければなりません．多食性捕食者には様々なタイプがあり，これらすべてが必ずしも害虫を抑制するとは限りません．サイモンドソンらの研究によると，多食性捕食者の害虫抑制効果を調べた181の調査例のうち，77％の例で効果が認められています．しかし，葉や根に潜入する害虫や，増殖率が著しく高い害虫に対しては，効果が認められない傾向も指摘されています．また，多食性捕食者のなかには，他の捕食者を食べるものや，同じ種間で共食いするものがあります．このような捕食者どうしの相互干渉が制約となって，害虫を抑制しない場合もあることが最近の研究からわかってきま

した．したがって，こうした昆虫間の関係も調べ，検討する必要があります．

さらに，バンカープラントの空間配置と植栽時期も重要です．捕食者によっては，圃場周囲のバンカープラントには多くても，肝心の圃場内では少ないことがあります．また，害虫の増殖期に捕食者の数が少ない場合にも，害虫抑制効果が下がります．したがって，どのような空間配置で，いつバンカープラントを植栽するかが防除成功の鍵となります．

■ギニアグラスはバンカープラントとなり得るか？

2004年の10月から1年間，私はカーンさんの研究室で，捕食者によるズイムシ防除を研究する機会に恵まれました．ズイムシは，トウモロコシの葉の表面に卵を産み付けますが，卵から孵化した幼虫が茎に侵入するまでの間に捕食されやすいことがわかっています．ミデガラの研究によれば，この期間の死亡率は90％以上と高く，その主な原因はアリ，ハサミムシ，クモなどによる捕食でした．したがって，これらの多食性捕食者はズイムシの抑制効果が高いと考えられます．もし，野生植物のなかにバンカープラントとして好適なものがあるならば，これを混作して捕食者の効果を高め，ズイムシを防除できるかもしれません．

私がビクトリア湖畔のICIPEムビタ・ポイント試験場にある研究室を訪ねたとき，カーンさんはこのような視点から，イネ科の野生植物に生息する昆虫相の研究を行なっていました．ケニアとマリに自生する46属132種の植物から，バンカープラントの候補となる数種がリストアップされました．これらのうちギニアグラス *Panicum maximum* は，ケニア西部において最も普通に見られる牧草のひとつです．そこで私は，ギニアグラスを圃場の周縁に植えた場合にズイムシが受ける影響を，「おとり植物」と「バンカープラント」の両方の視点から，調べることにしました．

これまでに述べたように，ギニアグラスの植栽によってズイムシを防除するには，以下の条件が必要とされます（図3）．すなわち，(a)ギニアグラスの植生帯では多食性捕食者が多いこと，(b)ギニアグラスはズイムシの餌植物として不適であること，(c)ギニアグラスの植栽によって，圃場内でも多食性捕食者が増えること，(d)多食性捕食者がズイムシの個体数を抑制すること，

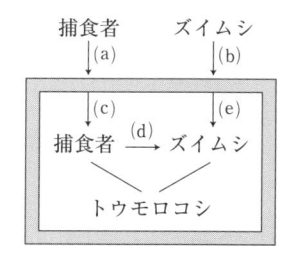

図3 圃場の周縁に配置されたギニアグラスの植生帯（グレーの部分）が，ズイムシを抑制する五つの条件．バンカープラントとしての機能（a, c, d）と，おとり植物としての機能（b, e）が考えられる．詳細は本文参照

(e)ギニアグラスがおとり植物となって，圃場内のズイムシの個体数を減少させること，の五つです．

　過去の研究結果から，条件(a)と(b)は成立することが分っています．まず，カーンさんによる上述の予備研究から，ギニアグラスには多数の捕食者が生息していることがわかりました．また，モハメドらは，室内実験によって成虫の産卵選好性と幼虫の生存率を調べ，ギニアグラスはトウモロコシと同程度に産卵されるが，幼虫の餌としては不適であることを報告しています．

　一方，条件(c)，(d)，(e)については未解明です．ギニアグラスの産卵誘引性がトウモロコシと同程度であったことから，条件(e)は成立しないと予測されますが，実験的な検証が必要です．そこで，条件(a)，(b)を確認すると同時に条件(c)，(d)，(e)を検証するための野外実験を行ないました．

■ギニアグラスの植生帯が圃場のズイムシと捕食者に及ぼす影響

　図4は，2005年4月から7月にかけて行なわれた野外実験の設定を示しています．植生帯の効果を調べるため，長方形の圃場の周囲にトウモロコシ（図4-i, iii）またはギニアグラス（図4-ii, iv）を帯状に植えました．さらに，捕食者がズイムシを抑制する効果を調べるため，捕食者を除去する区画（図4-iii, iv）と除去しない区画（図4-i, ii）を設けました．除去区では，区画の外側を金属製の板で囲い，これにタングルフット（粘着剤）を塗って捕食者の侵入を遮断したうえで，区画内の捕食性節足動物を除去しました（図5）．捕食者の多くは飛翔するため，野外でこれらを排除することは容易ではありません．落とし穴トラップを9回，直接捕獲を7回行なって計2万8000頭を除去し，後述するように除去区での捕食者を非除去区の17.7〜33.0％だ

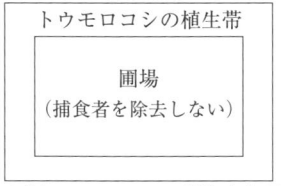

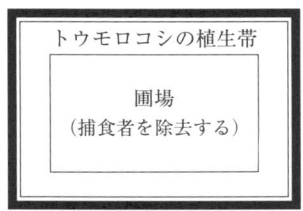

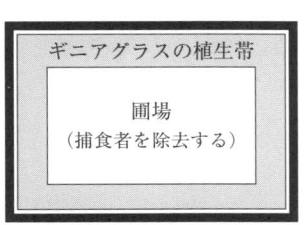

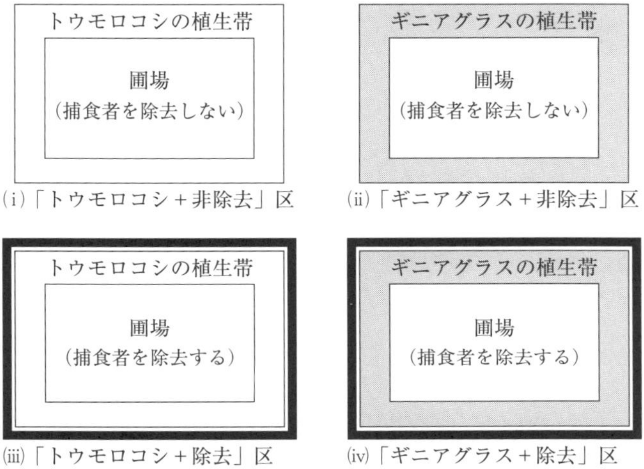

図4 ギニアグラスの植生帯と多食性捕食者がズイムシに及ぼす影響を調べる実験のデザイン．太い実線は，捕食者の侵入を防ぐ障壁を表す．

図5 実験圃場の概観（左）．4通りの実験区画（図4参照）を5個ずつ，ランダムに配置した．右は，除去区の植物を調べて捕食者を探しているところ．

け減少させることができました．

以上の4通りの実験処理のもとで，圃場内と周縁植生帯における捕食性節足動物の数を定期的に調べました．同時に，圃場と周縁植生帯のそれぞれから植物を20株ずつ持ち帰り，実験室内で茎を解剖してズイムシの数を数えました．

さて，ギニアグラスとトウモロコシの植生帯を比べると，捕食者の数はギニアグラスの方が多いこと（条件(a)）が確認されました．捕食者のうち，数

が特に多かったクギヌキハサミムシ科の一種，*Forficula senegalensis* Serville は，幼虫がイネ科植物の花粉を餌にしています．ギニアグラスは餌の供給源として，ハサミムシの良い生育場所となっているようです．一方，ズイムシはギニアグラスで少なく，若齢幼虫のみが採集され，老齢幼虫や蛹は見つかりませんでした．茎に侵入した幼虫は他の植物へ移動しませんので，ギニアグラスでは老齢に達する前に死亡したと考えられます．従って，モハメドらの報告どおり，条件(b)も成立していました．

それでは，ギニアグラスの植生帯は，圃場内の捕食者を増やすのでしょうか（条件(c)）？　もしこれが成り立つのならば，ギニアグラス植栽区（図4-ii, iv）には，トウモロコシ植栽区（図4-i, iii）よりも圃場内の捕食者が多いはずです．しかし，これを検討してみると，これらの間に統計的な有意差はありませんでした（図6）．個体数が多く採集されたアリ，クモ，ハサミムシのグループごとに調べても，また種ごとに調べても，植生帯の効果は認められませんでした．つまり，圃場周囲のギニアグラスの植生帯には，多様な捕食者が数多く生息しますが，圃場内でも数が増えたものはありませんでした．

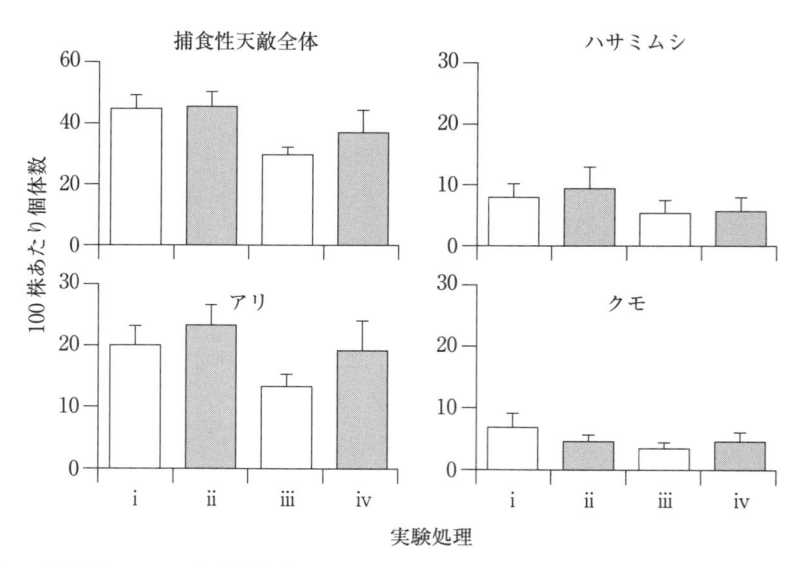

図6　圃場内における多食性捕食者の個体数密度．各実験処理について，5つの区画の5回の調査から得た平均値と標準誤差を示す．白のバーはトウモロコシ植栽区，グレーのバーはギニアグラス植栽区を示す．どの捕食者グループでも，植生帯の効果は統計的に有意ではなかった．

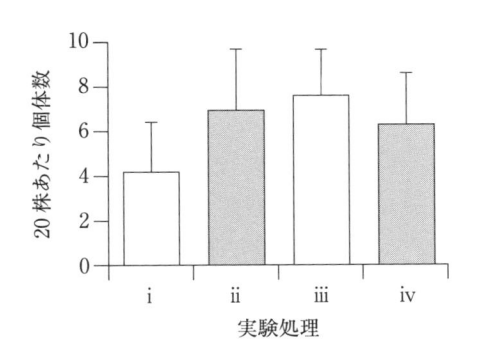

図7　圃場内におけるズイムシの個体数密度．図の見方は図6を参照．トウモロコシ植栽区（白のバー）のみで捕食者による抑止効果が認められた．

　もし，圃場内で捕食者が多かった場合，多食性捕食者はズイムシの個体数を抑制することができるのでしょうか（条件（d））？　これは，捕食者除去区と非除去区との間で，ズイムシの数を比較すればわかります．つまり，除去区（図4-iii, iv）よりも捕食者が多い非除去区（図4-i, ii）において，ズイムシが少なければ，捕食者による抑制効果があったことになります．これを検討したところ，全体としてはその効果は認められませんでした（図7）．しかし，植生帯ごとに調べると，トウモロコシ植栽区でのみ，捕食者の効果が認められました（図7：i＜iii）．この理由は，捕食者の除去率がギニアグラス植栽区（17.7％，図6-ii, iv）に比べてトウモロコシ植栽区では高かった（33.0％，図6-i, iii）ことかもしれません．さらに検証が必要ですが，捕食者の密度に3割以上の差が生じた場合にズイムシ抑制効果が検出されることを，この結果は示唆しています．

　最後に，ギニアグラスがおとり植物となって，圃場内のズイムシを減少させるか（条件(e)）を検証しました．この条件は，トウモロコシ植栽区（図4-i, iii）よりもギニアグラス植栽区（図4-ii, iv）でズイムシが少なければ成り立ちます．しかし，植物間で産卵誘引性に差がなかったことから予想されるように，ギニアグラスの植生帯におとり植物としての効果は認められませんでした（図7）．

　以上をまとめると，ギニアグラスの植生帯には，おとり植物の効果（条件(e)）は無いものの，数多くの多食性捕食者が生息し（条件(a)），これらの捕食者

はズイムシを抑止する潜在力を持っていました（条件(d)）．しかし植生帯を畑の周囲に配置しても，畑の内部での捕食者が増えず（条件(c)），捕食者を介してズイムシの数を抑制することはできませんでした．バンカープラントとしてギニアグラスの効果を高めるには，これを圃場の周縁に植栽するだけでなく，圃場内にも間作するなど，圃場内での捕食者の増加を促す工夫が必要とされそうです．さらに，花粉食の捕食者（ハサミムシ）とズイムシの出現期が同調するように，植栽の時期にも改良の余地がありそうです．

■地域に即したズイムシの管理法をめざして

残留農薬による環境の汚染や，外来の侵入生物による生物多様性の破壊が懸念されている昨今，農薬や外来天敵の導入に頼らない害虫管理法が模索されています．ルイスらは今後目指すべき害虫管理のあり方を指摘し，(1)農地生態系の生息環境を適切に管理して土着の天敵類を保全し，(2)これらの害虫抑制機能を活用して害虫の個体数を低いレベルに抑え，(3)それでも害虫が発生した場合にのみ，生態系への影響が小さい農薬を使用することを提唱しました．この章で紹介した二つの防除法は，この(1)と(2)に関連する害虫管理のアプローチとして注目すべきものです．なかでもプッシュ・プル法は，害虫被害の軽減に加えて，有害雑草の防除や牧草の安定供給など，農民の生活にとって重要な利益を生じるため，今後，東アフリカ以外にも広い地域への普及が期待されます．

もちろん，地域によって生物相や人の生活様式は異なるため，これに応じて有用な植物種も異なるでしょう．有用植物の混作による害虫管理法には，植物，害虫，捕食者，寄生者を含む複雑な相互作用が絡んでいます．これらの生態的関係をひとつずつ解き明かし，農耕地管理の改良を繰り返す，地道な試行錯誤こそが，地域に即した最適な害虫管理法を生み出すのでしょう．

謝辞

本稿に対しコメントを下さった大河原恭祐さん（金沢大学理学部）と木村一也さん（金沢大学自然計測応用研究センター）に厚くお礼申し上げます．

さらに詳しく知りたい人のために

Altieri, M.A. and Nicholls, C.I. (2004) *Biodiversity and Pest Management in Agroecosystems.* Haworth Press.（農業生態系の管理による害虫防除について，理論と実践例を解説した本）

Gurr, G.M., Wratten, S.D. and Altieri, M.A. (eds.) (2004) *Ecological Engineering for Pest Management.* Cornell University Press.（プッシュ・プル法も含め，農業生態系の機能を活用した害虫管理について世界各地の実践例を集めた総説集）

Polaszek, A. (ed.) (1998) *African Cereal Stem Borers. Economic Importance, Taxonomy, Natural Enemies and Control.* CABI Publishing.（アフリカに生息するズイムシの分類，食草，天敵，防除法などについての基礎的情報を網羅している）

第 VI 部
アフリカの国際昆虫研究機関

第 15 章

ケニア国立博物館（NMK）

菅　栄子

■ケニア共和国の概要

　ケニア国立博物館をより深く理解していただくために，初めにケニア共和国（以下，ケニアと略します）の概略を述べます．ケニアはアフリカ大陸東岸に位置し，国土は赤道直下にあります．国土の面積は日本の約 1.5 倍（58 万367 km²），人口 3154 万人（2002 年推定），首都はナイロビ，公用語は英語とスワヒリ語です．この国の海岸地帯は，紀元前からアラビア人やペルシャ人などの往来があって早くから開けていましたが，内陸地帯は 19 世紀半ばまで全く知られていませんでした．19 世紀後半になって西欧の探検家が次々に入り込み，内陸地帯の様子がしだいに明らかになってきました．その後，ケニアは 1895 年にイギリスの東アフリカ保護領，1920 年には直轄植民地になり，1963 年 12 月 12 日にイギリスから独立しました．
　ケニアは多民族国家で，少なくとも 40 の異なる民族集団から構成され，民族的にも文化的にも多様性に富んでいます．また，地形的にも気候的にも多様性に富んでいます．その地形を特徴づけるのは，国土の西寄りを南北に貫く東リフトバレー（アフリカ大地溝帯の一部），万年雪を頂く標高 5199m のケニア山，世界第 3 位の湖面積（6 万 8800 km²）を誇るビクトリア湖などです．また，気候も暑く乾燥した気候から，高温高湿の気候，高地の涼しい気候まで，実に多様です．季節の変化は，通常，4 〜 6 月の大雨季と 10 〜 12 月の小雨季で区別されます．このようなケニアの自然環境の多様性が生物的多様性を生み出し，豊かな動物相や植物相を作り上げているものと考えられます．ケニアという国を特徴づけるのは，まさにこの民族，文化，自然の多様性で

あり，このこと抜きにケニア国立博物館について語ることはできません．次にケニア国立博物館の紹介を行なうことにしましょう．

■ケニア国立博物館の概要

ケニア国立博物館（National Museums of Kenya，NMK）は博物館条例に則して設置され，内務省の管轄下に置かれています．現在，全国9ヶ所にある国立博物館（ナイロビにある本館および分館である八つの地域博物館）と遺跡の管理運営を行なっています（図1）．ケニア国立博物館はおよそ100年の歴史をもつ伝統のある博物館で，以前は「コリンドン博物館」（1930年9月22日公式開館）という名称でした．それが，ケニア独立の翌年，1964年にケニ

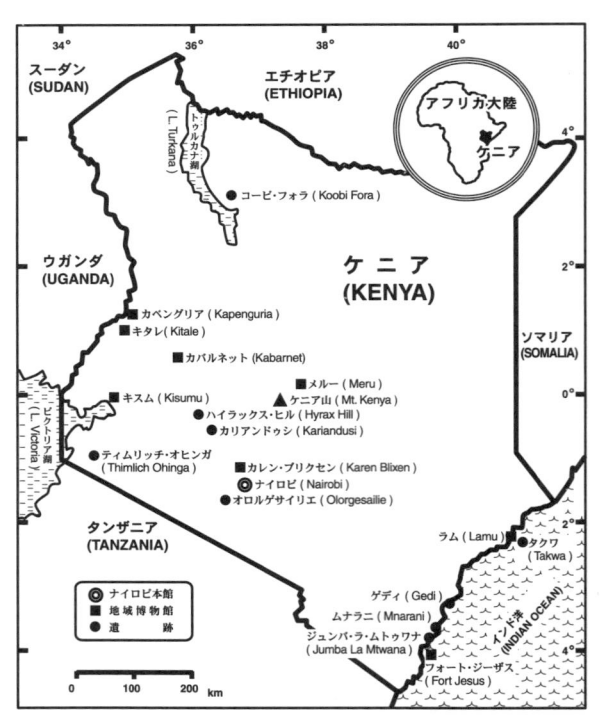

図1　ケニア国立博物館の地域博物館および遺跡の地図（Kanguru, Ng'ang'a, Rigby and van Hemelrijck（1995）*Guidebook of National Museums of Kenya* 18頁を参考に作成）．

ア国立博物館と名を改めました．ナイロビにある現在の本館（「ナイロビ博物館」）は，旧コリンドン博物館の建物を長期間かけて拡張したものです．

　ケニア国立博物館はアフリカ屈指の大規模な総合博物館として知られ，人文および自然科学の多岐にわたる分野を網羅します．収蔵する膨大な資料や標本等は，おもに東アフリカで収集したものです．東アフリカには，タンザニアのオルドバイ遺跡やケニアのコービ・フォラ遺跡をはじめ，先史時代の遺跡が数多くあり，人類化石や動物化石，石器類が多数発掘されています．これらの人類化石に基づく人類進化の研究で，ケニア国立博物館は数々のすぐれた業績をあげています．当博物館の活動は，収集・保管，展示，教育，研究の四つの活動に分けられます．ただし，ごく一部の研究分野を除き，研究活動はナイロビ博物館（本館）の研究部門で行なわれています．

■研究部門および昆虫学セクションにおける研究活動

　ケニア国立博物館（以下，NMK と略します）の研究活動の拠点はナイロビ博物館の研究部門で，以下の 15 部門で構成されます：①考古学，②古生物学，③民族誌学，④生物多様性センター，⑤植物標本室，⑥花粉学・古植物学，⑦植物化学，⑧哺乳類学，⑨無脊椎動物学，⑩鳥類学，⑪爬虫類学，⑫霊長類研究所，⑬骨学，⑭分子遺伝学，⑮図書館．ただしこの中で，アフリカの現生霊長類の研究を行なっている霊長類研究所だけは別の場所，すなわち，ナイロビ近郊の，自然豊かなオロルア森林の中にあります．

　昆虫学の研究は，上述の「無脊椎動物学研究部門」に属する「昆虫学セクション」で行なわれています．昆虫学セクションのおもな活動は，昆虫標本の種の同定，分類・整理および保管，昆虫の分類学的研究です．このセクションには，大きな収蔵力のある昆虫標本庫が完備されています．そこに収蔵されている昆虫標本は，動物地理学上のアフリカ熱帯区，特に東アフリカに分布する種が中心です．標本数は 200 万を超え，昆虫コレクションとしては，熱帯アフリカ最大の規模を誇ります．なお，ナイロビ博物館の展示ギャラリーでは，昆虫標本の展示は行なわれておりません．一方，昆虫学セクションで行なわれている分類学的研究の対象は，おもに，経済上重要な昆虫（農業害虫やその天敵など）や，医学上重要な昆虫（衛生害虫）です．また，このセク

ションは生物多様性センターと共同で，ケニアにおける生物多様性の保全に関する研究も行なっています．生物多様性センターは，ナイロビ博物館の諸研究部門のなかでも，現在最も活躍が注目されているものの一つです．同センターの中心的な活動は，ケニアの動植物種のデータベース作成で，昆虫学セクションも共同で取り組んでいます．昆虫学セクションは，ナイロビにある国際昆虫生理生態学センター（ICIPE；16章）や，大英自然史博物館など，内外の研究機関や博物館，大学との学術交流も盛んです．さらに，内外の研究者などを対象に行なう昆虫分類学に関する研修や，昆虫標本に対する種の同定サービス（有料）も，昆虫学セクションの重要な活動の一部です．

■地域博物館および遺跡

　将来，ケニアをフィールドとする研究を志しておられる読者のかたがたのために，国内8ヶ所にあるNMKの地域博物館と，NMKが管理運営を行なっている遺跡を簡単に紹介します（図1）．また，特に断りがない場合，地域博物館および遺跡の各名称は，その所在地の地名（市または町名）に由来するものです．

(1)地域博物館
①フォート・ジーザス：モンバサにある博物館．1593年，トルコの侵入を防ぐために，ポルトガル人によって作られた要塞が博物館となっています．インド洋を介した交易によって持ち込まれた陶磁器類や，沈没船の中から発見された資料などが展示されています．
②ラム博物館：ケニアの東岸に位置するラム島にある博物館．この島には，スワヒリ文化（東アフリカに形成されたアフロ・アラブ混交の文化）の伝統が色濃く残っています．ラム島に伝わるスワヒリ文化を代表する品々が展示されています．附属・関連施設として，「スワヒリハウス博物館」と「ラム砦環境博物館」があります．
③カレン・ブリクセン博物館：ナイロビ近郊の町，カレンにある博物館．『アフリカの日々』（*Out of Africa*）の著者で，世界的に有名なデンマークの女流作家，ディネーセンが1914～1931年まで住んでいた屋敷を博物館にしたも

のです.
④メルー博物館：メルー人はじめ，メルー周辺に住む人々の民族・考古学的資料が展示されています.
⑤キスム博物館：ルオ人などビクトリア湖周辺に住む人々の民族学的資料が展示されています．ビクトリア湖に生息する淡水魚を飼育・展示する小さな水族館を併設しています．
⑥キタレ博物館：ケニア西部に住む人々の民具や考古学的資料，哺乳類などの動物標本が展示され，遊歩道付きの自然林（約12万1400㎡）が併設されています．
⑦カペングリア博物館：イギリス植民地時代の牢獄の跡を博物館にしたものです．かつてその牢獄には，ケニヤッタ（後のケニア共和国初代大統領）など独立運動の闘士たちが，政治犯として幽閉されていました．
⑧カバルネット博物館：バリンゴ湖西南に位置する町カバルネット．その地域周辺に住む人々の民族学的資料や，バリンゴ湖の生態・環境をテーマにした展示があります．

(2)遺跡
①コービ・フォラ遺跡：トゥルカナ湖東岸に位置する先史時代の遺跡です．数多くの動物化石や，貴重な人類化石が発見されています．
②ハイラックス・ヒル遺跡：ナクルの東3.5km，見晴らしの良い丘の上にある遺跡です．後期石器時代から鉄器時代にかけて，この地に人間が住んでいたとされ，埋葬塚や石で作った防御施設，住居跡などが残っています．
③カリアンドゥシ遺跡：エレメンテイタ湖の近くにある，前期石器時代後半のアシュール文化の遺跡です．ハンドアックス（両面加工の握斧形石器）によって特徴づけられます．
④オロルゲサイリエ遺跡：ナイロビの南約70kmに位置します．40～50万年前のアシュール文化の遺跡で，石器のハンドアックスが多数発見されています．
⑤タクワ遺跡：ラム島の東隣りの島，マンダ島にある16, 17世紀に栄えた都市の遺跡です．
⑥ゲディ遺跡：マリンディの南23kmに位置します．13～17世紀に栄え，

18世紀に見捨てられたスワヒリ都市の遺跡です．
⑦ムナラニ遺跡：キリフィ湾の南岸に位置し，15世紀に建てられた柱墓や墓碑，モスクの廃墟が残っています．
⑧ジュンバ・ラ・ムトゥワナ遺跡：モンバサとキリフィの中間に位置する，15世紀の町の遺跡で，住居やモスクの廃墟が残っています．
⑨ティムリッチ・オヒンガ遺跡：ケニア西部，南ニャンザ地方にある遺跡です．石積みの城壁や，住居の基礎などが残っています．この遺跡ついてはまだよくわかっていません．

第 16 章

国際昆虫生理生態学センター（ICIPE）

小路晋作

　国際昆虫生理生態学センター（International Centre of Insect Physiology and Ecology, ICIPE；http://www.icipe.org/）は，1970 年にケニア共和国に設立された，昆虫学の国際研究機関です．ICIPE は，アフリカにおける食料の安定供給，健康の改善，および自然環境の保全を目指し，研究機関として中心的役割を果たすとともに，アフリカの若手研究者の育成機関としても重要な役割を果たしています．

　研究活動の主体となるのは，衛生害虫，家畜害虫，農業害虫，環境保全からなる四つの研究部門（Research Division）です（表1）．これらに属する研究プロジェクトは，それぞれが獲得した研究費により独立に運営されるため，その構成は年々変化します．2006 年現在，18 の研究プロジェクトが進行しています．衛生害虫部門は，マラリア媒介蚊の防除を目的とし，蚊の生態，行動，感染経路の研究に基づいた防除法を開発しています（10 章）．家畜害虫部門では，誘引トラップを用いたツェツェバエの制御（8，11, 12 章）や，家畜の病気を媒介するダニの生物防除（コラム2）などに取り組んでいます．農業害虫部門はもっとも規模が大きく，歴史も長い部門です．ここでは，園芸作物の害虫（オオタバコガ，コナガ，ミバエ，ハダニ），穀物害虫（ズイムシ）（5，6，14章），トビバッタ（7章）などを対象として，総合的病害虫管理(IPM)の研究，開発を行なっています．環境保全部門は，危機に瀕した自然環境を，教育や持続的利用法の開発によって保全することを目的とします（2章）．この部門では有用生物の探索（バイオプロスペクティング）にも力をいれており，害虫や病原菌の防除に有用な植物が数多く見つかっています．いずれの部門においても，その基本姿勢は，生理や生態の基礎研究を重視し，生物資源の利用や生息環境の管理によって，害虫を制御し有用昆虫を活用する点に

表1 ICIPEの研究部門と，それぞれに属する研究プロジェクト（2006年現在）

Ⅰ．Human Health Division（衛生害虫部門）
   a．African malaria vectors research programme
   b．Botanicals for malaria control programme
   c．Eritrea national malaria control programme
   d．Agroecosystem management in the Mwea rice irrigation scheme
Ⅱ．Animal Health Division（家畜害虫部門）
   a．Tsetse research
   b．Ticks and tick-borne diseases
Ⅲ．Plant Health Division（農業害虫部門）
   a．African bollworm biocontrol and IPM project
   b．African fruit fly programme
   c．Biocontrol and IPM for DBM
   d．Integrated management of red spider mites
   e．Preparing smallholder export vegetable producers of French beans and okra for compliance with EU regulations on MRLs and hygiene standards
   f．Implementation of habitat management strategies for the control of stemborers and striga in maize-based farming systems in Eastern Africa and mechanisms of striga suppression by *Desmodium* sp.
   g．Biological control of cereal stemborers in Eastern and Southern Africa
   h．Conservation of Gramineae and associated arthropods for sustainable development in Africa
   i．Locusts and migratory pests
Ⅳ．Environmental Health Division（環境保全部門）
   a．Biodiversity and conservation
   b．Bioprospecting
   c．Commercial insects

あります．

　研究プロジェクトが個別の問題に取り組む一方，ICIPEには三つの専門分野を扱う研究部門（Research Department）があります．昆虫の行動に関与する化学物質の特定を行なう「行動・化学生態学分野」，分子生物学を専門とする「分子生物学・生物工学分野」，個体群動態や生態系機能を分析する「個体群・生態系生態学分野」です．これらは，各プロジェクトと連携して研究を進めています．また，研究を支援する施設には，動物飼育施設，統計解析や生物分類のサポート部門，情報・出版部門などがあります．ICIPEが主体

となって発行する国際誌, *International Journal of Tropical Insect Science*（旧誌名 *Insect Science and Its Application*）は，1980年の発刊以来，26巻が刊行され，約1万5000人の購読者を得ています．

　教育機関としては，アフリカ諸国の大学院生を受け入れ，博士課程の単位を取得させるインターンシップ制度があります．これまでに，29カ国，32大学から177名の学生がこの制度を利用し，ICIPEで学位研究を行ないました．これに加え，大学の教育・研究施設へのサポートや，研究者交流にも取り組んでいます．

　害虫管理技術の普及を目的として，農民や技術普及員を対象とした研修も行なわれています．ツェツェバエのトラップの配布，作物害虫のIPM技術の講習会，養蜂や養蚕技術の講習と改良品種の配布などが，これまでに24カ国，1万人以上を対象として行なわれました．

　ICIPEは，45名の専門職員を含む233名の常勤職員により運営されています（2006年現在）．また，各国から客員研究者を受け入れており，2005年には，アフリカ，ヨーロッパ，北米，アジアから34名を受け入れました．客員研究者はいずれかの研究プロジェクトに所属し，ナイロビにあるICIPE本部やビクトリア湖畔のムビタ・ポイント試験地で研究を行なっています．

　ICIPEの本部は，ナイロビの都心から車で20分程の郊外に位置し，大学構内を思わせる落ち着いた雰囲気のキャンパス内に，研究・管理棟，会議棟，食堂，ゲストハウス，動物飼育舎などが配置されています．一方，ムビタ・ポイント試験地は，ナイロビから北西へ470kmのビクトリア湖畔に位置し（10章図5），周囲には小さなマーケットがひとつあるだけの，のどかなところです．しかし構内には，試験圃場，昆虫飼育施設，ゲストハウス，職員宿舎，診療所，小学校，幼稚園などがあり，電気，水道，インターネットなどの設備も整っています．ムビタ・ポイント試験地には，構内の他にも近隣の数カ所に試験圃場があり，野外研究が活発に行なわれています．

第 17 章

国際熱帯農業研究所（IITA）

足達太郎

　国際熱帯農業研究所（International Institute of Tropical Agriculture, IITA）は，西アフリカ・ナイジェリア南西部の都市イバダン郊外に本部があり，サハラ以南のアフリカの農業開発に関連するさまざまな研究を行なっています．

　IITA が創設された 1960 年代には，このほかにも国際イネ研究所（IRRI，フィリピン）や国際トウモロコシ・コムギ改良センター（CIMMYT，メキシコ）など，農業に関連する国際研究機関が設立されています．これらの機関はそれぞれ，東南アジアとラテンアメリカの開発途上国における食糧生産性の画期的な向上——いわゆる「緑の革命」に貢献しました．IITA もまた，アフリカ諸国が続々と独立したあとの食糧増産ブームにのって，農業研究開発の旗頭としての役割をになうことが期待されました．1971 年には，世界銀行などが中心となって国際農業研究協議グループ（CGIAR）が結成され，各国政府からの資金援助を各研究機関に配分するシステムが確立されました．CGIAR では現在，63 の政府や関連機関がメンバーとなり，IITA をふくむグループ傘下の 15 の国際研究センターを支援しています．

　IITA では，アフリカ農業に関する総合的なアプローチを目指しており，栽培学，育種学，土壌学，昆虫学，植物病理学，農業経済学，社会学，人類学など幅広い分野の研究者があつまり，室内での分析的研究から圃場での実証試験や新しい技術の普及まで，プロジェクト方式によるさまざまな研究開発を行なっています．とくに重点的に研究を行なうべき作物として，トウモロコシ *Zea mays*，ササゲ *Vigna unguiculata*，ダイズ *Glycine max*，キャッサバ *Manihot esculenta*，ヤムイモ *Dioscorea* spp.，バナナ *Musa* spp. の六つをあげており，各分野の研究者がそれぞれのプロジェクトの枠組みのなかで研究にとりくんでいます．

昆虫学の研究は，植物病理学や雑草学などとともに，植物保護部門としてIITAの研究開発戦略の重要な柱として位置づけられています．従来からアフリカ農業では，サバクトビバッタ Schistocerca gregaria (Forscâl) やトノサマバッタの亜種 Locusta migratoria migtatorioides (Reiche and Fairmaire) などのトビバッタ（飛蝗）類（7章）やトウモロコシなどの主要作物の害虫（5，6，14章）が問題になっていました．しかし，IITAの昆虫学が一躍脚光をあびたのは，1970年代におこったある害虫の発生がきっかけでした．

　1973年，コンゴ共和国のブラザビルとザイール（現在コンゴ民主共和国）のキンシャサ付近で，主食として重要な作物であるキャッサバが，コナカイガラムシの一種 Phenacoccus manihoti Matile-Ferrero によって加害されているのが発見されました（図1）．本種は熱帯アメリカ原産であり，キャッサバの苗木に付着して侵入したものとみられました．それまで，アフリカでは害虫によるキャッサバの被害はほとんどありませんでしたが，本種はまたたく間にアフリカ大陸の東から西まで分布を広げ，同地域の食料供給に深刻な影響をもたらしました．

　そこでIITAは，コナカイガラムシの生物的防除プロジェクトにのりだしました．まず，害虫の原産地とみられるパラグアイなどで天敵の探索を行なった結果，本種を寄主とする寄生蜂や捕食性テントウムシ類など60種あまりの天敵が発見されました．これらの天敵はアフリカに運ばれ，トビコバチ科の一種である寄生蜂 Epidinocarsis lopezi (De Santis) がカイガラムシに対して持続的な防除効果を発揮することがたしかめられました（図1）．そこで，この寄生蜂の大量増殖技術が開発され，アフリカ各地で大規模な放飼活動が行なわれました．天敵を放飼したところでは害虫個体数の監視がつづけられ，約2年後にはいずれの調査地でも害虫の個体数が低いレベルで安定していることが確認されました．カイガラムシによる被害はおさまったのです．

　この方法は，侵入害虫の天敵を被害地域に導入して定着させ，害虫個体数の低減をはかるものであり，こんにちでは「古典的生物的防除法」とよばれるものです．その名のとおり目新しい方法ではありませんが，大規模かつ組織的に行なわれたという点でも，天敵の大量増殖や航空機による放飼といった技術面でも，アフリカではそれまでに前例のなかったものであり，その後のアフリカにおける総合的害虫管理技術の開発を方向づける契機となりまし

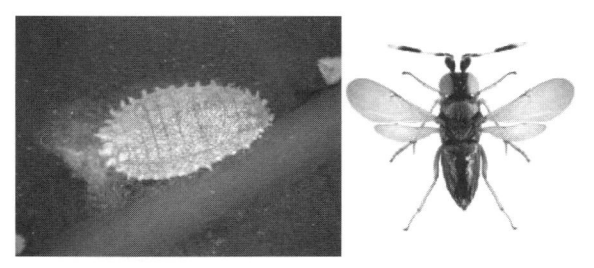

図1 キャッサバを加害するコナカイガラムシの一種*Phenacoccus manihoti* Matile-Ferrero(左)とその寄生蜂*Epidinocarsis lopezi* (De Santis). Neuenschwander et al.（eds.）(2003) *Biological Control in IPM Systems in Africa*の図版から引用.

た．なお，同プロジェクトの実質的なリーダーであった IITA のスイス人研究者 H・R・ヘレン博士は，このプロジェクトを成功させた功績により，農業開発分野での世界的な貢献に対して贈られる世界食糧賞（World Food Prize）を受賞しています．同博士はその後，1994年から約10年間にわたってケニアにある国際昆虫生理生態学センター（ICIPE；16章）の所長をつとめました．そのため，IITA と ICIPE とのあいだでは，現在でも密接な昆虫学者の交流が続いています．

　キャッサバ害虫の生物的防除プロジェクトが進行中であった1988年，ベナン南部コトヌー郊外にあった IITA の支所は，「アフリカ生物的防除センター（BCCA）」として拡充されました（図2）．このため，IITA の植物保護部門の研究者の多くはベナン支所に所属しています．2005年の『IITA 年報』によれば，IITA に所属する全研究者101名中，昆虫学者（ダニ学者をふくむ）は13名であり，そのうち9名が BCCA に所属しているほか，カメルーン支所（湿潤森林生態地域センター，ヤウンデ）に2名，ウガンダ支所（東・南アフリカ地域センター，ナムロンゲ）に2名が配属されています．

　現在，IITA の昆虫学分野では，重点研究作物であるキャッサバ，ササゲ，バナナを加害する害虫に関する研究がさかんに行なわれています．キャッサバでは茎葉より吸汁するハダニの一種 *Mononychellus tanajoa* Bondar や地中にあるイモを直接加害する土壌性のカイガラムシ *Stictococcus vayssierei* Richard について，ササゲではアザミウマの一種 *Megalurothrips sjostedti* Trybom およびマメノメイガ *Maruca vitrata* (Fabricius) について，バナナ

図2　IITAベニン支所（アフリカ生物的防除センター，BCCA）

ではバショウオサゾウムシ *Cosmopolites sordidus*（Germar）について，それぞれ生活史や防除技術に関する研究を行なっています．最近の研究成果としては，カブリダニの一種である *Typhlodromalus aripo* DeLeon がキャッサバを加害するハダニに対する生物的防除資材として注目されており，またマメノメイガの性フェロモンによる発生予察や核多角体病ウイルスによる防除技術の開発が進められています．このほか，バッタ類やトビバッタ類に効果のある昆虫病原糸状菌 *Metarhizium anisopliae* var. *acridum* の製剤化に成功し，Green Muscle® の名で商品化されています．いっぽう，インドセンダン（ニーム）*Azadirachta indica* やパパイヤ *Carica papaya* など，現地で容易に入手できる植物の抽出液の殺虫効果についても研究が行なわれています．

　なお，BCCA には昆虫標本館が併設されており，重点作物の害虫やその天敵の標本の収集と保存を行なうとともに，研究所内外の研究者が採集した昆虫の同定依頼にも応じています．いっぽう，イバダン本部には昆虫飼育ユニットがあります．ここでは，トウモロコシを加害するズイムシ類（*Eldana saccharina* Walker および *Sesamia calamistis* Hampson），ササゲを加害するマメノメイガやヘリカメムシの一種 *Clavigralla tomentoscollis* Stål, 貯穀害虫のヨツモンマメゾウムシ *Callosobruchus maculates*（Fabricius）などが継代飼育されており，所内の研究者の注文に応じて，実験用昆虫を供給する体

制ができています.

謝辞

本稿を執筆するにあたり，IITA の設立と沿革に関する資料についてご教示いただいた，IITA ベナン支所の M・タモ博士ならびに IITA イバダン本部の菊野日出彦博士に感謝します．

さらに詳しく知りたい人のために

International Institute of Tropical Agriculture（IITA）（2006）*Annual Report 2005*. IITA.

Neuenschwander, P., Borgemeister, C. and Langewald, J.（eds.）（2003）*Biological Control in IPM Systems in Africa*. CABI Publishing.

Yaninek, S. and Herren, H.R.（eds.）（1989）*Biological Control: A Sustainable Solution to Crop Pest Problems in Africa*. IITA.

コラム7　アフリカ音楽のリズムに使われた昆虫
「キリキリ」はコオロギの鳴き声のリズム

　アフリカ音楽について，「上半身裸で腰みのを付けた黒い人がタイコに合わせて踊る音楽」というイメージだけをもつ方はもう少ないと思います．今，何といっても現地庶民が好むのはラジオやＴＶから流れる最新のポピュラー音楽，いわゆるポップスです．私は79年に初めてICIPE派遣研究者（1章）としてケニアに滞在したときから，現地のポップスに「はまって」しまいそれが今も続いています．当時はザイール（現コンゴ民主共和国）のリンガラ音楽とそれに影響されたポップスが全盛でした．リンガラ音楽はリンガラ・ポップス（主にリンガラ語で歌われるからです），スークース，コンゴ・ルンバ，ルンバ・ロック，などと呼ばれ，ブラックアフリカで最も共通のダンス音楽

といえます．エチオピア地域を除く東アフリカから中部・南部アフリカ，コンゴを中心とする中央アフリカ，西アフリカの主にフランス語圏などで流行っています．リンガラ音楽のもとは1930年代のキューバン・ルンバと言われ，50年代から現在まで数多くのミュージシャンが活躍していますが，何と言ってもフランコとタブ・レイの影響が強く，パパ・ウエンバなどは何度も来日しています．ここで強調したいのは，ルンバ，サンバを含む数多くのカリブ・中南米のポピュラー音楽は，アフリカから奴隷として送られて来た数千万人もの人々の音の文化の影響を強く受けているということです．さて，60年代後半から活躍したリンガラ・ミュージシャンにドクター・ニコという名ギタリストがいました．当時，彼が作り出したキリキリ（kiri kiri）というリズム・スタイルは，コオロギの鳴き声に由来しているそうです．ややロック化したのりの良いこのダンス音楽はその後西アフリカにも広がり，カメルーンでも流行っていたそうです．アフリカは元来口承文化が発達したせいか，ポップスの歌詞がとても面白く，まさに歌詞は物語，メッセージ，ドラマであり，ことわざや教訓も多く，それにより生活の断面をかいま見ることができます．最後に，昆虫に絡んだ歌詞の例を一つ．「富を得ても，腹痛や頭痛が止まるわけではない．名声を得ても，ブッシュでは誰もおまえを知らない．蚊はおまえを尊敬しない．」（レミイ・オンガラ作，後悔（Nasikitika），『アサヒグラフ』3618号51頁より引用）．なお，キリキリについて，江口一久さん（「地球おはなし村」村長），マエストロ新井さん（「バオバブ」主任）に一部情報を頂きました．（八木繁美）

第 VII 部
むすび

第 18 章

アフリカ昆虫学の今後

湯川淳一

　この章では，昆虫分類学と応用昆虫学の立場から，今後，アフリカの昆虫とどのような形でかかわっていけば良いかということを考えたいと思います．そのために，日本の昆虫分類学者を対象にアンケート調査を実施しました．また，応用面では，雑誌に発表された論文や国際会議の講演内容を項目毎に集計して，日本とアフリカの間で比較・検討してみました．

■アフリカ大陸とアフリカ熱帯区

　最初に，アフリカという言葉がどの地域を指しているかを定義しておかなくてはなりません．ここでいうアフリカとは，地図で示されているアフリカ大陸のことではありません．生物の分布の特性を勘案して，従来の動物地理区と植物地理区に基づいて，世界を八つの地理区に分けたものの一つに，アフリカ熱帯区 Afrotropical Region という区があります．これまでエチオピア区 Ethiopian Region と呼ばれていたところです．本章では，この地理区のことをアフリカと呼ぶことにします．この区域はアフリカ大陸のサハラ砂漠より南（サハラ砂漠を含まない）に位置する，約 2210 万km²の地域を指しており，草原やサバナ（サバンナ），アラビア半島の東海岸や南海岸，赤道付近の熱帯降雨林，マダガスカル（以前は，マダガスカル区），インド洋西部の島々，ナミビアなどの砂漠，南アフリカのフィンボス植生地域などを含んでいます．
　かつて，地球上のほぼすべての大陸が一つになっていたことがあります．しかし，ジュラ紀の中期（今からおよそ1億8000万年前）に，ローラシア大陸とゴンドワナ大陸に分裂しました．その後，ゴンドワナ大陸は，現在のアフリカ大陸や南アメリカ大陸を含む西ゴンドワナ大陸と，南極大陸やオース

トラリア大陸，インド亜大陸を含む東ゴンドワナ大陸に分かれました．白亜紀（今からおよそ1億4000万年前から6500万年前）になると，西ゴンドワナ大陸はアフリカ大陸と南アメリカ大陸に分裂し，その間に大西洋ができました．東ゴンドワナ大陸も分裂を繰り返し，最終的には，南極大陸とオーストラリア大陸，マダガスカル島，インド亜大陸に分かれました．その後，インド亜大陸は北上してユーラシア大陸に衝突し，ヒマラヤ山脈が形成されました．このように，大陸が分裂することによって，生物の分布域が分断され，地理的な生殖隔離が生じて種分化が起こり，その地域特有の生物が進化してきました．アフリカ熱帯区の昆虫相もこのように成立し，日本が含まれる旧北区 Palearctic Region（ヒマラヤ山脈以北のユーラシア大陸と，サハラ砂漠以北のアフリカ北部を含む区域）の昆虫相とかなり違った様相を見せています．

■アフリカ産昆虫を使った系統分類学的研究

昆虫に興味を持っている人は，ほとんど誰でも，一度はアフリカに昆虫採集に行ってみたいと思うのではないでしょうか？　その思いは，おそらく，アフリカに行けば日本では見たこともない昆虫に出会えるかもしれないという期待感から出て来るものだと思います．しかし，行ってみたくても，これまでにその機会がなく，一度も夢を実現していない人が多いのではないでしょうか？　ちなみに，日本の昆虫分類学者86人（研究歴0.5年～52年）に，これらのことをアンケートで尋ねてみました（回答率67/86＝77.9%）．回答者67人のうち，94.0%にあたる63人が，まだ，アフリカに昆虫採集に行ったことがないと回答しました（表1C）．国際会議でアフリカに行ったことがある3人を加えても，アフリカに行ったことのある日本の昆虫分類学者は，67人中わずか7人（10.5%）だけです．

この結果とも関連することですが，アフリカ産の標本を使って論文を書いたことのある日本の昆虫分類学者は，67人中11人（16.4%）でした（表1C）．ここでは経験の差がものをいって，研究歴20年以上の35人中，25.7%にあたる9人が，何らかの形でアフリカ産の標本を使って研究をしています（表1A）．しかし，日本ではアフリカ産の標本を使った分類学的な研究が少ないのは事実です．主な理由の一つは，標本が手に入りにくいということでし

表1　アフリカの昆虫に関する日本の昆虫系統分類学者へのアンケート調査結果

(A) 研究歴20年以上の回答者

質問事項	回答数	Yes (%)	No (%)
Q1.これまでアフリカに採集に行ったことがありますか？	35	4 (11.4)	31 (88.6)
Q2.アフリカの標本を使って研究をしたことがありますか？	35	9 (25.7)	26 (74.3)
Q3.Noの方，その理由を伺います．			
(1)関心があるが標本が手に入りにくいためですか？	23	18 (78.3)	5 (21.7)
(2)これまでの研究に直接関係が薄いためですか？	24	19 (79.2)	5 (20.8)
Q4.アフリカの標本を含めた研究をやってみたいですか？	34	18 (52.9)	16 (47.1)
Q5.今後の研究にアフリカの属や種は無視できないですか？	34	23 (67.6)	11 (32.4)
Q6.今後，アフリカに採集に行ってみたいですか？	34	21 (61.8)	13 (38.2)
Q7.今後，科研費など，渡航費を申請したいですか？	34	11 (32.4)	23 (67.6)
Q8.カウンターパートになってくれそうな人がいますか？	34	8 (23.5)	26 (76.5)

(B) 研究歴19年以下の回答者

質問事項	回答数	Yes (%)	No (%)
Q1.これまでアフリカに採集に行ったことがありますか？	32	0 (0)	32 (100)
Q2.アフリカの標本を使って研究をしたことがありますか？	32	2 (6.3)	30 (93.8)
Q3.Noの方，その理由を伺います．			
(1)関心があるが標本が手に入りにくいためですか？	29	28 (96.6)	1 (3.4)
(2)これまでの研究に直接関係が薄いためですか？	30	19 (63.3)	11 (36.7)
Q4.アフリカの標本を含めた研究をやってみたいですか？	32	26 (81.3)	6 (18.8)
Q5.今後の研究にアフリカの属や種は無視できないですか？	32	21 (65.6)	11 (34.4)
Q6.今後，アフリカに採集に行ってみたいですか？	32	27 (84.4)	5 (15.6)
Q7.今後，科研費など，渡航費を申請したいですか？	32	19 (59.4)	13 (40.6)
Q8.カウンターパートになってくれそうな人がいますか？	32	3 (9.4)	29 (90.6)

(C) 全回答者（研究歴0.5年～52年）

質問事項	回答数	Yes (%)	No (%)
Q1.これまでアフリカに採集に行ったことがありますか？	67	4 (6.0)	63 (94.0)
Q2.アフリカの標本を使って研究をしたことがありますか？	67	11 (16.4)	56 (83.6)
Q3.Noの方，その理由を伺います．			
(1)関心があるが標本が手に入りにくいためですか？	52	46 (88.5)	6 (11.5)
(2)これまでの研究に直接関係が薄いためですか？	54	38 (70.4)	16 (29.6)
Q4.アフリカの標本を含めた研究をやってみたいですか？	66	44 (66.7)	22 (33.3)
Q5.今後の研究にアフリカの属や種は無視できないですか？	66	44 (66.7)	22 (33.3)
Q6.今後，アフリカに採集に行ってみたいですか？	66	48 (72.7)	18 (27.3)
Q7.今後，科研費など，渡航費を申請したいですか？	66	30 (45.5)	36 (54.5)
Q8.カウンターパートになってくれそうな人がいますか？	66	11 (16.7)	55 (83.3)

た．とくに，研究歴19年以下の若い研究者の多く（96.6%）にとっては切実な問題です（表1B）．標本を手に入れるには，直接，採集に出かけることが最も手っ取り早いことですが，上のアンケート結果からも分かりますように，アフリカに採集に行ったことがない研究者が多い状況では，仕方のないことです．標本を手に入れるもう一つの方法は，外国の博物館や大学，研究所などに保存されている標本を借りることですが，自分で採集に行くことに比べれば，検鏡できる種数や標本数に大きな差があります．また，外国の博物館や大学などに保存されている標本も，アフリカ産となると未整理や未同定の標本が多いことや，アフリカの分類群が分かる専門家の数が少ないことなどによる不便さや不確かさが，標本を借りにくい要因になっている可能性があります．

　アフリカ産の標本を使った分類学的な研究が少ないもう一つの主な理由は，これまで各自が研究対象としてきた分類群に，直接，関係が薄いというもので，70.4%の回答がありました（表1C）．これは当然のことで，日本人研究者は，手に入り易い旧北区の材料を使って分類学的な研究を開始し，やがて，東洋区（東南アジアや中国南部，インド亜大陸，中東などを含む地域）へ関心を広げていくのが自然だからです．とはいえ，今後，アフリカ産の材料も含めて研究したいという希望は66.7%もあり（表1C），とくに，若い研究者の意欲は81.3%に達しています（表1B）．今後の研究に，アフリカの属や種は無視できないという回答が，経験年数にかかわらず，66.7%もありました（表1C）．これらの結果から，日本の分類学者が，今後，研究対象分類群の系統解析では，アフリカ産の分類群を取り込む必要性を痛感していることが読み取れます．

■アフリカ熱帯区と旧北区との間の共通属

　そこで，いくつかの昆虫分類群でアフリカ熱帯区と旧北区との間で共通属の比較をしてみたいと思います．例えば，半翅目のヨコバイ科では，340属がアフリカ熱帯区に，76属が日本に分布していますが，そのうち，両地域に共通なのは18属で，共通属率は，アフリカ側から見れば5.3%，日本側から見れば23.7%でした（表2）．双翅目のタマバエ科では，アフリカ熱帯

表2 日本およびアフリカ熱帯区におけるヨコバイ科（半翅目）の属数と両地域における共通属数と共通属率（Oman et al. 1990 のチェックリストに紙谷聡志がZoological Recordのデータを加えたデータベースをもとに作成）

地　域	属　数	共通属数	共通属率 (%)
日本	76	18	23.7
アフリカ熱帯区	340	18	5.3

表3 旧北区およびアフリカ熱帯区におけるタマバエ科（双翅目）の亜科別の属数と両区における共通属数と共通属率（Gagné, 2004 のカタログに，湯川淳一の手元の最新のデータや未発表データを加味したもの．亜科や族の不確定なものなどは除いた．）

亜　科*	旧北区	アフリカ熱帯区	両区共通属数	旧北区側共通属率 (%)	アフリカ熱帯区側共通属率 (%)
Catotrichinae	1	1	0	0	0
Lestremiinae	37	7	4	10.8	57.1
Porricondylinae	72	9	4	5.6	44.4
Cecidomyiinae	214	68	27**	12.6	39.7

*Cecidomyiinaeには，植食者や捕食者，寄生者，菌食者，共生者などが含まれるが，その他の3亜科は腐食者か菌食者である．
**共通属の多くは世界各地に広く分布する捕食者が多く，非共通属は，特定の寄主植物属だけにゴールを形成するタマバエ類の属に多い．

区と旧北区の比較になりましたので，ヨコバイ科とは異なり，共通属率は，アフリカ側から見れば41.2%，旧北区側から見れば10.8%となりました（表3）．鞘翅目のゾウムシ科では，直接，アフリカ熱帯区と旧北区の間の共通属率は示されていませんが，東南アジアで記録されている456属中，102属（22.4%）がアフリカ熱帯区と共通で，191属（41.9%）が旧北区と共通でした（Kojima 2005）．一方，膜翅目のタマバチ科は，ほとんど，アフリカ熱帯区に分布していません（阿部芳久 2006, 私信）．

　西ゴンドワナ大陸由来のアフリカ熱帯区と，ローラシア大陸由来の旧北区との間には，当然，共通種は非常に少ないですし，また，アフリカ熱帯区における昆虫相の解明が旧北区に比べて遅れていますので，共通属率は今後も変わることが予想されます．しかし，タマバチ科のような例は別として，ヨ

コバイ科やタマバエ科，ゾウムシ科のように，分類群によって多少とも差はあるものの，ある程度の共通属は見られます．したがいまして，今後の系統分類学的な研究に，アフリカの属や種は無視できないという回答にも頷けます．

■アフリカに行ってみたい

　一度はアフリカに昆虫採集に行ってみたいと思う昆虫分類学者は，回答者の72.7％にあたる48人でした（表1C）．とくに，経験年数19年以下の若い研究者ほど，この傾向が強く，84.4％に達することが分かりました（表1B）．これは，上述の研究意欲と系統解析の必要性に裏づけされたものだと思います．ところが，アフリカに出かけるための調査研究費の捻出は容易ではなく，日本学術振興会の科学研究費など，様々な研究費や旅費の申請を繰り返し試みなければなりません．この試みも若い研究者は積極的で60％近くが，何とか資金を調達したいと考えていますが（表1B），経験年数20年以上の研究者は，アフリカ産昆虫の研究の必要性を認め，自らはアフリカに採集に行きたい希望がありながら，積極的な資金調達はあまり考えていないようです（表1A）．これからは，若い研究者のためにも，チームリーダーとなって研究費の申請を考えて頂きたいという気がします．

　もう一つ，アフリカでの研究調査に躊躇している要因は，カウンターパートとなってくれそうな現地の研究者に心当たりがないことです．このことを指摘している分類学者は，全体の83.3％にも上っています．これも，これまでの経緯から考えて仕方のないことで，とくに，分類学者に限っていいますと，同じ分類群の専門家を現地で探すのは，きわめて困難なことなのです．なぜなら，アフリカでは分類学者の数が絶対的に少ないからです．これはアフリカに限らず，東南アジアでもそうですが，当面の害虫防除を考えると，昆虫学者の人的資源の配分は，どうしても，応用昆虫学の分野に偏らざるを得ないのです．したがって，同じ分類群の分類学者を探すより，同じ分類群の応用昆虫学者を探す方が探しやすいし，そのことが，逆に，現地の害虫防除などに貢献することが多いと思います．

　自分の研究対象分類群に害虫も天敵も含まれていない場合は，別のルート

を考える必要があります．一つは，数少ない分類学者を現地の博物館や大学で探すこと，もう一つは，すでにアフリカ産の分類群に関して豊富な研究経歴を持っている欧米の研究者を通じて，適当なカウンターパートを紹介して貰う方法です．いずれの方法にせよ，若い研究者にとって大切なことは，常々，人脈構築の努力をすることで，そのためには，国際会議などに積極的に出席するのも大切なことだと思います．

　日本には，日本ICIPE協会を通じて，あるいは，独自に研究費を調達して，アフリカで研究した昆虫学者がかなりいます．例えば，本書の各章の執筆者もそうです．これらの研究者は，当然のことながら，アフリカの研究者との太いパイプを持っています．日本ICIPE協会は，このパイプを拡充・活用し，今後の若手研究者の便宜を図る必要があるでしょう．もちろん，ICIPEの理事会としても，日本に限らず，世界各地の研究者がもっと色々な角度からアフリカの昆虫を研究できる方策を考えていかなければならないと思っています．

■海外での昆虫採集

　アフリカに限らず，海外で昆虫を採集するときの留意点は，必ず，現地での採集許可書と標本の海外持ち出し許可書を得ることです．とくに，国立公園や保護地域での採集は，特別な理由がない限り許可されませんので要注意です．また，近年はどの国でも，自国から標本を無断で持ち出されることに神経を尖らせています．したがって，標本の借用書を書いて，同定・研究済の標本は期限までに返還しなければなりません．今後は，DNA解析のために標本全体や一部を磨り潰すようなことが必要になります．そのような場合は，その時の条件もきちっと決めておく必要があります．また，これからは，日本の分類学者は海外調査のときに，採集標本を持ち出すだけではなく，普通種で良いですから日本産の同定標本を，相手国の博物館や大学のコレクションに寄贈することが肝要だと思います．そのことが，相手国やカウンターパートとの信頼関係を強固にすることに繋がるでしょう．日本人昆虫分類学者による今後の調査研究が，アフリカの昆虫相の解明に大いに貢献することを願っています．また，ホストレースや抵抗性など害虫個体群内部の遺伝的

表4 2003年にICIPEの研究者がレフェリーのある学術雑誌に発表した論文の内訳（印刷中を含む）（ICIPE 2003）

分野	研究対象	論文数(%)	行動	生態	分布	分子分類	生理	生物的防除／天敵	化学的防除／農薬	環境管理／耕種的防除	その他
衛生動物	マラリア関係	26 (36.6)		14	1	2	1	2	1	2	3
	ツェツェバエ	5 (7.0)					3		1	1	
	マダニ類	2 (2.8)						2			
	衛生害虫全般	1 (1.4)								1	
農業害虫	アザミウマ類	1 (1.4)						1			
	ハムシ類	2 (2.8)		2							
	ミバエ類	7 (9.9)		2	1	1		3			
	コナガ	2 (2.8)		1					1		
	潜茎性ガ類*	4 (5.6)						3			1
	ハダニ類	4 (5.6)		1		1			1		1
天敵類	ヤドリバエ	1 (1.4)		1							
	コバチ類	1 (1.4)		1							
	コマユバチ類	8 (11.3)	2	4		1		1			
	ヒメバチ類	2 (2.8)	1			1					
有用昆虫	カイコ	2 (2.8)									2
	ミツバチ	1 (1.4)			1						
爬虫類・両生類	全般	1 (1.4)			1						1
植物	マメ科	1 (1.4)									1
合計		71 (100)	3	26	4	6	4	11	4	4	9

* *Busseola fusca*（ヤガ科）や *Chilo partellus*（ツトガ科）など

な変異の研究が，応用面でも重要視されています．後述のように，ICIPE でも分子分類の研究が行なわれています（表4）ので，系統分類学者による種内変異の解明や系統解析の手法がこれらの分野でも役立つことと思います．

■ ICIPE における最近の研究内容

1986 年に第1回熱帯昆虫学国際会議がケニアのナイロビで開かれた時は，日本人参加者は，私を含めてわずかに7人でした．その時の一般講演175題の中で，最も多く取り上げられた作物は，キャッサバ（14）で，次いで，ソルガム（10），イネ（7），トウモロコシ（7），ササゲ（6）の順でした．農業害虫と衛生害虫の比は，55:31 で，衛生害虫のうち，ツェツェバエ（双翅目：ツェツェバエ科）に関する発表は13題，マラリア原虫を媒介するハマダラカ（双翅目：カ科）は11題ありました．農業害虫では，潜茎性のガ類（鱗翅目：ヤガ科やツトガ科）が主役で，ソルガムタマバエ（双翅目：タマバエ科）の研究も活発でした．防除関連では，化学的防除や薬剤抵抗性が24，生物的防除が13，総合防除が11 でした．

最近の ICIPE の研究論文リスト（ICIPE 2003）（表4）に最も頻繁に登場してくるのは，ハマダラカの仲間と熱帯熱マラリア原虫で，71論文中，合わせて26論文(36.6%)に登場します．もう一つの重要衛生害虫であるツェツェバエは5論文（7.0%）に登場します．また，マダニ類は2論文（2.8%）で扱われています．これを見ても，アフリカでは衛生害虫の研究が益々盛んになっていること分かります．農業害虫では，ミバエ類（双翅目：ミバエ科）や潜茎性のガ類，コナガ（鱗翅目：スガ科）などがしばしば登場しますし，昆虫ではありませんが，ハダニの研究論文も比較的多く見られます（表4）．これらの害虫に関しては，防除の基礎となる生態学的な研究が多くなされており，それとともに，生物的防除への関心が非常に高くなっていることを示しています．とくに，コマユバチ類を利用した研究が群を抜いています．また，アフリカの人々の食生活でもキャッサバやソルガムに代わって，トウモロコシやキャベツの利用が増え，コナガが登場する一方でソルガムタマバエの研究が下火になるなど，研究対象となる害虫相も変化してきています．

そこで，このような ICIPE の研究者による最近の研究対象を，最近の日

本衛生動物学会の *Medical Entomology and Zoology* や日本応用動物昆虫学会の *Applied Entomology and Zoology* で扱われている研究対象と比較し，どのような分野で，アフリカの研究者と共通の土俵があるのか考えてみたいと思います．

■日本での研究対象

2003年から2005年までの *Medical Entomology and Zoology* には，602編の論文（一部の講演要旨も含む）が掲載されています．ツェツェバエの論文はありませんでしたが，マラリア原虫を媒介するハマダラカ関係の論文は29編（4.8%）もあり，そのうち1編がアフリカのハマダラカに関するものでした．また，マダニ類に関する論文は50件（8.3%）ありましたが，アフリカでの研究はありませんでした．

Applied Entomology and Zoology では，38巻3号（2003年）から41巻2号（2006年）までの3年間に236論文が掲載されていました．驚くべきことに，90種以上の多種多様な害虫や天敵，一般昆虫が登場しています．種別で最も登場回数が多かったのは，コナガの8回で，タバコシバンムシ（鞘翅目：シバンムシ科），カシノナガキクイムシ（鞘翅目：ナガキクイムシ科）が続き，残りは3回以下です．種別ではなく，もう少し上位の分類群で括れば，コブノメイガなどのツトガ類，ナガチャコガネなどのコガネムシ類，マツノマダラカミキリなどのカミキリムシ類，アブラムシ類，ヨコバイ類，マメハモグリバエなどのハモグリバエ類などが，それぞれ，数編以上の論文に出てきます．昆虫ではありませんが，ハダニ類も研究対象として20編以上の論文で取り上げられています．分類群別ではなくて，研究内容で調べてみますと，応用的には，寄生蜂，フェロモン，ボーベリアに関する論文が突出しています．

アフリカの昆虫に関する論文は，少なくとも2編見られました．一つは，ナイジェリアでササゲを加害するマメノメイガ（鱗翅目：メイガ科）と，もう一つは，ケニアにおけるサシチョウバエ（双翅目：チョウバエ科）の研究です．いずれも本書で取り上げられていますので，ここでは詳しくは言及しません（6，9章）．

2006年10月に沖縄県で広域的害虫管理に関するFFTC（Food and Fertilizer Technology Center）の国際シンポジウムが開かれましたので，その時の研究発表対象も記しておきます．ミバエ類は，ハワイや台湾，タイ，日本などで問題になっており，最も多くの発表がありました．国内の研究では，イネのウンカ類，アリモドキゾウムシやイモゾウムシ，カンキツグリーニング病を媒介するキジラミの発表も目立ちました．

■共通の土俵

　このように眺めてみますと，日本ではアフリカの同じ種を対象にした研究が少ないのですが，ハマダラカの仲間やミバエ類，潜茎性のガ類，コナガ，ハダニ類，マダニ類など，族や属レベルでは，研究対象がかなり重複しています．また，ICIPEでは，カイコやミツバチの研究も盛んに行なわれていますので，日本との情報交換が大切です．衛生昆虫関係では古くから共通の土俵があり，国際会議などを通じても，それなりの活発な交流が行なわれているものと思われますが，農業害虫でも，日本とアフリカの研究者が今後も益々協力しあい，それに熱帯アジアの研究者を巻き込んで，地球規模で広域的に分布している害虫の問題に取り組んでいく必要があると思います．

謝辞
　本章を書くにあたり，67名の日本の昆虫分類学者の方々にアンケート調査でご協力を頂きました．アンケートやICIPEの研究論文の分別・集計は我那覇智子さん（沖縄県病害虫防除技術センター）に手伝って頂きました．また，最近，沖縄県で開催されたFFTCの国際会議で扱われた広域害虫の情報は上地奈美博士（学振特別研究員PD・沖縄県農業研究センター）から頂きました．さらに，アフリカ熱帯区と日本，あるいは，東南アジアなどとの間の共通属に関して，ヨコバイ科は紙谷聡志博士（九州大学農学部），ゾウムシ科は小島弘昭博士（九州大学総合研究博物館），タマバチ科は阿部芳久博士（京都府立大学農学部）からデータや情報を頂きました．これらの方々に厚くお礼を申し上げます．

さらに詳しく知りたい人のために

Gagné, R. J. (2004) A catalog of the Cecidomyiidae (Diptera) of the world. *Memoirs of the Entomological Society of Washington*, 25:1-408.

ICIPE (2003) ICIPE Publication List 2003: Articles published in refereed journals and those in press. http://www.icipe.org/pdf/publications.pdf

Kojima, H. (2005) An inventory of the Tropical Asian weevils, with special reference to the Malesian fauna (Coleoptera:Curculionidae). In:Yata, O. (ed.) *Report on Insect Inventory Project in Tropic Asia (TAIIV)*. Kyushu University, Fukuoka, Japan, pp. 249-287.

Oman, P. W., Knight, W. J. and Nielson, M. W. (1990) *Leafhoppers (Cicadellidae): A Bibliography, Generic Check-List and Index to the World Literature 1956-1985*. CABI Publishing.

コラム8　昆虫の保護と国際取引

　クワガタムシやカブトムシの飼育・収集がこの数年爆発的な人気をよんでいます．先日，郊外にある大規模雑貨店のペット売り場を覗いたら，輸入された生きたニジイロクワガタやヘラクレスオオカブトが数万円で売られていました．このような昆虫と出会うことで，それまで昆虫に興味を示さなかった子供が昆虫の魅力に惹かれることは良いことだと思います．しかし，分別ある大人は背後にある問題を認識し，このブームに対処すべきだと私は考えます．

　生きた昆虫を輸入することの問題として，いったん外に放たれたならば，果樹や作物の害虫になりうる種や，在来種との競争・交雑によって生態系を攪乱するかもしれない種を含むことが挙げられます．さらに，病原菌やウィルスが在来種に伝搬し，予期せぬ病気を引き起こす可能性も否定できません．カブトムシやクワガタムシも例外ではありません．これらの問題は生きた昆虫の輸入に関するものですが，死んだ標本であったとしても，原産国におい

ては希少種をさらに絶滅の危機に追い込むという問題があります．この問題をマルガタクワガタ（*Colophon* 属）を例に考えてみます．

　マルガタクワガタは南アフリカ共和国ケープ州の高地のみに生息し，16 種が記載されています．いずれの種も後翅が退化し飛ぶことができません．胸部と腹部の長さがほぼ同じか，胸部が長く，大顎はあまり発達せず（図示した種は例外），特異的な形態をしています．山脈や山塊ごとに分布する種が異なり，複数種が混成する場所は数箇所に限られています．新種記載されて以後，採集例がなかったり，メスが未記載であったり，不完全標本しか得られていない種もいます．幼虫期のみならず成虫期の生態もほどんど未知です．どの種も希少種で，正真正銘の「ど珍品」であり，学術的にも大いに興味を惹く昆虫です．そこで 1992 年，地元ケープ州は条例によりマルガタクワガタの無許可での採集，州内取引，州外への持ち出しを禁止しました．2000 年にワシントン条約付属書 III に指定され，輸出する場合には南ア政府の許可が必要になりました．さらに 2004 年には国際自然保護連合の絶滅のおそれのある種のリストに登録されました．

　日本では，マルガタクワガタの標本は 1 頭が数万〜十数万円で取引されています．雌雄ペアになると 100 万円の値が付くこともあるそうです．これらの標本が合法的に日本に輸入されているのかどうか，私にはわかりません．しかし，これだけの価格で取引されていれば，密猟や密輸があっても不思議ではありません．折しも 2004 年，211 頭のマルガタクワガタを採集したとして 4 人のドイツ人がケープ州条例によって約 200 万円の罰金刑に処せられました．

　昆虫は鳥類や哺乳類と違い，個体数が多く比較的繁殖力が旺盛であるため普通の採集圧では絶滅しない，と主張する人がいます．確かに，相当規模の生息地が健全に保たれているならば，採集のみによる絶滅は起きないかもしれません．しかし，マルガタクワガタがど珍品であり，その値が数万から十数万円ともなると，乱獲による絶滅を危惧せざるを得ません．この乱獲に昆虫愛好家が関与しているとしたならば，きっとその人達は「自称」愛好家であるに違いありません．（佐藤宏明）

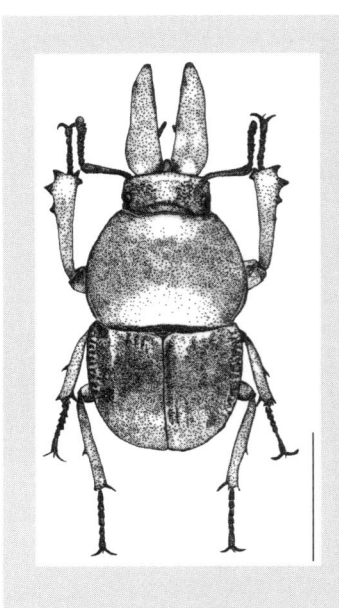

マルガタクワガタの一種 *Colophon primosi* Barnard のオス．縦棒は 1 cm

蜘形綱・昆虫綱分類表

本書に登場するクモ，ダニ，昆虫の分類表．学名が記されていない生物名は総称であることを示す．

蜘形綱　Arachnoidea
 クモ目　Araneae
   クモ類
 ダニ目　Acarina
  マダニ科　Ixodidae
   マダニ類
   Amblyomma variegatum（Fabricius）
   Boophilus decoloratus（Koch）
  ハダニ科　Tetranychidae
   ハダニ類
   Mononychellus tanajoa（Bondar）
   ナミハダニ　***Tetranychus urticae*** Koch
  カブリダニ科　Phytoseiidae
   カブリダニ類
   チリカブリダニ　***Phytoseiulus persimilis*** Athias-Henriot
   Typhlodromalus aripo DeLeon

昆虫綱　Insecta
 蜻蛉目　Odonata
   トンボ類
 襀翅目　Plecoptera
   カワゲラ類
 直翅目　Orthoptera
  キリギリス科　Tettigoniidae
   キリギリス　***Gampsocleis buergeri***（de Haan）
  ササキリ科　Conocephalidae
   クサキリ類
  コオロギ科　Gryllidae
   フタホシコオロギ　***Gryllus bimaculatus*** De Geer
  バッタ科　Acrididae
   トノサマバッタ　***Locusta migratoria*** Linnaeus
   Locusta migratoria migtatorioides（Reiche and Fairmaire）
   サバクトビバッタ　***Schistocerca gregaria***（Forskål）
   サバクワタリバッタ（＝サバクトビバッタ）
   ツチイナゴ　***Nomadacris japonica***（Bolívar）
   タイワンツチイナゴ　***Nomadacris succincta***（Linnaeus）

イナゴ属　*Oxya*
革翅目　Dermaptera
　　ハサミムシ類
　クギヌキハサミムシ科　Forficulidae
　　Forficula senegalensis Serville
等翅目　Isoptera
　　シロアリ類
　シロアリ科　Termitidae
　　オオキノコシロアリ属　*Macrotermes*
　　ヒメキノコシロアリ属　*Microtermes*
半翅目　Hemiptera
　同翅亜目　Homoptera
　　ウンカ科　Delphacidae
　　　ウンカ類
　　ヨコバイ科　Cicadellidae
　　　ヨコバイ類
　　キジラミ科　Psyllidae
　　　キジラミ類
　　アブラムシ科　Aphididae
　　　アブラムシ類
　　コナカイガラムシ科　Pseudococcidae
　　　Phenacoccus manihoti Matile-Ferrero
　Stictococcidae
　　　Stictococcus vayssierei Richard
　異翅亜目　Heteroptera
　　ヘリカメムシ科　Coreidae
　　　Clavigralla tomentoscollis Stål
総翅目　Thysanoptera
　　アザミウマ類
　アザミウマ科　Thripidae
　　　Megalurothrips sjostedti (Trybom)
鞘翅目　Coleoptera
　飽食亜目　Adephaga
　　オサムシ科　Carabidae
　　　ゴミムシ類
　多食亜目　Polyphaga
　　クワガタムシ科　Lucanidae
　　　マルガタクワガタ属　*Colophon*
　　　Colophon primosi Barnard
　　　ニジイロクワガタ　*Phalacrognathus muelleri* (Macleay)
　　コガネムシ科
　　　コガネムシ類

    ティフォンタマオシコガネ *Scarabaeus typhon*（Fischer）
    オオクビタマオシコガネ *Scarabaeus laticollis* Linnaeus
    クサリメタマオシコガネ *Scarabaeus catenatus*（Gerstaecker）
    アフリカヒラタオオタマオシコガネ *Kheper platynotus*（Bates）
    エジプトオオタマオシコガネ *Kheper aegyptiorum*（Latreille）
    スジボソオオタマオシコガネ *Kheper laevistriatus*（Fairmaire）
   Canthon cyanellus LeConte
    シェーフェルアシナガタマオシコガネ *Sisyphus schaefferi* Linnaeus
    ダイコクコガネ属 *Copris*
    ゴホンダイコクコガネ *Copris acutidens* Motschulsky
   Heliocopris
    ヘラクレスオオカブト *Dynastes hercules* Linnaeus
    ゴライアスオオツノハナムグリ *Goliathus goliatus* Linnaeus
    ナガチャコガネ *Heptophylla picea* Motschulsky
 シバンムシ科 Anobiidae
   タバコシバンムシ *Lasioderma serricorne*（Fabricius）
 カミキリムシ科 Cerambycidae
   マツノマダラカミキリ *Monochamus alternatus endai* Makihara
 マメゾウムシ科 Bruchidae
   ヨツモンマメゾウムシ *Callosobruchus maculates*（Fabricius）
 ハムシ科 Chrysomelidae
   ハムシ類
 ミツギリゾウムシ科 Brentidae
   アリモドキゾウムシ *Cylas formicarius*（Fabricius）
 ゾウムシ科　Curculionidae
   ゾウムシ類
   バショウオサゾウムシ *Cosmopolites sordidus*（Germar）
   イモゾウムシ *Euscepes postfasciatus*（Fairmaire）
 ナガキクイムシ科 Platypodidae
   カシノナガキクイムシ *Platypus quercivorus*（Murayama）
双翅目　Diptera
 糸角亜目　Nematocera
  ガガンボ科　Tipulidae
    ガガンボ類
  タマバエ科　Cecidomyiidae
   Catotrichinae
   Lestremiinae
   Porricondylinae
   Cecidomyiinae
    ソルガムタマバエ *Stenodiplosis sorghicola*（Coquillett）
  チョウバエ科　Psychodidae
   サシチョウバエ亜科　Phlebotominae

サシチョウバエ類
Brumptomyia
Lutzomyia
Phlebotomus duboscqi Neveu-Lemaire
Phlebotomus rodhaini Parrot
Phlebotomus martini Parrot
Sergentomyia affinis Theodor
Sergentomyia africanus Newstead
Sergentomyia antennatus Newstead
Sergentomyia bedfordi Newstead
Sergentomyia schwetzi Adler, Theodor and Parrot
Warileya

カ（蚊）科　Culicidae
　ハマダラカ属　*Anopheles*
　　アラビエンシスハマダラカ　*Anopheles arabiensis* Patton
　　ガンビエハマダラカ　*Anopheles gambiae* Giles
　　Anopheles melas (Theobald)
　　Anopheles merus Donitz
　　フネスタスハマダラカ　*Anopheles funestus* Giles
　　ニリハマダラカ　*Anopheles nili* (Theobald)
　　モチェティハマダラカ　*Anopheles moucheti* Evans

ブユ科　Simuliidae（=Melusinidae）
　ブユ類

ユスリカ科　Chironomidae
　ユスリカ類
　　アカムシユスリカ　*Propsilocerus akamusi* (Tokunaga)
　　ヤモンユスリカ　*Polypedilum nubifer* (Skuse)
　　ネムリユスリカ　*Polypedilum vanderplanki* Hinton

ヌカカ科　Ceratopogonidae
　ヌカカ属　*Culicoides*

短角亜目　Brachycera
　アブ科　Tabanidae
　　アブ類
　　キンメアブ亜科　Chrysopsinae
　　　キンメアブ属　*Chrysops*
　　　　Chrysops longicornis Macquart
Pangoiinae
　　　　Philoliche zonata Walker
　　　　Philoliche magrettii Bezzi
　　アブ亜科　Tabaninae
　　　ゴマフアブ属　*Haematopota*
　　　　Ancala necopina（Austen）

    Atylotus agrestis Wiedemann
    アブ属 *Tabanus*
    Tabanus gratus Loew
    Tabanus biguttatus Wiedemann
    Tabanus pluto Walker
    Tabanus sufis Jeannicke
    Tabanus thoracinus Palisot de Beauvois
    Tabanus taeniola Palisot de Beauvois
    Tabanus taeniola form *variatus* Walker
 Scepsidinae
シュモクバエ科 Diopsidae
    シュモクバエ類
    Diopsis macrophthalma Dalman
ミバエ科 Tephritidae
    ミバエ類
ハモグリバエ科 Agromyzidae
    マメハモグリバエ *Liriomyza trifolii*（Burgess）
ショウジョウバエ科 Drosophilidae
    ショウジョウバエ属 *Drosophila*
クロバエ科 Calliphoridae
    クロバエ属 *Calliphora*
ニクバエ科 Sarcophagidae
    ニクバエ類
ヤドリバエ科 Tachinidae
    ヤドリバエ類
ツェツェバエ科 Glossinidae
    ツェツェバエ属 *Glossina*
    Glossina longipennis Corti
    Glossina morsitans morsitans Westwood
    パリディペスツェツェバエ *Glossina pallidipes* Austen
    Glossina palpalis gambiensis Vanderplank
    パルパリスツェツェバエ *Glossina palpalis palpalis*（Robineau-Desvoidy）
イエバエ科 Muscidae
    イエバエ *Musca domestica* Linnaeus
    サシバエ属 *Stomoxys*
シラミバエ科 Hippoboscidae
    シラミバエ類
鱗翅目 Lepidoptera
アゲハチョウ科 Papilionidae
    ベニモンアゲハ *Pachliopta aristolochiae*（Fabricius）
    シロオビアゲハ *Papilio polytes* Corbet
シロチョウ科

　　　　　　　モンシロチョウ　*Pieris rapae crucivora* Boisduval
　　タテハチョウ科　Nymphalidae
　　　　　　　タテハチョウ類
　　　ドクチョウ亜科　Heliconiinae
　　　　　　　ドクチョウ類
　　シジミチョウ科　Lycaenidae
　　　　　　　シジミチョウ類
　　スガガ科　Yponomeutidae
　　　　　　　コナガ　*Plutella xylostella*（Linnaeus）
　　ツトガ科　Crambidae
　　　　　　　マメノメイガ　*Maruca vitrata*（Fabricius）
　　　　　　　Chilo partellus（Swinhoe）
　　　　　　　コブノメイガ　*Cnaphalocrocis medinalis*（Guenée）
　　メイガ科　Pyralidae
　　　　　　　Eldana saccharina Walker
　　カレハガ科　Lasiocampidae
　　　　　　　カレハガ類
　　ヤママユガ科　Saturniidae
　　　　　　　ヤママユガ類
　　カイコガ科　Bombycidae
　　　　　　　カイコ　*Bombyx mori* Linnaeus
　　ヤガ科　Noctuidae
　　　　　　　Busseola fusca（Fuller）
　　　　　　　Sesamia calamistis Hampson
毛翅目　Trichoptera
　　　　　　　トビケラ類
膜翅目　Hymenoptera
　　タマバチ科　Cynipidae
　　　　　　　タマバチ類
　　アリガタバチ科　Bethylidae
　　　　　　　Goniozus indicus Ashmead
　　コマユバチ科　Braconidae
　　　　　　　コマユバチ類
　　　　　　　Cotesia flavipes（Cameron）
　　ヒメバチ科　Ichneumonidae
　　　　　　　ヒメバチ類
　　トビコバチ科　Encyrtidae
　　　　　　　Epidinocarsis lopezi（De Santis）
　　　　　　　Ixodiphagus hookeri（Howard）
　　アリ科　Formicidae
　　　　　　　シリアゲアリ属　*Crematogaster*
　　　　　　　Crematogaster mimosae Santschi

Crematogaster nigriceps Emery
Crematogaster sjostedti Mayr
Tetraponera penzigi (Mayr)
スズメバチ科　Vespidae
　　スズメバチ類
ミツバチ科　Apidae
　　ミツバチ属　*Apis*

索　引

[事項索引]

A-Z
BCCA（アフリカ生物的防除センター）247-248
BHC　217
CDC（アメリカ疾病対策センター）138, 157-158
CGIAR（国際農業研究協議グループ）245
CIMMYT（国際トウモロコシ・コムギ改良センター）245
CRI（作物研究所）81-82
DDT　126, 157, 217
FAO（国連食糧農業機関）100, 111
ICIPE（国際昆虫生理生態学センター, イシペ）4-8, 10, 20, 30, 37, 64, 86, 89, 107, 115, 126, 144, 159-160, 170, 175-178, 180, 186-187, 191, 194-196, 200-203, 205, 218, 222, 225, 238, 241-243, 247, 249, 259-261, 263
IITA（国際熱帯農業研究所）86-87, 245-249
ILRAD（国際動物病研究所）195
IRRI（国際イネ研究所）245
JICA（国際開発事業団, 国際開発機構）5, 81
JIRCAS（国際農林水産業研究センター）200
KEMRI（ケニア医学研究所）138, 144
NMK（ケニア国立博物館）235-238
SOS 物質　92, 222
WHO（世界保健機関）131, 147, 156-157

あ行
アシュール文化　239
アセトン　126, 177-179
アナプラズマ症→感染症
アフリカ生物的防除センター（BCCA）247-248
アフリカ熱帯区　121, 237, 253-254, 256-257, 263
アフリカ馬疫→感染症　123
アマスティゴート型　123, 132
アメリカ疾病対策センター（CDC）138, 157
アラタ体　105-106
アルカロイド　209
アルテミシン　156, 172
アルデヒド体　172
アルビノ　107-108

アレロパシー　223
アンチモン剤　133
イオン　55
　イオン濃度　54-55
　細胞外イオン　55
イシペ→ ICIPE
遺跡　57, 199, 236-239
　オルドバイ遺跡　237
　オロルゲサイリエ遺跡　239
　カリアンドゥシ遺跡　239
　ゲディ遺跡　239
　コービ・フォラ遺跡　237, 239
　ジュンバ・ラ・ムトゥワナ遺跡　240
　タクワ遺跡　239
　ティムリッチ・オヒンガ遺跡　240
　ハイラックス・ヒル遺跡　239
　ムナラニ遺跡　240
移動（→飛翔）61, 88, 101-102, 104, 200
　長距離移動　83, 87-88
イベルメクチン　127
隠蔽色　14
羽化場所　143
雨季（雨期）19, 38, 40, 45, 49, 51-52, 61, 83, 87, 121, 138, 151, 159, 203, 205-206, 211, 235
疫学　191, 195-196
エチオピア区　253
塩化ナトリウム　55
エンドサルファン　194
塩濃度　54
オクテノール　126
オーシスト　148, 153-155
おとり植物　221-223, 225-226, 229
オプシン　172-173
オンコセルカ　159

か行
回帰熱→感染症
階層行動　169
害虫　63-64, 77, 82-83, 87, 89-94, 112, 165-166, 168-170, 180-181, 201, 217-219, 222, 224-225, 230, 241, 246, 248, 258, 261-264

害虫管理　217-218, 221, 230, 243, 246, 263
害虫抵抗性（→抵抗性）82,219
害虫防除　63-64, 83, 224, 258
　総合的病害虫管理（IPM）241
カオペクタイト　209
カオリン　209
化学合成殺虫剤（→農薬）217, 220
カカメガの森　13, 19-20, 25-30, 207, 217
学習　14, 28, 71, 103, 110, 169, 173
　学習行動　169
学振→日本学術振興会
活動停止　61
果糖（＝フルクトース）135
夏眠生理　200
ガメート　148
ガメートサイト　148-149, 155
蚊帳　126, 139, 153, 157-159 →モスキートネット
カラ・アザール→感染症
カリウム　55
感覚子　109
カンキツグリーニング病　263
乾季（乾期）45, 49, 51, 61, 83, 92, 121, 160, 200
環境ホルモン（＝内分泌攪乱化学物質）217
感染　131, 135-137, 153-154, 167, 186-187, 190-191
　感染環　122
　感染力　190-191
　垂直感染　122
感染症　122-123, 131, 133, 135-136, 144, 186-188, 190
　アナプラズマ症　119
　アフリカ・トリパノソーマ症　187, 196
　アフリカ馬疫　123
　回帰熱　122
　カラ・アザール　133, 136-138, 140
　コレラ→コレラ
　住血吸虫症　131
　人獣（畜）共通感染症　136
　スルラ　116, 120
　トリパノソーマ症　120, 131, 136
　ナガナ　116, 120, 122, 167, 181
　ハンセン病　131
　ピロプラズマ症　122
　フィラリア症　131
　マラリア→マラリア
　リーシュマニア症→リーシュマニア症
　ロア糸状虫症　123
乾燥　49-55, 57, 60-62, 110
　乾燥ストレス　53, 56-57, 59
　乾燥耐性　51, 57-61

記憶　14, 28
幾何異性体　85
寄主　63, 65-66, 70-74, 76, 246
　寄主探索　63
寄生　63-66, 70-74, 76-78, 92, 219, 221-222, 224, 246-247, 262
　外部寄生　66, 72
　寄生蜂　63-66, 70-74, 76-78, 92, 219, 221-222, 224, 246-247, 262
　寄生様式　63, 65
　寄生率　91-93, 222
　内部寄生　66
季節適応　61
擬態　13-15, 17-19, 28-29, 62
　ベイツ型擬態　13-17, 21, 28-29
　ミューラー型擬態　16
キチン　117, 212
キトサン　212
忌避　123, 218, 220
　忌避植物　220-223
旧北区　254, 256-257
吸血　117-119, 127, 132, 135, 137, 139, 142-143, 148, 153-154, 192
　吸血行動　118, 137, 153-154, 187, 189, 194-196
　吸血頻度　191-194
　吸血量　154, 191-195
休眠　51, 54, 57, 61, 83, 102, 223
　永久休眠　60-61
　休眠体　149
共生　90, 98
競争　112,264
グリコーゲン　56, 58
グリセロール　52, 55
クリプトビオシス　51-54, 56-61
クロロキン　156
群生相　100, 103-106, 108-112
警告色　13-16, 18
益虫　165-166, 181, 201
血液　55, 115, 117, 121, 134-135, 148, 153, 166
ケニア医学研究所（KEMRI）138, 144
ケニア国立博物館（NMK）215, 235-237
　カレン・ブリクセン博物館　238
　カペングリア博物館　239
　キスム博物館　239
　コリンドン博物館　236-237
　スワヒリハウス博物館　238
　ナイロビ博物館　20, 205, 211, 237-238
　メルー博物館　239
　ラム砦環境博物館　238
　ラム博物館　238
　　カバルネット博物館　239

索引 | 275

ケニア野生生物公社　20, 30
抗原　166
国際動物病研究所（ILRAD）　195
高速液体クロマトグラフィー　52, 107
抗体　122, 166
交尾（メイティング）　15, 24, 42-44, 84, 88, 110, 142, 192
　交尾行動　83
口吻　117, 121, 132, 168, 191
国際イネ研究所（IRRI）　245
国際協力機構（JICA）　5, 81
国際協力事業団（JICA）　5, 81
国際昆虫生理生態学センター　4, 37, 64, 86, 107, 144, 159, 170, 186, 200, 218, 238, 241, 247 → ICIPE
国際トウモロコシ・コムギ改良センター（CIMMYT）　245
国際熱帯農業研究所（IITA）　86-87, 245-249
国際農業研究協議グループ（CGIAR）　245
国際農林水産業研究センター（JIRCAS）　245
国際連合（国連）　5, 7
国連食糧農業機関（FAO）　100, 111
コスト　13, 16-19, 28
　生理的コスト　14
黒化　103-109
　黒化誘導　107-108
　黒化誘導ホルモン　107
コッホの4原則　188
コテキシン　156
孤独相　103-106, 108-112
コラゾニン　108-110
コレラ　122 → 感染症
　アフリカ豚コレラ　122
婚資　115, 206
混植　91, 221 → 農法
昆虫食　199-203, 205, 207, 212
ゴンドワナ大陸　253-254, 257
コンパニオンクロップ　91

さ行
ザイゴート　148
採餌　28
　最適採餌戦略理論　27
　最適捕食理論　25
サイパーメスリン　126
作物　91
　一年生作物　91
　換金作物　91
　自給作物　91
　多年生作物　91
殺虫剤　99, 111, 113, 123-125, 147, 149, 157-158, 168, 217-219, 223

殺卵行動　72
サバンナ（＝サバナ）　14, 19, 33, 37, 62, 86-87, 92, 98, 137-138, 144, 175-176, 214, 218, 253
サン（＝ブッシュマン）　163, 250
産卵　15, 66-68, 70, 73, 75, 106, 110, 118, 135, 220, 222
　産卵数　75-76, 153-154
　産卵場所　142-143
　産卵誘引性　221, 226, 229
色弁別　173-174, 177, 179
シグナル　56
刺激
　鍵刺激　169
　視覚刺激　170, 177
　匂い刺激　177-178
疾患　185-191, 196
疾病　115-116, 120, 122, 131, 188-189
　家畜疾病　119
視細胞　172-174, 177-179
シフルスリン　126
脂肪　101, 104-105, 205, 211
　脂肪体　56, 101, 104-105
(E)-4,8-ジメチル-1,3,7-ノナトリエン　222
ジメチルノナトリエン　92
社会性　63
　亜社会性　36, 38, 41, 44-46
住血吸虫症→感染症
集合性　110
雌雄生殖体　148
雌雄ペア　265 → つがい
宿主　132, 156, 166, 174, 177-181, 190
　保虫宿主　136
種の起源　15
寿命　18, 66, 69, 73, 75-76, 118, 185-187, 189, 191-196
　生態的寿命　18-19, 28
　生理的寿命　14, 18, 28
障害　188-191
象形文字　31
症候群　188-189
症状　116, 119-120, 133, 147, 181, 185-189
　自覚的な症状　188-189
　他覚的な症状　188-189
情報伝達　54, 56
植食者誘導性植物揮発物質（HIPV）　92
食糧農業機関（FAO）　100, 111
触角　65, 77, 109, 117, 134
シロアリ塚　135, 138-139, 142, 214-215
進化　14-15, 29, 45-46, 104, 153, 166-167, 180-181, 199, 217, 254
進化論　13-14
神経節　56

胸部神経節　56
腹部神経節　56
神経分泌細胞　108
信号　15-16
浸透圧　54-55
森林伐採　112, 151
睡眠病（＝眠り病）　116, 136, 165-167, 170, 180-181, 185, 187-188, 191
　アフリカ睡眠病　185, 187-188
ステロイド　106
ストレス　57, 194
　乾燥ストレス→乾燥
スポロゾイト　148-149, 154-155
スミラン　121
スルラ　116, 120 →感染症
スワヒリ語　115, 203, 219, 235
スワヒリ文化　238
生活環　187 →生活史
生活史　134, 168, 181, 191, 248 →生活環
精子　15
生殖周期　135
生殖母体　148
性成熟　104, 106
性選択
　異性間性選択　15
　性選択説　13, 15-16
　同性内性選択　15-16
生存率　25, 153, 192, 221, 226
生体アミン　111
生体防御反応　71
青年海外協力隊　81
性比　23-24, 87, 143
生物間相互作用　92-93
世界銀行　7, 245
世界保健機関（WHO）　131, 147, 156-157
接合体　148
摂食行動　186, 191, 195-196
セロトニン　111
走光性　169-171
総合的病害虫管理（IPM）　241, 243 →害虫
走地性　171
相変異　99, 103, 105-106, 108-109, 111-113
側心体　106-108

た行
体温　27-28, 43, 104
大地溝帯　150-151, 175-176, 181, 235
大発生　93, 99-103, 111-113, 138, 200-201, 207, 217-218
唾液　68-70, 72, 148, 167, 191-192
　唾液腺　148, 154, 167, 185, 191
多様性　20, 29, 230, 235, 238

カルトゥーシュ　32
単眼　54
タングルフット　226
タンパク質　50, 52, 57, 60, 73, 105, 157, 172, 205-206, 211
　LEAタンパク質　57-58, 61
　糖タンパク質　166
地球温暖化　151
知能行動　169
中枢神経　54, 56, 59
徴候　189
調査地被害　95
貯精嚢　15
つがい　35, 42, 44 →雌雄ペア
抵抗性　147, 155-156, 217, 259
　薬剤抵抗性　217, 261
適応　22, 52, 60-62, 76, 165
　適応度　15
適合溶質　52-53, 60
テソ　214-215
テトラサイクリン　119
デヒドロレチナール　172
デルタメスリン　125-126
天敵　14, 16-18, 62-64, 74-76, 91-93, 103, 168, 218, 224, 237, 246, 248, 258, 262
　天敵仮説　91-92
闘争　15-16, 36, 42-43
同物異名　120
トゥンパンサリ　93
毒力　190
土食　208-209
トヨタ財団　7
トラップ
　NG2Gトラップ　126
　NGUトラップ　126
　NZIトラップ　125-126
　落とし穴トラップ　226
　紫外線トラップ　170
　シロアリトラップ　203-204
　粘着トラップ　138-139, 141, 143
　バイコニカルトラップ　125
　ハリストラップ　124
　フェロモントラップ　86-88
　誘引トラップ　241
　ライトトラップ　87-88, 138-143
トリパノソーマ症→感染症
トレハロース　52-61, 104

な行
内分泌攪乱化学物質（＝環境ホルモン）　217
内分泌器官　54
ナガナ　116, 120, 122, 167, 181 →感染症

ナトリウム　55
縄張り　16
二酸化炭素　126, 143
日本ICIPE協会　7-8, 259
日本衛生動物学会　7
日本応用動物昆虫学会　7, 262
日本学術会議　4
日本学術振興会（学振）　4, 8, 14, 89, 144, 200, 258
日本昆虫学会　7
日本動物学会　7
熱帯降雨林　13-14, 19, 21, 27, 253
眠り病（＝睡眠病）　116, 136, 165-167, 170,180-181, 185, 187-188, 191
脳　54, 56, 106-108, 111, 167, 169
農法
　近代的農法　94
　混作農法　90, 93
　混植　91, 221
　常畑農法　94
　伝統的農法　93-94
　焼畑農法　93-94
農薬　78, 112, 217-218, 230 →化学合成殺虫剤
　残留農薬　230
ノナトリエン　222

は行
バイオエタノール　112
媒介
　機械的媒介　116, 119, 121-123
　生物学的媒介　116
　媒介蚊　147, 149-152, 156-157, 241
　媒介者（＝ベクター）　116, 121, 132,134,136-137, 140, 187
3-ハイドロキシレチナール　172-173
4-ハイドロキシレチナール　172
パグウォッシュ会議　3, 5-6, 8
バンカープラント　224-226, 230
反射行動　169
反射スペクトル　174-175, 178, 180
繁殖
　繁殖行動　36, 41, 46
　繁殖戦略　8-9, 76, 88
ハンセン病→感染症
ハンドアックス　239
ヒエログリフ　31-32
ビクトリア湖　6, 8-9, 19, 37, 77, 149-150, 159, 202, 218, 225, 235, 239, 243
ビーク・マーク　16, 22, 28
飛　翔　7, 26, 102, 104, 108, 138, 143-144, 174, 178, 226 →移動
　飛翔活動　138, 141

長距離飛翔　104
ビタミンA　172
非病原微生物　190
ヒプノゾイト　148-149
ヒマシ油　138, 141
病気　77, 136, 153, 166, 185-189, 196, 199, 215, 218, 264
病原菌　93, 241, 264
病原性　119, 134, 190
病原体　71, 132-133, 136, 166, 185, 187-188,190-191
病原虫　166
病原微生物　119, 190
病状　133
病態　188-189
ピレスロイド　125-127, 157
ピレトリン　157
ピロプラズマ症→感染症
貧血　119-122, 133, 167
　伝染性貧血　122
品種　82, 86, 219, 243
頻度依存選択説　13
頻度選択説　16-17
ファーブル昆虫記　33-34
フィラリア症→感染症
フィンボス　253
風土病　136
フェロモン　7, 70, 83-86, 109, 200, 262
　合成フェロモン　83-85
　性フェロモン　83-86, 248
　フェロモン腺　84
　フェロモントラップ→トラップ
　マーキングフェロモン　70
フォーム　120
複眼　47, 54, 117, 121, 172
プッシュ・プル法　92
ブッシュマン（＝サン）　163, 250
プランテーション　93
フルクトース（＝果糖）　135
フルベ　214
フルメスリン　126
プロマスティゴート型　132
分散　142
　分散飛翔　141
糞玉　31, 33-44
　育児用糞玉　35-36, 38, 40-44
　婚姻用糞玉　35-36, 38, 41
　食用糞玉　35, 40-41, 43-44
平衡点　16-17
(E, E)-10, 12-ヘキサデカジエナール　84
(E, E)-10, 12-ヘキサデカジエン1-オール　87

(*E*)-10-ヘキサデセナール　87
ヘキサン　84
ベクター　132 →媒介者
ベネフィット　16-18, 28
ペプチド　54
　　神経分泌ペプチド　54
　　ペプチドホルモン→ホルモン
ヘモリシン　60
ペルメトリン　127
変態　105, 108, 168
ボアオン法　126
胞子小体　148
防除　64, 78, 83, 86, 111, 113, 121, 123, 125, 127,
　　　221, 224, 230, 241, 261
　　生物的防除　63-64, 168, 246-248, 260-261
　　化学的防除　168, 260-261
　　古典的生物の防除　64, 246
　　物理的防除　168-169
捕食　17, 25, 28, 64, 225
　　多食性捕食者　224-225, 227-229
　　捕食圧　13, 17, 21, 23, 25, 28-29
　　捕食者　13, 25-27, 103-104, 151, 204, 210,
　　　224 -230, 257
ホストレース　259
ホルモン　4, 54, 105-106, 108, 200
　　黒化誘導ホルモン→黒化
　　脂肪動員ホルモン（AKH）　104
　　脱皮ホルモン　108
　　ペプチドホルモン　104, 108
　　幼若ホルモン（JH）　105-106, 108
本能行動　169

ま行
マイクロビライ　172
マーチング行動　110
マラリア　6, 131, 147-153, 155-156, 158-159, 161,
　　　168, 172, 201, 241, 260-262 →感染症
　　マラリア抵抗性　155
密度　101, 103, 110, 125, 151, 229
　　高密度　105, 110
　　低密度　101, 103
密猟　20, 37, 265

虫こぶ　98
ムビタ・ポイント試験地　6, 9, 159-160, 243
メイティング　84 →交尾
メラトニン　111
メラニン　155
メルー　136, 239
メロゾイト　148
免疫　147, 150, 166
モシ　214
モスキートネット　180 →蚊帳

や行
焼畑→農法
薬草　202, 209-210
誘引　85, 92, 218
　　誘引活性　85
　　誘引源　83-85, 126
　　誘引剤　126
　　誘引植物　220-221
　　誘引反応　84
　　誘導多発生　218
遊牧民　208
有用生物　241

ら行
卵巣　66, 106, 118, 134-135
卵嚢子　148
リーシュマニア症　6, 131-137, 140, 144
　　内臓リーシュマニア症　133, 135
　　粘膜・皮膚リーシュマニア症　133
　　皮膚リーシュマニア症　133, 135
リナロール　93
リポホリン　105
ルイヤ（＝ルヒヤ）　19
ルオ　7-8, 90, 150, 239
レチナール　172
ロア糸状虫症→感染症
ロドプシン　172-173
ローラシア大陸　253, 257

わ行
ワクチン　119, 121-123, 157

[学名索引]
(属名・種名のみ)

Acacia drepanolobium 98
Amblyomma variegatum 77, 267
Anaplasma marginale 119
Ancala necopina 122, 270
Anopheles
　Anopheles arabiensis 149, 270
　Anopheles funestus 149, 270
　Anopheles gambiae 149,270
　Anopheles melas 149, 270
　Anopheles merus 149, 270
　Anopheles moucheti 149, 270
　Anopheles nili 149, 270
Artemisia annua 156
Atylotus agrestis 120-121, 271
Azadirachta indica 248

Bacillus
　Bacillus sphaericus 158
　Bacillus thuringiensis var. *israelensis* 158
Boophilus decoloratus 119, 267
Brumptomyia 134, 270
Busseola fusca 64, 92, 260, 272

Cajanus cajan 83
Calliphora 172, 271
Canthon cyanellus 36, 269
Carica papaya 248
Chilo partellus 64, 92, 219, 260, 272
Clavigralla tomentoscollis 248, 268
Colophon primosi 265-266, 268
Copris 36, 269
Cosmopolites sordidus 248, 269
Cotesia
　Cotesia flavipes 64
　Cotesia sesamiae 222
Coturnix
　Coturnix elegorguei 211
　Coturnix japonica 211
Crematogaster
　Crematogaster mimosae 98, 272
　Crematogaster nigriceps 98, 273
　Crematogaster sjostedti 98, 273

Desmodium uncinatum 222
Diopsis macrophthalma 47, 271
Dioscorea 245
Drosophila 172, 271

Eldana saccharina 272
Epidinocarsis lopezi 272

Forficula senegalensi 228

Glossina
　Glossina longipennis 177-179, 271
　Glossina morsitans morsitans 186, 191, 193, 195, 271
　Glossina pallidipes 124, 177, 179, 271
　Glossina palpalis gambiensis 196, 271
　Glossina palpalis palpalis 125, 271
Glycine max 245
Goniozus indicu 66, 272
Gryllus bimaculatus 107, 267

Haematopota 118, 270
Heliocopris 45, 269

Ixodiphagus hookeri 78, 272
Kheper
　Kheper laevistriatus 42, 269
　Kheper platynotus 37, 269

Leishmania
　Leishmania braziliensis 133
　Leishmania donovani 133
　Leishmania major 133
Locusta
　Locusta migratoria 267
　Locusta migratoria migtatorioides 246, 267
Lutzomyia 134, 270

Macrotermes 139, 205, 214, 268
Manihot esculenta 245
Maruca vitrata 37, 82, 247, 272
Megalurothrips sjostedti 247, 268
Melinis minutiflora 92, 222
Metarhizium anisopliae var. *acridum* 248
Microtermes 204
Mononychellus tanajoa 247, 267
Musa 245
Musca domestica 168, 271

Nomadacris
　Nomadacris japonica 103, 267
　Nomadacris succincta 112, 267

Pachyliopta aristolochiae 16, 271
Panicum maximum 225
Papilio polytes 16, 271

Pennisetum purpureum 221
Phaseolus
　Phaseolus lunatus 83
　Phaseolus vulgaris 83
Phenacoccus manihoti 246-247, 268
Philoliche
　Philoliche magretti 121, 270
　Philoliche zonata 121, 270
Phlebotomus
　Phlebotomus martini 140, 142-143, 270
　Phlebotomus rodhaini 140, 270
Phytoseiulus persimilis 93, 267
Polypedilum
　Polypedilum nubifer 58, 270
　Polypedilum vanderplanki 49, 62, 270

Quelea quelea 201

Scarabaeus
　Scarabaeus catenatus 38, 269
　Scarabaeus laticollis 34, 269
　Scarabaeus typhon 34, 269
Schistocerca gregaria 99, 200, 246, 267
Sergentomyia 134, 139-140
　Sergentomyia affinis 140, 270
　Sergentomyia africanus 140, 142, 270
　Sergentomyia antennatus 140, 142, 270
　Sergentomyia bedfordi 140, 142-143, 270
　Sergentomyia schwetzi 140, 142-143, 270
Sesamia calamistis 248, 272
Sisyphus schaefferi 34, 269
Sorghum

Sorghum bicolor 91
Sorghum sudanense 92, 221
Stictococcus vayssierei 268
Striga hermonthica 223

Tabanus
　Tabanus biguttatus 121-122, 271
　Tabanus gratus 121, 271
　Tabanus pluto 122, 271
　Tabanus taeniola 119, 121, 271
　Tabanus thoracinus 122, 271
Tetranychus urticae 92, 267
Tetraponera penzigi 98, 273
Trypanosoma
　Trypanosoma brucei 121, 195
　Trypanosoma brucei brucei 191, 193
　Trypanosoma brucei gambiense 191
　Trypanosoma brucei rhodesiense 191
　Trypanosoma congolense 120-121, 195
　Trypanosoma evansi 120-121
Typhlodromalus aripo 248, 267

Vernonia amygdalina 209
Vigna
　Vigna mungo 93
　Vigna radiata 83
　Vigna sesquipedalis 83
　Vigna unguiculata 82, 245

Warileya 134, 245, 270

Zea mays 63, 92, 218, 245

［和名索引］

＊ダニ類・昆虫類で，種名がみあたらない場合は，語幹に相当する和名も引いてみること．たとえば，コバチはハチに立項されている．
＊＊本文中で学名とともに記されている和名にのみ，学名を併記した．

あ行
アカムシ 9, 59
アゲハ 165 →チョウ
　アゲハチョウ科 23, 271
　シロオビアゲハ *Papilio polytes* 16-18, 30, 271
　ベニモンアゲハ *Pachyliopta aristolochiae* 16-17, 30, 271
アザミウマ 247, 260, 268
アズキ 82 →インゲン，ササゲ，マメ
　ケツルアズキ *Vigna mungo* 93
アナプラズマ *Anaplasma marginale* 119

アブ 116-117, 119-122, 124, 168, 270
　アブ亜科 118, 270
　アブ科 116-117, 270
　アブ属 *Tabanus* 118
　吸血性アブ 115-127
　キンメアブ（属）*Chrysops* 116, 118, 123, 270
　キンメアブ亜科 118, 270
　ゴマフアブ（属）*Haematopota* 116-118, 270
アブラナ科 165
アブラムシ 73, 95, 118, 165, 262, 268

アフリカゾウ　37-38, 45
アリ　74-75, 98, 204, 224-225, 228, 272
　シリアゲアリ（属）Crematogaster　98, 272
　（シロアリの）羽アリ　204-207, 211
　（シロアリの）女王アリ　207
　（シロアリの）働きアリ　204-205
　（シロアリの）兵隊アリ　207, 211
アリガタバチ→ハチ
アンテロープ　19, 167, 180
イタチ　210
イナゴ　199
　タイワンツチイナゴ Nomadacris succincta　112, 267
　ツチイナゴ Nomadacris japonica　103, 112, 267
イネ科　101, 219-220, 222, 224-225, 228
イノシシ　19
　イボイノシシ　122
イモ　89, 247
イモムシ　82
イワヒバ　52
インゲン　95 →アズキ，ササゲ，マメ
　インゲン Phaseolus vulgaris　83
インドセンダン Azadirachta indica　248
ウィルス　122, 248, 264
　共生ウィルス　71
ウ　シ　77-78, 115, 118-120, 126, 153, 167, 177-179, 181, 215, 223
ウズラ　202, 210-212 →クェイル
　ニホンウズラ Coturnix japonica　211
ウマ　120, 122-123
ウンカ　263, 268
オーチャードグラス　101

か行
カ（蚊）　51, 126, 132, 134, 147-160, 165-166, 168, 201, 241, 250, 261, 270
　ヌカカ　51, 123, 270
　ネムリユスリカ→ユスリカ
　ハマダラカ→ハマダラカ
　ユスリカ→ユスリカ
ガ（蛾）　64, 69, 82, 84-85, 134, 176, 200, 219, 260-261, 263 →ズイムシ
　カイコ　212, 260, 263, 272
　カレハガ　163, 272
　コナガ　241, 260-263, 272
　スガ科　261, 272
　ツトガ（科）→ツトガ
　ノメイガ→メイガ
　マメノメイガ→メイガ
　メイガ（科）→メイガ
　ヤガ科 →ヤガ科　64, 219, 260-261

ヤママユガ　207, 272
カイガラムシ　73, 98, 246-247, 268
カウピー　82
ガガンボ　168, 269
カシノナガキクイムシ　262
カブリダニ　248
ガマ科　220
カヤツリグサ科　219-220
カワゲラ　199
キジラミ　263
寄生蜂　63, 65-66, 70-74, 76-78, 92, 221-222, 224, 246-247, 262 →ハチ
ギニアグラス Panicum maximum　225-230
キノコ　206-208, 212
キビ　218
キャッサバ Manihot esculenta　89, 222, 245-248, 261
キャベツ　24, 95, 101, 261
キリギリス　201, 267
グアバ　21
クェイル　211 →ウズラ
　ハーレクイン・クェイル Coturnix elegorguei　211
クエラ・クエラ Quelea quelea　201
クサキリ　201, 267
クソニンジン Artemisia annua　156
クマムシ　51-53
クモ　63, 224-225, 228
原虫　116, 120, 154-157, 166, 191
　トリパノソーマ原虫→トリパノソーマ
　マラリア原虫→マラリア
　リーシュマニア原虫→リーシュマニア
コウモリ　176
コウヨウチョウ Quelea quelea　201
コオロギ　107, 249-250, 267
　コオロギ フタホシコオロギ Gryllus bimaculatus　107
コガネムシ　19, 33, 262, 268
コケ　51
コブラ　19
ゴマノハグサ科　223
コマユバチ→ハチ
ゴミムシ　224
ゴライアスオオツノハナムグリ　19

さ行
サイ　20
　クロサイ　37
ササゲ　82, 86, 247-248, 261 →アズキ，インゲン，マメ
　ササゲ Vigna unguiculata　81-82, 86-87, 89-93, 245, 247-248, 261-262

ジュウロクササゲ *Vigna sesquipedalis* 82-83
ヤッコササゲ *Vigna unguiculata* 82
リョクトウ *Vigna radiata* 83
ザザムシ 199
サシチョウバエ 131-132, 134-139, 141-144, 262, 270
サシチョウバエ亜科 132, 134, 270
サシバエ→ハエ
サトウキビ 47, 112
サバクワタリバッタ→バッタ 201, 205, 213
シカ 119
糸角亜目 134, 269
シジミチョウ→チョウ
糸状菌 111
　昆虫病原糸状菌 *Metarhizium anisopliae* var. *acridum* 248
シマウマ 176
除虫菊 *Chrysanthemu cineriaefolium* 157
シロアリ 135, 138-139, 142, 162, 199, 202-215, 268
　オオキノコシロアリ（属）*Macrotermes* 139-140, 205, 207, 214, 268
　ヒメキノコシロアリ（属）*Microtermes* 204-205, 207, 268
シロオビアゲハ→アゲハ
スイギュウ 120
ズイムシ 63-76, 92, 200, 218-222, 225-230, 241, 248
スーダングラス *Sorghum sudanense* 92, 221
スカラベ 33 →タマオシコガネ，フンコロガシ，糞虫
ストライガ *Striga hermonthica* 223
センチュウ（線虫） 51-53, 57, 63
ゾウムシ 163, 207, 257-258, 263, 269
　アリモドキゾウムシ 263, 269
　イモゾウムシ 263, 269
　バショウオサゾウムシ 248, 269
ソルガム 206, 211, 261 →モロコシ
ソルガムタマバエ 261

た行
ダイコクコガネ
　ダイコクコガネ（属）*Copris* 36, 44-46, 269
　ゴホンダイコクコガネ 46, 269
ダイズ *Glycine max* 101, 245
大腸菌 60
ダニ 63, 115, 119, 122, 223, 241, 267
　キララマダニ *Amblyomma variegatum* 77-78, 267
　チリカブリダニ *Phytoseiulus persimilis* 93, 267

ナミハダニ *Tetranychus urticae* 92, 267
マダニ 77-78, 119, 122-123, 261-263, 267
タバコ 93
タバコシバンムシ 262, 269
タマオシコガネ 33 →スカラベ，フンコロガシ，糞虫
　アフリカヒラタオオタマオシコガネ *Kheper platynotus* 37-38, 45-46, 269
　エジプトオオタマムシコガネ *Kheper aegyptiorum* 46, 269
　オオクビタマオシコガネ *Scarabaeus laticollis* 34, 269
　クサリメタマオシコガネ *Scarabaeus catenatus* 38, 269
　シェーフェルアシナガタマオシコガネ *Sisyphus schaefferi* 34-36, 269
　スジボソオオタマオシコガネ *Kheper laevistriatus* 42-43, 269
　ティフォンタマオシコガネ *Scarabaeus typhon* 32, 34-36, 38, 41-42, 46, 269
タマバエ科 256-258, 261, 269
短角亜目 116, 134, 270
チガヤ 21
チョウ 13, 15-16, 19-28
　アゲハチョウ→アゲハ
　シジミチョウ 26, 271
　シロチョウ科 23, 271
　タテハチョウ科 23, 272
　ドクチョウ 16, 272
　モンシロチョウ *Pieris rapae crucivora* 24, 77, 165, 272
チョウバエ（科）→ハエ
チンパンジー 199, 209, 213
ツェツェバエ 6, 120, 122-127, 136, 153, 166-182, 185-189, 191-192, 194-197, 241, 243, 260-262
　ツェツェバエ科 168, 261, 271
　ツェツェバエ属 *Glossina* 116, 168, 271
　パリディペスツェツェバエ *Glossina pallidipes* 124, 271
　パルパリスツェツェバエ *Glossina palpalis palpalis* 125, 271
ツトガ 64
ツトガ科 64, 219, 260-261, 272
ディクディク 180
デスモディアム *Desmodium uncinatum* 220, 222-223
トウミツソウ *Melinis minutiflora* 92, 222-223
トウモロコシ *Zea mays* 47, 63-67, 74, 92, 95, 99, 206, 211, 218-223, 225-229, 245-246, 248, 261
トカゲ 103, 133, 140, 204

トガリネズミ 199
トビケラ 199
トビバッタ→バッタ
トリパノソーマ
　トリパノソーマ（属）*Trypanosoma*
　　120-121, 187, 191, 193
　トリパノソーマ原虫 185-192, 194-196
トンボ 8月9日

な行

ナガチャコガネ 262, 269
ニーム *Azadirachta indica* 248
ニワトリ 202, 204
ヌカカ→カ
ネコ 210
ネズミ 134, 156
ネピアグラス *Pennisetum purpureum* 220-221
ネムリユスリカ→ユスリカ

は行

ハイエナ 176, 191
ハ　エ 47, 65, 134, 168, 172-174, 178, 182, 186-192, 195-196, 198, 218, 224
　イエバエ *Musca domestica* 168, 271
　イエバエ科 271
　クロバエ科 186, 271
　サシチョウバエ→サシチョウバエ
　サシバエ *Stomoxys* 120-122, 126, 271
　シラミバエ 122, 271
　チョウバエ（科）132, 262, 269
　ツェツェバエ→ツェツェバエ
　ニクバエ科 186, 271
　マメハモグリバエ 262, 271
　ミバエ 241, 260-261, 263, 271
　ヤドリバエ 260, 271
バオバブ 37
バクテリア 57
ハサミムシ 224-225, 228, 230, 268
　クギヌキハサミムシ科 228, 268
ハチ 63, 207, 218
　アリガタバチ（科）66-68, 72-76, 272
　コバチ 78, 260
　コマユバチ（科）64, 66-69, 72, 74, 76-77, 222, 260-261, 272
　スズメバチ 63, 273
　ハチの子 71, 199
　ヒメバチ 260, 272
　ミツバチ 63, 165-166, 260, 263, 273
バチルス（属）*Bacillus* 158
　Bs 158
　Bti 158

バッタ 99, 105, 107, 109-110, 112-113, 200-201, 207, 248, 267
　サバクトビバッタ *Schistocerca gregaria* 99-109, 111-113, 200, 246, 267
　サバクワタリバッタ（＝サバクトビバッタ）99, 200-201, 205, 213, 267
　トノサマバッタ *Locusta migratoria* 101, 103, 105-109, 112-113, 246, 267
　トビバッタ 241, 246, 248
パパイヤ *Carica papaya* 248
パピルス 210, 212
バブーン 176 →ヒヒ
ハマダラカ（属）*Anopheles* 147-148, 153, 156, 159, 161, 168, 261-263, 270
　アラビエンシス（ハマダラカ）*Anopheles arabiensis* 149-154, 156, 270
　ガンビエ（ハマダラカ）*Anopheles gambiae* 149-156, 270
　ガンビエ近縁種群 *Anopheles gambiae* complex 149
　ニリ近縁種群 *Anopheles nili* complex 149
　フネスタス（ハマダラカ）*Anopheles funestus* 149, 153, 156, 270
　モチェティ近縁種群 *Anopheles moucheti* complex 149
ヒヒ 176 →バブーン
ビワコムシ 9 →ユスリカ
フィラリア 131, 155
ブタ 120, 122
ブユ 126, 158-159, 168, 270
ブラインシュリンプ 52
フンコロガシ 31-39, 41, 45-46 →スカラベ, タマオシコガネ, 糞虫
糞虫 33, 36, 38, 45-46 →スカラベ, タマオシコガネ, フンコロガシ
ベニモンアゲハ→アゲハ
ヘビ 19, 210 →コブラ
ヘリカメムシ 248, 268
ボウフラ 51, 159

ま行

マダニ→ダニ
マホガニー 20
マメ 82, 89, 91, 93, 222-224, 260 →アズキ, インゲン, ササゲ
　キマメ *Cajanus cajan* 83
マメ科 82, 222-224, 260
マメノメイガ→メイガ
マラリア
　熱帯熱マラリア原虫 147, 261
　マラリア原虫 147-149, 153, 156, 162, 261-262

284

三日熱マラリア原虫　147, 149
四日熱マラリア原虫　147
卵形マラリア原虫　147, 149
マルガタクワガタ（属）Colophon　265-266, 268
ミカン科　165
ミミズ　118-119
メイガ　262, 272
　コブノメイガ　262, 272
　ノメイガ　84
　マメノメイガ Maruca vitrata　37, 81-91, 93-94, 96-97, 247-248, 262, 272
モクレン　57
モパニワーム　207
モロコシ Sorghum bicolor　91-93, 206, 218
モンシロチョウ→チョウ

や行
ヤガ科　64, 219, 260-261, 272
ヤギ　133, 138-139, 142-143, 215
ヤムイモ Dioscorea spp.　245
ユスリカ　8, 53, 56, 58-59, 159, 270
　アカムシユスリカ　9, 270 →ビワコムシ
　ネムリユスリカ Polypedilum vanderplanki　49-62, 270
　ヤモンユスリカ Polypedilum nubifer　58, 270
ヨコバイ科　256-257, 263, 268
ヨツモンマメゾウムシ　248, 269

ら行
ライオン　38
ラクダ　115, 119-121
　ソマリラクダ　121
ラン　19
リーシュマニア（属）Leishmania　132
　ドノバンリーシュマニア Leishmania donovani　133
　ブラジルリーシュマニア Leishmania braziliensis　133
　リーシュマニア原虫　132-134, 136
　熱帯リーシュマニア Leishmania major　133
リケッチア　119
リョクトウ　83 →ササゲ
レーク・フライ　8, 9

わ行
ワムシ　51, 57

執筆者一覧（五十音順）

足達　太郎	東京農業大学国際食料情報学部　講師
大崎　直太	京都大学大学院農学研究科　助教授
奥田　　隆	農業生物資源研究所　乾燥耐性研究ユニット　ユニット長
菅　　栄子	武蔵野美術大学造形学部　非常勤講師
国見　裕久	日本ICIPE協会会長，東京農工大学大学院共生科学技術研究院　教授
小路　晋作	金沢大学自然計測応用研究センター　P.D.
佐々木　均	酪農学園大学短期大学部　教授
佐藤　宏明	奈良女子大学理学部　助教授
高須　啓志	九州大学大学院農学研究院　助教授
田中　誠二	農業生物資源研究所　大わし支部　昆虫研究員
千種　雄一	獨協医科大学医学部　助教授
針山　孝彦	浜松医科大学医学部　教授
日髙　敏隆	総合地球環境学研究所　所長
二見　恭子	長崎大学熱帯医学研究所ケニアプロジェクト・ナイロビ拠点　研究員
皆川　　昇	長崎大学熱帯医学研究所ケニアプロジェクト・ナイロビ拠点　教授
八木繁実（美）	多摩アフリカセンター（NGO）　所長
湯川　淳一	ICIPE理事，九州大学／鹿児島大学名誉教授

アフリカ昆虫学への招待

2007年3月30日　初版第1刷発行

監 修 者	日 髙 敏 隆
編　 者	日本 ICIPE 協会
発 行 者	本 山 美 彦

発　行　所　　京都大学学術出版会
606-8305　京都市左京区吉田河原町 15-9 京大会館内
電話 075(761)6182　　FAX 075(761)6190
URL　http://www.kyoto-up.or.jp/

印　刷　所　株式会社 太洋社
装　　幀　白沢デザイン

© T. HIDAKA, JAPAN-ICIPE ASSOCIATION 2007
Printed in Japan　　　定価はカバーに表示してあります

ISBN978-4-87698-716-0　C1045